从 零 开始

# Java 程序设计

# 基础教程 云课版

张春凤 毕海滨 ◎编著

人民邮电出版社

北 京

图书在版编目（CIP）数据

Java程序设计基础教程：云课版 / 张春凤，毕海滨
编著. -- 北京 : 人民邮电出版社，2021.1
（从零开始）
ISBN 978-7-115-51155-3

Ⅰ．①J… Ⅱ．①张… ②毕… Ⅲ．①JAVA语言—程序
设计—教材 Ⅳ．①TP312.8

中国版本图书馆CIP数据核字(2020)第208270号

## 内 容 提 要

本书用实例引导读者学习，深入浅出地介绍了 Java 的相关知识和实战技能。

本书第 1～5 章主要讲解了 Java 语言基础，Java 编程基础，语句与流程控制，数组、字符串与常用类；第 6～10 章主要讲解了类和对象，方法，类的封装、继承与多态，抽象类与接口，异常的捕获与处理；第 11～14 章主要讲解多线程、文件 I/O 操作、GUI 编程、数据库编程。

本书适合任何希望学习 Java 的读者，无论读者是否从事计算机相关行业，是否接触过 Java，均可通过学习本书快速掌握 Java 的开发方法和技巧。

◆ 编　著　张春凤　毕海滨
　　责任编辑　李永涛
　　责任印制　马振武
◆ 人民邮电出版社出版发行　　北京市丰台区成寿寺路 11 号
　　邮编　100164　电子邮件　315@ptpress.com.cn
　　网址　https://www.ptpress.com.cn
　　北京鑫正大印刷有限公司印刷
◆ 开本：787×1092　1/16
　　印张：20
　　字数：512 千字　　　　　　　2021 年 1 月第 1 版
　　印数：1 – 2 000 册　　　　　2021 年 1 月北京第 1 次印刷

定价：69.80 元

读者服务热线：(010)81055410　印装质量热线：(010)81055316
反盗版热线：(010)81055315
广告经营许可证：京东市监广登字 20170147 号

# 前　言

计算机是人类社会进入信息时代的重要标志，掌握丰富的计算机知识、正确熟练地操作计算机已成为信息时代对每个人的要求。鉴于此，我们认真总结教材编写经验，深入调研各地、各类学校的教材需求，组织优秀的、具有丰富教学和实践经验的作者团队，精心编写了这套"从零开始"丛书，以帮助各类学校或培训班快速培养优秀的技能型人才。

本着"学用结合"的原则，我们在教学方法、教学内容以及教学资源上都做出了自己的特色。

## 教学方法

本书采用"本章导读→课堂讲解→范例实战→疑难解答→实战练习"五段教学法，激发学生的学习兴趣，细致讲解理论知识，重点训练动手能力，有针对性地解答常见问题，并通过实战练习帮助学生强化巩固所学的知识和技能。

◎ 本章导读：对本章相关知识点应用于哪些实际情况以及其与前后知识点之间的联系，进行了概述，并给出了学习课时和学习目标的建议，以便明确学习方向。

◎ 课堂讲解：深入浅出地讲解理论知识，在贴近实际应用的同时，突出重点、难点，以帮助读者深入理解所学知识，触类旁通。

◎ 范例实战：紧密结合课堂讲解的内容和实际工作要求，逐一讲解Java的实际应用，通过范例的形式，帮助读者在实战中掌握知识，轻松拥有项目经验。

◎ 疑难解答：我们根据十多年的教学经验，精选出学生在理论学习和实际操作中经常会遇到的问题并进行答疑解惑，以帮助学生吃透理论知识和掌握应用方法。

◎ 实战练习：结合每章内容给出难度适中的上机操作题，学生可通过练习，强化巩固每章所学知识，达到温故而知新。

## 教学内容

本书的教学目标是循序渐进地帮助学生掌握Java程序设计的相关知识。全书共有14章，主要内容如下。

◎ 第1～5章：Java基础知识，主要包括Java语言概述，Java语言基础，Java编程基础，语句与流程控制，数组、字符串与常用类。

◎ 第6～10章：Java核心技术，主要讲解了类和对象，方法，类的封装、继承与多态，抽象类与接口，异常的捕获与处理。

◎ 第11～14章：Java高级应用，主要讲解了多线程、文件I/O操作、GUI编程、数据库编程。

## 课时计划

为方便阅读本书，特提供如下表所示的课程课时分配建议表。

### 课程课时分配（65课时版33+32）

| 章号 | 标题 | 总课时 | 理论课时 | 实践课时 |
|---|---|---|---|---|
| 1 | Java 语言概述 | 2 | 1 | 1 |
| 2 | Java 语言基础 | 3 | 2 | 1 |
| 3 | Java 编程基础 | 3 | 2 | 1 |
| 4 | 语句与流程控制 | 6 | 3 | 3 |
| 5 | 数组、字符串与常用类 | 3 | 2 | 1 |
| 6 | 类和对象 | 6 | 3 | 3 |
| 7 | 方法 | 4 | 2 | 2 |
| 8 | 类的封装、继承与多态 | 5 | 3 | 2 |
| 9 | 抽象类与接口 | 4 | 2 | 2 |
| 10 | 异常的捕获与处理 | 4 | 2 | 2 |
| 11 | 多线程 | 4 | 2 | 2 |
| 12 | 文件 I/O 操作 | 7 | 3 | 3 |
| 13 | GUI 编程 | 8 | 4 | 4 |
| 14 | 数据库编程 | 6 | 2 | 4 |
| 合计 | | 65 | 33 | 32 |

## 学习资源

◎ 24小时全程同步教学录像

涵盖本书所有知识点，详细讲解每个范例及项目的开发过程与关键点，帮助读者更轻松地掌握书中所有的Java程序设计知识。

◎ 超多资源大放送

赠送大量资源，包括Java和Oracle项目实战视频录像、Java SE类库查询手册、Eclipse常用快捷键说明文档、Eclipse提示与技巧电子书、Java常见面试题及解析电子书、Java常见错误及解决方案电子书、Java高效编程技巧、Java程序员职业规划、Java程序员面试技巧。

◎ 资源获取

读者可以申请加入编程语言交流学习群（QQ：829094243）和其他读者进行交流，以实现无障碍地快速阅读本书。

读者可以使用微信扫描封底二维码，关注"职场精进指南"公众号，发送"51155"后，将获得资源下载链接和提取码。将下载链接复制到任何浏览器中并访问下载页面，即可通过提取码下载本书的学习资源。

## 作者团队

本书张春凤、毕海滨编著，参与本书编写、资料整理、多媒体开发及程序调试的人员还有岳福丽、冯国香、王会月、贾子禾、胡波等。

在编写过程中，我们竭尽所能地将优秀的讲解呈现给读者，但也难免有疏漏和不妥之处，敬请广大读者不吝指正。若读者在阅读本书过程中产生疑问或有任何建议，均可发送电子邮件至liyongtao@ptpress.com.cn。

龙马高新教育

2020年11月

# 目　录

# 第 1 章
# Java 语言概述

**本章导读**

　　大数据、云计算等互联网新技术扑面而来的时候，你是否希望迎面赶上，做个弄潮儿呢？那么应该从哪里开始学习呢？当然是 Java 语言啦！本章将简要介绍 Java 的历史、应用前景以及基本的环境搭建。Java 编程之旅开始！

**本章课时：理论 1 学时 + 实践 1 学时**

## 学习目标

▶ **Java 语言的发展历史**

▶ **Java 语言的应用**

▶ **Java 学习路线**

▶ **Java 开发环境搭建**

▶ **"Hello World" 的编写及运行**

▶ **Eclipse 的使用**

# 1.1　Java 语言的发展历史

目前，常用的编程语言就有数十种，令人应接不暇，到底哪一种语言最值得我们学呢？目前，我们既然正处于大数据的时代，就要善于"让数据发声"，如图 1-1 所示。

| May 2019 | May 2018 | Change | Programming Language | Ratings | Change |
|---|---|---|---|---|---|
| 1 | 1 | | Java | 16.005% | -0.38% |
| 2 | 2 | | C | 14.243% | +0.24% |
| 3 | 3 | | C++ | 8.095% | +0.43% |
| 4 | 4 | | Python | 7.830% | +2.64% |
| 5 | 6 | ∧ | Visual Basic .NET | 5.193% | +1.07% |
| 6 | 5 | ∨ | C# | 3.984% | -0.42% |
| 7 | 8 | ∧ | JavaScript | 2.690% | -0.23% |
| 8 | 9 | ∧ | SQL | 2.555% | +0.57% |
| 9 | 7 | ∨ | PHP | 2.489% | -0.83% |
| 10 | 13 | ∧ | Assembly language | 1.816% | +0.82% |

图 1-1

根据 TIOBE 统计的数据，在 2019 年 5 月的编程语言前 10 名排行榜中，Java 名列榜首。虽然在不同的年份，Java 与 C 和 C++ 的前三名地位可能有所互换，但多年来，Java 在整个编程领域前三甲的地位，基本是没有动摇过的。

Java 的开放性、安全性和庞大的社会生态链以及跨平台性，使得 Java 技术成为很多平台事实上的开发标准。在很多应用开发中，Java 是作为底层代码的操作功能的调用工具。

Java 从诞生（1995 年）发展到现在，已经度过了 20 多年。1982 年，Sun 公司从斯坦福大学产业园孵化而成，为了解决计算机与计算机之间、计算机与非计算机之间的跨平台连接，公司创始人麦克尼里决定组建一个名叫 Green 的项目团队。1990 年，高斯林的研发小组基于 C++ 开发了一种与平台无关的新语言 Oak（即 Java 的前身）。

1995 年 5 月 23 日，Oak 改名为 Java。至此，Java 正式宣告诞生。Java 是印度尼西亚"爪哇"（Java 的音译）岛的英文名称，该岛因盛产咖啡而闻名。这也是 Java 官方标志（如图 1-2 所示）为一杯浓郁咖啡的背后原因。

Java 官方标志　　　　　　Java 之父詹姆斯·高斯林

图 1-2

Java 的优点在于，设计之初就秉承了"一次编写，到处运行"（"Write Once, Run

Everywhere", WORE; 有时也写成"Write Once, Run Anywhere", WORA) 思想, 这是 Sun 公司为宣传 Java 语言的跨平台特性而提出的口号。

Java 的跨平台性, 是指在一种平台下用 Java 语言编写的程序, 编译之后不用经过任何更改, 就能在其他平台上运行。比如, 一个在 Windows 环境下开发出来的 Java 程序, 在运行时, 可以无缝地部署到 Linux、UNIX 或 Mac OS 环境之下。反之, 在 Linux 下开发的 Java 程序, 同样可在 Windows 等其他平台上运行。

1998 年, Java 2 按适用的环境不同, 被分化为 Java 2 Micro Edition (J2ME)、Java 2 Standard Edition (J2SE)、Java 2 Enterprise Edition (J2EE) 以及 Java Card 共 4 个派系 (如图 1-3 所示)。ME 的意思是小型设备和嵌入系统, 这个小小的派系, 其实是 Java 诞生的"初心"。

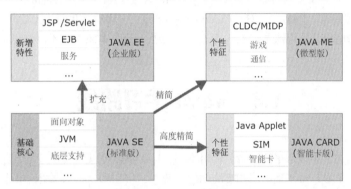

图 1-3

(1) Java SE (Standard Edition, 标准版): 支持面向桌面级应用的 Java 平台, 提供了完整的 Java 核心 API。

(2) Java EE (Enterprise Edition, 企业版): 以 Java SE 为基础向外延伸, 增加了许多支持企业内部使用的扩充类, 同时支持使用多层架构的企业应用 (如 ERP——企业资源计划系统、CRM——客户关系管理系统) 的 Java 平台。

(3) Java ME (Micro Edition, 微型版): 同样以 Java SE 为基础, 但相对精简。它所支持的只有核心类的子集合, 它支持 Java 程序运行在移动终端 (手机、PDA——掌上电脑) 上的平台, 加入了针对移动终端的支持。

(4) Java Card (智能卡版): 由于服务对象定位更加明确化, Java Card 版本比 Java ME (微型版) 更加精简。它支持一些 Java 小程序 (Applets) 运行在小内存设备 (如容量小于 64KB 的智能卡) 的平台上。

但是, Java 的技术平台不管如何划分, 都是以 Java SE 为核心的, 所以掌握 Java SE 十分重要, 这也是本书的主要讲解范围。

2009 年 4 月, Sun 公司被甲骨文 (Oracle) 公司收购。

2009 年 12 月, 企业版的升级版 Java EE 6 发布。

2011 年 7 月 28 日, Java SE 7 发布。

2014 年 3 月 19 日, Oracle 公司发布 Java 8.0 正式版, 提供了 Lambda。

2017 年 9 月 22 日, Java 9 正式发布。Java 9 带来了众多特性, 其中比较引人注目的有 jshell (java 脚本运行环境) 和 modularity (模块化) 两点。

Java 9 发布之后, Oracle 公司决定 Java 的版本发布周期变更为每 6 个月一次。2018 年 3 月 20 日, Java 10 如约正式发布。

# 1.2　Java 语言的应用

　　Java 作为 Sun 公司推出的新一代面向对象程序设计语言，特别适于互联网应用程序的开发。信息产业的许多国际大企业购买了 Java 许可证，这些企业包括 IBM、Apple、DEC、Adobe、Silicon Graphics、HP、TOSHIBA 以及 Microsoft 等。

　　Java 技术的开放性、安全性和庞大的社会生态链以及跨平台性，使得 Java 技术成为智能手机软件平台的事实性标准。在未来发展方向上，Java 在 Web、移动设备以及云计算等方面的应用前景也非常广阔。虽然面对来自网络的类似于 Ruby on Rails 之类编程平台的挑战，但 Java 依然是事实上的企业 Web 开发标准。随着云计算（Cloud Computing）、移动互联网、大数据（Big Data）的扩张，更多的企业考虑将其应用部署在 Java 平台上，那么无论是本地主机还是公共云，Java 都是目前最合适的选择之一。

# 1.3　Java 学习路线

　　本书主要面向初、中级水平的读者。针对本书，Java 学习可以大致分为 3 个阶段。

　　◎ 初级阶段：学习 Java 基础语法和类的创建与使用、基础 I/O（输入/输出）操作、各种循环控制、运算符、数组的定义、方法定义格式、方法重载等，并熟练使用一种集成开发工具（如 Eclipse 等）。

　　◎ 中级阶段：掌握面向对象的封装、继承和多态，学习常用对象和工具类，深入 I/O 操作、异常处理、抽象类与接口等。

　　◎ 高级阶段：掌握 Java 的反射机制、GUI 开发、并发多线程、Java Web 编程、数据库编程、Android 开发等。

　　对于读者来说，Java 学习的路线在整体上需遵循初级阶段→中级阶段→高级阶段，循序渐进地学习（如图 1-4 所示）。

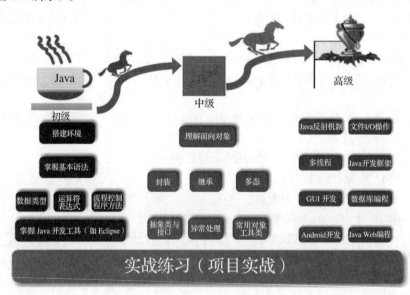

图 1-4

从一名 Java 的初学者，升级为一名编程高手，从来都没有捷径，其必经的成长路线是：编写代码→犯错（发现问题）→纠错（解决问题）→自我提升→编写代码→犯错（发现问题）→纠错（解决问题）→自我提升……积累了一定的感性认识后，才会有质的突变，提升至新的境界。总之，要成为一名高水平的 Java 程序员，一定要多动手练习、多思考。

# 1.4　Java 开发环境搭建

Oracle 公司提供多种操作系统下的不同版本的 JDK。本节主要介绍在 Windows 操作系统下安装 JDK 的过程。

## 1.4.1　JDK 的安装

❶ 在浏览器地址栏中输入 Oracle 官方网址，打开 Oracle 官方网站，根据操作系统类型选择 JDK 的版本。然后准备开始安装。

❷ 下载完成后，就可以安装 Java JDK 了。双击"jdk-8u172-windows-x64.exe"，按照安装向导的提示一步一步完成 JDK 的安装。JDK 安装完成后如图 1-5 所示。

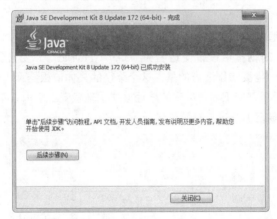

图 1-5

## 1.4.2　Java 环境变量的配置

环境变量是指在操作系统指定运行环境中的一组参数，包含一个或者多个应用程序使用的信息。环境变量一般是多值的，即一个环境变量可以有多个值，各个值之间以英文状态下的分号";"（即半角的分号）分隔开来。

我们需要掌握 JDK 中比较重要的 3 个环境变量，下面一一给予介绍。

（1）JAVA_HOME：顾名思义，"Java 的家"，该变量是指安装 Java 的 JDK 路径，它告知操作系统在哪里可以找到 JDK。

（2）Path：该变量告诉操作系统可执行文件的搜索路径，即可以在哪些路径下找到要执行的可执行文件。请注意，它仅对可执行文件有效。

（3）ClassPath：该变量告诉 Java 解释器（即 java 命令）在哪些目录下可找到所需要执行的 class 文件（即 javac 编译生成的字节码文件）。

### 1. JAVA_HOME 的配置

下面详细说明 Java 的环境变量配置流程。

❶ 在桌面中右击【计算机】，在弹出的快捷菜单中选择【属性】选项，选择【高级系统设置】，在弹出的【系统属性】对话框中单击【高级】，选择【环境变量】，如图 1-6 所示。

图 1-6

❷ 在【环境变量】对话框中，单击【系统变量】下的【新建】按钮。

❸ 在【编辑系统变量】对话框中设置变量名为"JAVA_HOME"，变量值为"C:\Program Files\Java\jdk1.8.0_172"。需要特别注意的是，这个路径的具体值根据读者安装 JDK 的路径而定，读者把 Java 安装在哪里，就把对应的安装路径放置于环境变量之内，不可拘泥于本书演示的路径值。然后，单击【确定】按钮，如图 1-7 所示。

图 1-7

### 2. Path 的配置

❶ 选中系统环境变量中的 Path，单击【编辑】按钮。在弹出的【编辑系统变量】对话框的【变量值】文本框末尾添加";%JAVA_HOME%\bin"，特别注意不要忘记前面的分号";"，然后单击【确定】按钮，返回【系统属性】对话框，如图 1-8 所示。

图 1-8

提示：当 Path 有多个变量值时，一定要用半角（即英文输入法）下的";"将多个变量值区分开。初学者很容易犯错的地方有：① 忘记在上一个 Path 路径值前面添加分号";"。② 没有切换至英文输入法，误输入中文的分号"；"（即全角的分号）。中英文输入法下的分号，看似相同，实则"大相径庭"，英文分号是 1 字节大小，而中文分号是 2 字节大小。

❷ 在【系统属性】对话框中单击【确定】按钮，完成环境变量的设置。

### 3. ClassPath 的指定

❶ 在【环境变量】对话框中，单击【系统变量】下的【新建】按钮，如图 1-9 所示。新建一个环境变量，变量名为"ClassPath"，变量值为".;%JAVA_HOME%\lib;%JAVA_HOME%\lib\tools.jar"。注意：不要忽略了前面的"."，这里的小点"."代表的是当前路径，既然是路径，自然也需要用分号";"隔开。JDK 的库所在包即 tools.jar，所以也要设置进 ClassPath 中。

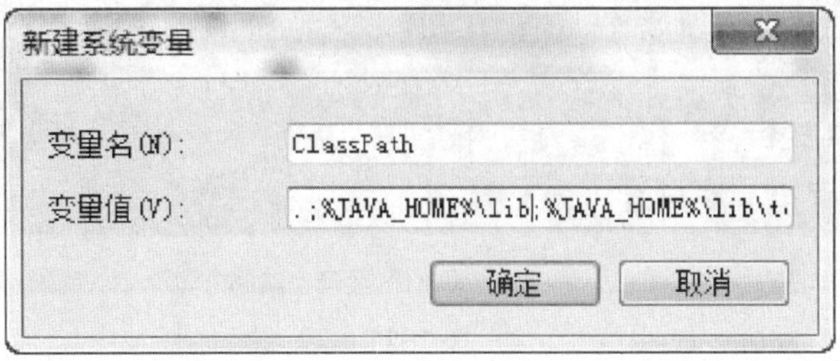

图 1-9

❷ 参照环境变量 Path 的配置，将环境变量 ClassPath 添加到 Path 的最后，如图 1-10 所示。其中，ClassPath 是环境变量，在另外一个地方作为变量使用时，要用两个 % 将该变量前后包括起来——%ClassPath%，如图 1-10 所示。

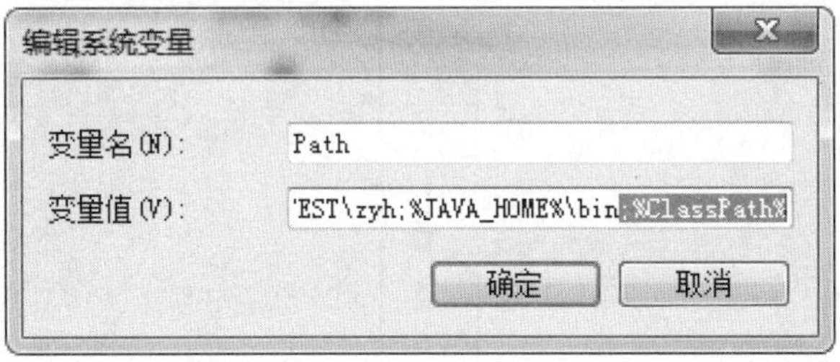

图 1-10

## 1.5　"Hello World" 的编写及运行

"Hello World"基本上是所有编程语言的经典起始程序。就让我们的第一个 Java 小程序也是"Hello World"吧，从中感受一下 Java 语言的基本形式。

【范例 1-1】编写 HelloWorld.java 程序

```
01   public class HelloWorld
02   {
```

```
03      // main 是程序的起点，所有程序由此开始运行
04      public static void main(String args[])
05      {
06          // 下面语句表示向屏幕上打印输出"Hello World！"字符串
07          System.out.println("Hello World");
08      }
09  }
```

将上面的程序保存为"HelloWorld.java"文件。行号是为了让程序便于被读者（或程序员）理解而人为添加的，真正 Java 源代码是不需要这些行号的。在命令行中输入"javac HelloWorld.java"，没有错误后输入"java HelloWorld"。运行结果如图 1–11 所示，显示"Hello World"。

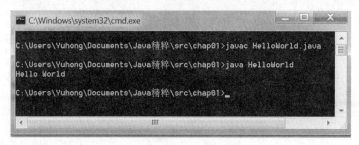

图 1–11

Java 程序运行的流程可用图 1–12 来说明：所有的 Java 源代码（以 .java 为扩展名）通过 Java 编译器 javac 编译成字节码，也就是以 .class 为扩展名的类文件；然后利用命令 java 将对应的字节码，通过 Java 虚拟机（JVM）解释为特定操作系统（如 Windows、Linux 等）能理解的机器码；最终 Java 程序得以执行。

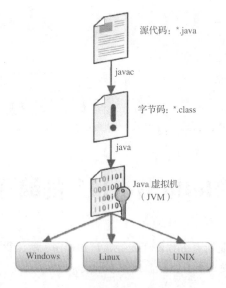

图 1–12

程序可以在任意纯文本编辑器（如 Windows 下的记事本、Notepad++ 等，Linux 下的 vim 等，Mac 下的 TextMate 等）里编辑，然后按照步骤编译、执行，如图 1–13 所示。

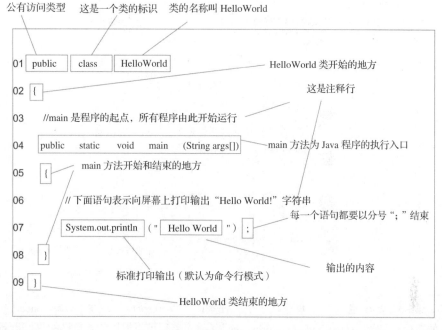

图 1–13

第 01 行，public 是一个关键字，用于声明类的权限，表明这是一个公有类（class），其他任何类都可以直接访问它。class 也是 Java 的一个关键字，用于类的声明，其后紧跟的就是类名，这里的类名称是 HelloWorld。

第 02 和第 09 行，这一对大括号 { } 标明了类的区域，这个区域内的所有内容都是类的一部分。

第 03 和第 06 行，这两行为注释行，可以提高程序的可读性。注释部分不会被执行。这种注释属于单行注释，要求以双斜线（ // ）开头，后面的部分均为注释。

第 04 行，这是一个 main 方法，它是整个 Java 程序的入口，所有的程序都是从 public static void main(String[ ] args) 开始运行的。该行的代码格式是固定的。

第 05 和第 08 行，这是 main 方法的开始和结束标志，它们声明了该方法的区域。在 { } 之内的语句都属于 main 方法。

第 07 行，System.out.println 是 Java 内部的一条输出语句。引号内部的内容"Hello World"会在控制台中打印出来。

# 1.6 Eclipse 的使用

## 1.6.1 Eclipse 概述

Eclipse 是一个开放源代码的、基于 Java 的可扩展开发平台，它为程序开发人员提供了卓越的程序开发环境。

Eclipse 的安装非常简单，下载 Eclipse 安装器，双击安装器（Eclipse Installer），选择"Eclipse IDE for Java Developers（Java 开发者专用 Eclipse 集成开发环境）"即可，如图 1–14 所示。

从零开始 | Java程序设计基础教程（云课版）

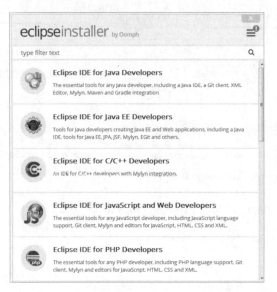

图 1-14

　　启动 Eclipse 后，它首先让用户选择一个工作空间（Workspace），在【Workspace】文本框中输入指定的路径，如 "C:\Users\Yuhong\workspace"（这个路径可以根据读者自己的喜好重新设定），然后单击【OK】按钮就可成功启动 Eclipse，如图 1-15 所示。

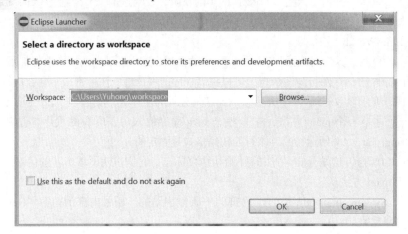

图 1-15

### 1.6.2　创建 Java 项目

　　在 Eclipse 中编写应用程序时，需要先创建一个项目。创建 Java 项目的具体步骤如下。

❶ 选择【File】（文件）➤【New】（新建）➤【Java Project】（Java 项目）命令，打开【New Java Project】（新建 Java 项目）对话框。

❷ 在弹出的【New Java Project】（新建 Java 项目）对话框的【Project Name】（工程名称）文本框中输入工程名称 "HelloWorld"，如图 1-16 所示。

图 1-16

❸ 单击【Finish】（完成）按钮，完成 Java 项目的创建。在【Package Explorer】（包资源管理器）窗口中便会出现一个名称为【HelloWorld】的 Java 项目，如图 1-17 所示。

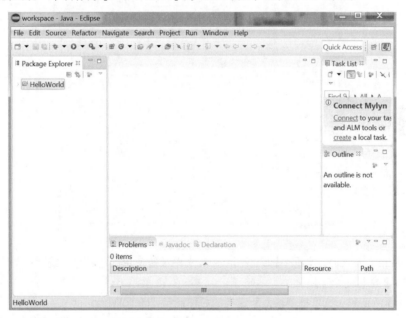

图 1-17

### 1.6.3　创建 Java 类文件

　　通过前面创建 Java 项目的操作，在 Eclipse 的工作空间中已经有一个 Java 项目了。构建 Java 应用程序的下一个操作，就是要创建 HelloWorld 类。创建 Java 类的具体步骤如下。

❶ 单击工具栏中的【New Class】（新建类）按钮 ⓒ ▼（如图 1-18 左所示），或者在菜单栏中执行【File】（文件）▶【New】（新建）▶【Class】（类）命令（如图 1-18 右所示），启动新建 Java 类向导。

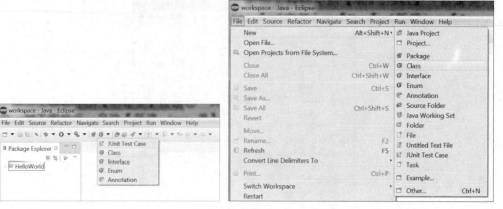

图 1-18

❷ 在【Source folder】（源文件夹）文本框中输入 Java 项目源程序的文件夹位置。通常系统向导
   会自动填写，如无特殊情况，不需要修改，如图 1-19 所示。

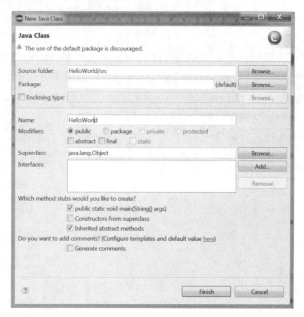

图 1-19

❸ 在【Package】（包）文本框中输入该 Java 类文件准备使用的包名。系统默认为空，这样会使
   用 Java 项目的【缺省包】。

❹ 在【Name】（名称）文本框中输入新建类的名称，如"HelloWorld"。

❺ 选中【public static void main（String［］args）】复选框。向导在创建类文件时，会自动为该类
   添加 main() 方法，使该类成为可以运行的主类。

❻ 单击【Finish】（完成）按钮，完成 Java 类的创建。

## 1.6.4  运行 Java 程序

前面所创建的 HelloWorld 类是包含 main() 主方法的，它是一个可以运行的主类。具体运行方
法如下。

❶ 单击工具栏中的三角小按钮 ，在弹出的【Save and Launch】（保存并启动）对话框中单击【OK】按钮，保存并启动应用程序。如果选中【Always save resources before launching】（在启动前始终保存资源）复选框，则每次运行程序前将自动保存文件内容，从而跳过对话框询问是否保存。

❷ 单击【OK】按钮后，程序的运行结果便可在控制台中显示出来，如图 1-20 所示。

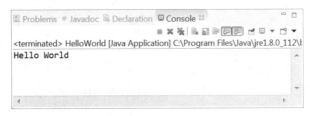

图 1-20

# 1.7　本章小结

(1) Java 语言是 1995 年 Sun 公司正式推出的面向对象程序设计语言，最初是面向智能家电开发的，但 Internet 的出现和发展对 Java 的发展起着至关重要的作用，因为 Internet 上的应用必须能够运行在所有的异构平台上。因此，平台无关性是 Java 诞生的源动力。

(2) Java 应用程序的开发必须经过编写、编译和运行 3 个步骤。使用专业的纯文本编辑器（如 Windows 下的记事本、Notepad++ 等，Linux 下的 vim 等，Mac 下的 TextMate 等）均可进行程序代码的编写，使用 Java 提供的开发工具 JDK 进行编译，使用 Java 解释器运行程序。在编译和运行 Java 程序之前，需要在环境变量中设置 JAVA_HOME、命令路径 Path 及类路径 ClassPath。

(3) 目前最常见的 IDE 是 Eclipse。Eclipse 首先需要建立 Java 项目，然后建立类，进行程序的编写及运行。

# 1.8　疑难解答

**问：** 如何在命令行模式下正确运行 Java 类文件？

**答：** 使用 javac 编译 java 源代码生成对应的 .class 文件（如【范例 1-1】所示的 Hello.class），然后用 java 来运行这个类文件。初学者很容易犯错，很有可能得到如下错误信息。

```
Error: Could not find or load main class Hello.class
```

产生这种错误的原因通常有两个。

(1) Java 环境变量 JAVA_HOME 及 ClassPath 设置不正确。在设置环境变量时，在前一个环境变量前一定要用分号 ";"，以此区分不同的环境变量。同时要把当前目录 "." 放进环境变量中。这里的小点 "."，代表的就是 class 类文件所在的当前目录。

(2) 有可能初学者在命令行模式下按如下方式来运行这个类文件。

```
java HelloWorld.class
```

而正确的方式如下。

```
java HelloWorld
```

也就是说，java 操作的对象虽然是类文件，但是却无需类文件的扩展名 .class。加上这个扩展名，就属于画蛇添足，反而让编译器不能识别。

**问：如何正确保存 Java 的文件名？**

**答：**需要初学者注意的是，虽然一个 .java 文件可以定义多个类，但只能有一个 public 类。而且对于一个包括 public 类名的 Java 源程序，在保存时，源程序的名称必须与 public 类名称保持完全一致。如下所示的一个类。

```
public class HelloWorld
{ }
```

这个公有类名称是 HelloWorld，那么这个类所在的源文件必须保存为 HelloWorld.java。由于 Java 语言是区分大小写的（这和 Windows 系统不区分大小写是不同的），保存的 Java 文件名（除了扩展名 .java）必须和公有类的名称一致，包括大小写也必须一模一样。

# 1.9　实战练习

(1) 比较 Java SE、Java EE 和 Java ME 的特点。

(2) 简述 Java 的运行过程。

(3) 安装 JDK 后，需要配置环境变量 Path 和 ClassPath，其目的是什么？

(4) 使用文本编辑器编写程序输出"Hello，Java！"，然后使用 JDK 编译和运行程序。

(5) 使用 Eclipse 建立一个名为 myJava 的项目，然后建立 HelloJava 类，该类在控制台输出"Hello Java！"。编写此程序并运行输出。

# 第 2 章
# Java 语言基础

**本章导读**

麻雀虽小，五脏俱全。本章的实例虽然非常简单，但基本涵盖了本章所讲的内容。读者可通过本章来概览 Java 程序的组成及内部部件（如 Java 中的标识符、关键字、变量、注释等）。同时，本章还涉及了 Java 程序错误的检测及 Java 编程风格的注意事项。

**本章课时：理论 2 学时 + 实践 1 学时**

**学习目标**

▶ **一个简单的例子**

▶ **认识 Java 程序**

▶ **程序的检测**

# 2.1　一个简单的例子

从本章开始，我们正式开启学习 Java 程序设计的旅程。在本章，除了认识程序的架构外，我们还将介绍标识符、关键字以及一些基本的数据类型。通过简单的范例，读者可以了解检测与提高程序可读性的方法，培养良好的编程风格和正确的程序编写习惯。

下面来看一个简单的 Java 程序。在介绍程序之前，我们先简单回顾一下第 1 章讲解的例子，之后再来看下面的程序，在此基础上理解此程序的主要功能。

【范例 2-1】Java 程序简单范例（代码 TestJava.java）

```
01    /**
02
03     * @ClassName: TestJava
04
05     * @Description: 这是 Java 的一个简单范例
06
07     * @author: YuHong
08
09     * @date: 2016 年 11 月 15 日
10
11     */
12    public class TestJava
13    {
14      public static void main(String args[ ])
15      {
16        int num ;            // 声明一个整型变量 num
17        num = 5 ;                  // 将整型变量赋值为 5
18        // 输出字符串，这里用 "+" 号连接变量
19        System.out.println(" 这是数字 " + num);
20        System.out.println(" 我有 " + num + " 本书！ ");
21      }
22    }
```

保存并运行程序，结果如图 2-1 所示。注意，该图是由 Eclipse 软件输出的界面。

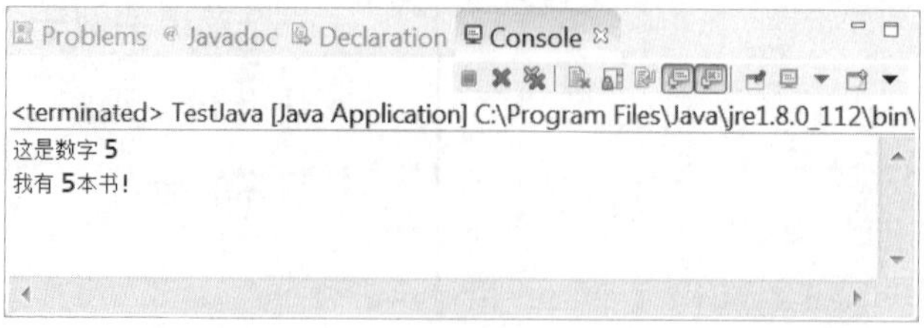

图 2-1

如果读者暂时还看不懂上面的程序，也没有关系，先把这些 Java 代码在任意文本编辑器（Eclipse 编辑器、微软的写字板、Notepad++ 等均可）里手工敲出来（尽量不要用复制 + 粘贴的模式来完成代码输入，每一次编程上的犯错，纠正之后都是进步），然后存盘、编译、运行，就可以看到输出结果。

【代码详解】

首先需要说明的是，【范例 2-1】中的行号是为了读者（程序员）便于理解而人为添加的，真正的 Java 源代码是没有这些行号的。

第 01 ~ 第 11 行为程序的注释，会被编译器自动过滤。但通过注释可以提高 Java 源代码的可读性，使得 Java 程序条理清晰。需要说明的是，第 01 ~ 第 11 行有部分空白行，空白行同样会被编译器过滤，在这里主要功能是为了代码的美观。编写程序到了一定的境界，程序员不仅要追求程序功能的实现，还要追求源代码外在的"美"。这是一种编程风格，"美"的定义和理解不同，编程风格也各异。

在第 12 行中，public 与 class 是 Java 的关键字。class 为"类"的意思，后面接上类名称，本例取名为 TestJava；public 用来表示该类为公有，也就是在整个程序里都可以访问到它。

需要特别注意的是，如果将一个类声明成 public，那么就需保证文件名称和这个类名称完全相同，如图 2-2 所示。本例中 public 访问权限下的类名为 TestJava，那么其文件名即为 TestJava.java。在一个 Java 文件里，最多只能有一个 public 类，否则 .java 的文件便无法命名。

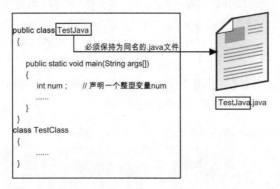

图 2-2

第 14 行，public static void main(String args[ ]) 为程序运行的起点。第 15 ~ 第 21 行（｛｝之内）的功能类似于一般程序语言中的"函数"（function），但在 Java 中称为"方法"（method）。因此，C/C++ 中的 main() 函数（主函数），在 Java 中则被称为 main() 方法（或主方法）。

main() 方法的主体（body）从第 15 行的左大括号"{"开始，到第 21 行的右大括号"}"为止。每一个独立的 Java 程序一定要有 main() 方法才能运行，因为它是程序开始运行的起点。

第 16 行"int num"的目的是，声明 num 为一个整数类型的变量。在使用变量之前，需先进行声明，这非常类似于，我们必须先定房间（申请内存空间），然后才能住到房间里（使用内存）。

第 17 行，"num = 5"为一赋值语句，即把整数 5 赋给存放整数的变量 num。

第 19 行的语句如下。

```
19    System.out.println(" 这是数字 " + num);
```

程序运行时会在显示器上输出一对括号（）所包含的内容，包括"这是数字"和整数变量 num 所存放的值。

System.out 是指标准输出，通常与计算机的接口设备有关，如打印机、显示器等。其后续的 println，是由 print 与 line 所组成的，意思是将后面括号中的内容打印在标准输出设备——显示器上。因此第 19 行的语句执行完后会换行，也就是把光标移到下一行的开头继续输出。

第 21 行的右大括号告诉编译器 main() 方法到此结束。

第 22 行的右大括号告诉编译器 class TestJava 到此结束。

这里只是简单地介绍了 TestJava 这个程序，相信读者已经对 Java 语言有了一个初步的了解。TestJava 程序虽然很短，却是一个相当完整的 Java 程序。在后面的章节中，我们将对 Java 语言的细节部分进行详细的讨论。

# 2.2　认识 Java 程序

在本节，我们将探讨 Java 语言的一些基本规则及用法。

## 2.2.1　Java 程序的框架

### 1. 大括号、段及主体

将类名称定出之后，就可以开始编写类的内容。左大括号 "{" 为类的主体开始标记，整个类的主体至右大括号 "}" 结束。每个命令语句结束时，都必须以分号 ";" 做结尾。当某个命令的语句不止一行时，必须以一对大括号 "{}" 将这些语句包括起来，形成一个程序段（segment）或者块（block）。

下面以一个简单的程序为例来说明什么是段与主体（body）。若暂时看不懂 TestJavaForLoop 这个程序，也不用担心，以后会讲到该程序中所用到的命令。

【范例 2-2】简单的 Java 程序（TestJavaForLoop.java）

```
01  //TestJavaForLoop，简单的 Java 程序
02  public class TestJavaForLoop
03  {
04      public static void main(String args[])
05      {
06          int x;
07          for(x = 1;x < 3;x++)
08          {
09              System.out.println(x + "*" + x + "=" + x * x);
10          }
11      }
12  }
```

运行程序并保存，结果如图 2-3 所示。

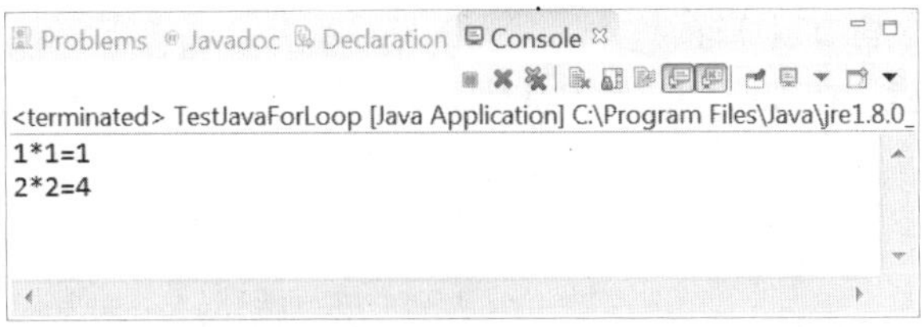

图 2-3

【范例分析】

在上面的程序中，可以看到 main() 方法的主体以左右大括号 {} 包围起来；for 循环中的语句不止一行，所以使用左右大括号 {} 将属于 for 循环的段内容包围起来；类 TestJavaForLoop 的内容又被第 03 和第 12 行的左右大括号 {} 包围，这个块属于 public 类 TestJavaForLoop 所有。此外，应注意到每个语句结束时，都是以分号（;）作为结尾的。

### 2. 程序运行的起始点 —— main() 方法

Java 程序是由一个或一个以上的类组合而成的，程序起始的主体也被包含在类之中。这个起始的地方称为 main()，用左右大括号将属于 main() 段的内容包围起来，称为"方法"。

有一句古话"家有千口，主事一人"，main() 方法即为程序的主方法。类似地，在一个 Java 程序中，不论它有多少行，执行的入口只能有一个，而这个执行的入口就是 main() 方法，它有且仅有一个。通常看到的 main() 方法如下面的语句片段所示。

```
public static void main(String args[])     // main() 方法，主程序开始
{
    ...
}
```

如 2.1 所述，main() 方法之前必须加上 public static void 这 3 个标识符。public 代表 main() 公有的方法；static 表示 main() 是个静态方法，可以不依赖对象而存在，也就是说，在没有创建类的对象情况下，仍然可以执行；void 英文本意为"空的"，这里表示 main() 方法没有返回值。main 后面括号（）中的参数 String args[] 表示运行该程序时所需要的参数，这是固定的用法，我们会在以后的章节介绍这个参数的使用细节。

### 2.2.2 标识符

Java 中的包（package）、类、方法、参数和变量的名称，可由任意顺序的大小写字母、数字、下划线（_）和美元符号（$）等组成，但这些名称的标识符不能以数字开头，也不能是 Java 中保留的关键字。

下面是合法的标识符。

| yourname | your_name | _yourname | $yourname |
| --- | --- | --- | --- |

但是，下面的 4 个标识符是非法的。

| class | 6num23 | abc@sina | x+y |
| --- | --- | --- | --- |

非法的原因分别是：class 是 Java 的保留关键字；6num23 的首字母为数字；abc@sina 中包含有

@ 等特殊字符；x+y 中包含有运算符。

此外，读者应该注意，在 Java 中，标识符是区分大小写的，也就是说，A123 和 a123 是两个完全不同的标识符。

### 2.2.3 关键字

和其他语言一样，Java 中也有许多关键字（Keywords，也叫保留字），如 public、static、int 等，这些关键字不能当作标识符使用。表 2-1 列出了 Java 中的关键字。这些关键字并不需要读者死记硬背住，因为在程序开发中一旦使用了这些关键字做标识符，编译器在编译时就会报错，而智能的编辑器（如 Eclipse 等）会在编写代码时自动提示这些语法错误。在后续的章节中，我们会慢慢学习它们的内涵和用法。

表 2-1

| abstract | assert *** | bollean | break | byte | case |
|---|---|---|---|---|---|
| catch | char | class | const * | continue | default |
| do | double | else | enum **** | extends | false |
| final | finally | float | for | goto * | if |
| implements | import | instanceof | int | interface | long |
| native | new | null | package | private | protected |
| public | return | short | static | stricfp ** | synchronized |
| super | this | throw | transient | true | try |
| vold | volatile | while | | | |

注：* 表示该关键字尚未启用；** 表示是在 Java 1.2 中添加的；*** 表示是在 Java 1.3 中添加的；**** 表示是在 Java 5.0 中添加的。

### 2.2.4 注释

注释在源代码中的地位非常重要，虽然注释在编译时被编译器自动过滤掉，但为程序添加注释可以说明程序的某些语句的作用和功能，提高程序的可读性。特别是当编写大型程序时，多人团队合作，A 程序员写的程序 B 程序员可能很难看懂，而注释能起到非常重要的沟通作用。所以本书强烈建议读者朋友养成写注释的好习惯。

Java 里的注释根据不同的用途分为以下 3 种类型。

(1) 单行注释。

(2) 多行注释。

(3) 文档注释。

单行注释，就是在注释内容的前面加双斜线（//），Java 编译器会忽略这部分信息，如下所示。

```
int num ;    //定义一个整数
```

多行注释，就是在注释内容的前面以单斜线加一个星形标记（/*）开头，并在注释内容末尾以一个星形标记加单斜线（*/）结束。当注释内容超过一行时，一般可使用这种方法，如下所示。

```
/*
int c = 10 ;
int x = 5 ;
```

```
*/
```

值得一提的是，文档注释是以单斜线加两个星形标记（/**）开头，并以一个星形标记加单斜线（*/）结束。用这种方法注释的内容会被解释成程序的正式文档，并能包含进如 javadoc 之类的工具生成的文档里，用以说明该程序的层次结构及其方法。

【范例2-1】中的第01～第11行对源代码的注释属于第(3)类注释，通常在程序开头加入作者名、时间、版本、要实现的功能等内容注释，以方便后来的维护以及程序员的交流。本质上，注释类别(3)是(2)的一个特例，(3)中的第2个星号 * 可看作注释的一部分。由于文档注释比较费篇幅，所以在后面的范例中，我们不再给出此类注释，读者可在配套资源中看到注释更为全面的源代码。

需要注意的是，第03～第06行的注释中，每一行前都有一个 *，其实这不是必需的，它们是注释区域的一个"普通"字符而已，仅仅是为了注释部分看起来更加美观。前文我们已提到，实现一个程序的基本功能是不够的，优秀的程序员还会让自己的代码看起来很"美"。

## 2.2.5 变量

在 Java 程序设计中，变量（Variable）在程序语言中扮演着最基本的角色之一，它是存储数据的载体。计算机中的变量是实际存在的数据。变量的数值可以被读取和修改，它是一切计算的基础。

与变量相对应的就是常量（Constant）。顾名思义，常量是固定不变的量，一旦被定义并赋初值，它的值就不能再被改变。

本节主要关注的是对变量的认知，接下来看看 Java 中变量的使用规则。Java 变量使用和其他高级计算机语言一样：先声明，后使用，即必须事先声明它希望保存数据的类型。

### 1. 变量的声明

声明一个变量的基本方式如下。

```
数据类型 变量名;
```

另外，在定义变量的同时，给予该变量初始化，建议读者使用下面的声明变量的风格。

```
数据类型 变量名 = 数值或表达式;
```

举例来说，要在程序中声明一个可存放整型的变量，这个变量的名称为 num。可以在程序中写出如下所示的语句。

```
int num;      //声明 num 为整数变量
```

int 为 Java 的关键字，代表基本数据类型——整型。若要同时声明多个整型的变量，可以像上面的语句一样分别声明它们，也可以把它们都写在同一个语句中，每个变量之间以逗号分开。下面的变量声明方式都是合法的。

```
int num1, num2, num3;   //声明 3 个变量 num1，num2，num3，彼此用英文逗号","隔开
int num1; int num2; int num3; //用 3 个语句声明上面的 3 个变量，彼此用英文分号";"隔开
```

虽然上面两种定义多个变量的语句都是合法的，但对它们添加注释不甚方便，特别是后一种同一行有多个语句，使可读性不好，建议读者不要采纳这种编程风格。

### 2. 变量名称

读者可以依据个人的喜好来决定变量的名称，但这些变量的名称不能使用 Java 的关键字。通常会以变量所代表的意义来取名。当然也可以使用 a、b、c 等简单的英文字母代表变量，但是当程序很大时，需要的变量数量会很多，这些简单名称所代表的意义就比较容易忘记，必然会增加阅读及调试程序的困难度。变量的命名之美在于：在符合变量命名规则的前提下，尽量对变量做到"见名知意"，自我注释（Self Documentation），例如，用 num 表示数字，用 length 表示长度。

### 3. 变量的赋值

给所声明的变量赋予一个属于它的值，用赋值运算符（=）来实现。具体可使用如下所示的 3 种方法进行设置。

（1）在声明变量时赋值。

举例来说，在程序中声明一个整数的变量 num，并直接把这个变量赋值为 2，可以在程序中写出如下的语句。

```
int num = 2;          // 声明变量，并直接赋值
```

（2）声明后再赋值。

一般来说，也可以在声明后再给变量赋值。举例来说，在程序中声明整型变量 num1、num2 及字符变量 ch，并且给它们分别赋值，可以在程序中写出下面的语句。

```
int num1,num2;        // 声明 2 整型变量 num1 和 num2
char  ch;             // 声明 1 字符变量 ch
num1 = 2;             // 将变量 num1 赋值为 2
num2 = 3;             // 将变量 num2 赋值为 3
ch = 'z';             // 将字符变量 ch 赋值为字母 z
```

（3）在程序的任何位置声明并设置。

以声明一个整数的变量 num 为例，可以等到要使用这个变量时再给它赋值。

```
int num;     // 声明整型变量 num
…
num = 2;     // 用到变量 num 时，再赋值
```

## 2.2.6  数据类型

除了整数类型之外，Java 还提供有多种数据类型。Java 的变量类型可以是整型（int）、长整型（long）、短整型（short）、浮点型（float）、双精度浮点型（double），或者字符型（char）和字符串型（String）等。下面对 Java 中的基本数据类型给予简要介绍，读者可参阅相关章节获得更为详细的介绍。

整型是取值为不含小数的数据类型，包括 byte 类型、short 类型、int 类型及 long 类型，默认情况下为 int 类型，可用八进制、十进制及十六进制来表示。另一种存储实数的类型是浮点型数据，主要包括 float 型（单精度浮点型，占 4 字节）和 double 型（双精度浮点型，占 8 字节）。用来表示含有小数点的数据，必须声明为浮点型。在默认情况下，浮点数是 double 型的。如果需要将某个包括小数点的实数声明为单精度，则需要在该数值后加字母"F"（或小写字母"f"）。

下面的语句是主要数据类型的定义说明。

```
int  num1 = 10;              // 定义 4 字节大小的整型变量 num1，并赋初值为 10
byte  age = 20;             // 定义 1 个字节型变量 age，并赋初值为 20
byte  age2 = 129;           // 错误：超出了 byte 类型表示的最大范围（ - 128 ~ 127 ）
float  price = 12.5f;       // 定义 4 字节的单精度 float 型变量 price，并赋初值为 12.5
float  price = 12.5;        // 错误：类型不匹配
double  weight = 12.5;      // 定义 8 字节的双精度 double 类型变量 weight，并赋初值为 12.5
```

定义数据类型时，要注意两点。

(1) 在定义变量后，对变量赋值时，赋值大小不能超过所定义变量的表示范围。例如，本例第 03 行是错误的，给 age2 赋值 129，已超出了 byte 类型（1 字节）所能表示的最大范围（–128 ~ 127）。这好比某人在宾馆定了一个单人间（声明 byte 类型变量），等入住的时候，说自己太胖了，要住双人间，这时宾馆服务员（编译器）是不会答应的。解决的办法很简单，需要重新在一开始就定双人间（重新声明 age2 为 short 类型）。

(2) 在定义变量后，对变量赋值时，运算符（=）左右两边的类型要一致。例如，本例第 05 行是错误的，因为在默认情况下，包含小数点的数（12.5）是双精度 double 类型的，而 "=" 左边定义的变量 price 是单精度 float 类型的，二者类型不匹配！这好比一个原本定了双人间的顾客，非要去住单人间，刻板的宾馆服务员（编译器）一般也是不会答应的，因为单人间可能放不下双人间客人的那么多行李，丢了谁负责呢？如果住双人间的顾客非要去住单人间，那么需要双人间的顾客显式声明，我确保我的行李在单人间可以放得下，或即使丢失点行李，我也是可以承受的（即强制类型转换）。强制类型转换的英文是 "cast"，而 "cast" 的英文本意就是 "铸造"，铸造的含义就包括了 "物是人非" 内涵。下面的两个语句都是合法的。

```
float  price = 12.5f;       // 中规中矩的定义，一开始就保证 "=" 左右类型匹配
float  price = (float)12.5; // 通过强制类型转换后， "=" 左右类型匹配
```

### 2.2.7  运算符和表达式

计算机的英文为 Computer，顾名思义，它存在的目的就是用来进行计算（Compute）的。而要运算就要使用各种运算符，如加（+）、减（–）、乘（*）、除（/）、取余（%）等。

表达式则由操作数与运算符所组成，操作数可以是常量、变量，甚至可以是方法。下面的语句说明了这些概念的使用。

```
int  result = 1 + 2;
```

在这个语句中，1+2 为表达式，运算符为 "+"，计算结果为 3，通过 "=" 赋值给整型变量 result。

对于表达式，由于运算符是有优先级的，所以即使有计算相同的操作数和相同的运算符，其结果也有可能是不一样的，例如，

```
c = a + b / 100; // 假设变量 a、b、c 为已定义的变量
```

在上述表达式中，由于除法运算符 "/" 的优先级比加法运算符 "+" 高，所以 c 的值为 b 除以 100 后的值再加上 a 之和，这可能不是程序员的本意。如果希望是 a+b 之和一起除以 100，那么就

从零开始 ▎ Java程序设计基础教程（云课版）

需要加上括号（）来消除这种模糊性，如下所示。

```
c = (a + b) /100;  // a+b 之和除以 100
```

# 2.3 程序的检测

学习到本节，相信读者大概可以依照前面的例子"照猫画虎"，写出几个类似的程序了。而在编写程序时，不可避免地会遇到各种编译时（语法上的）或运行时（逻辑上的）错误。接下来我们做一些小检测，看看读者能否准确地找出下面程序中存在的错误。

## 2.3.1 语法错误

通过下面的范例应学会怎样找出程序中的语法错误。

【范例 2-3】找出下面程序中的语法错误（代码 SyntaxError.java）

```
01   // 下面程序的错误属于语法错误，在编译的时候会自动检测到
02   public class SyntaxError
03   {
04     public static void main(String args[])
05     {
06       int num1 = 2 ;       // 声明整数变量 num1，并赋值为 2
07       int num2 = 3 ;       // 声明整数变量 num2，并赋值为 3
08
09       System.out.println(" 我有 "+num1" 本书！ ");
10       System.out.println(" 你有 "+num2+" 本书！ ")
11     )
12   }
```

【范例分析】

程序 SyntaxError 在语法上犯了几个错误，通过编译器编译，便可以把这些错误找出来。事实上，在 Eclipse 中，语法错误的部分都会显示红色的下划线，对应的行号处会有红色小叉（×），当鼠标指针移动到小叉处，会有相应的语法错误信息显示，如图 2-4 所示。

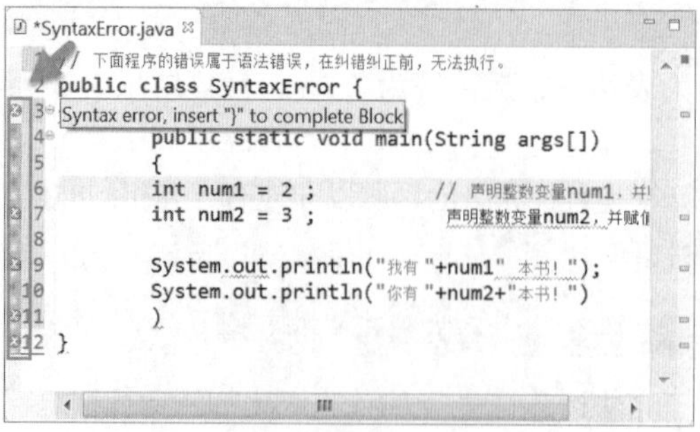

图 2-4

首先，可以看到第 05 行，main() 方法的主体以左大括号"{"开始，应以右大括号"}"结束。所有括号的出现都是成双成对的，因此，第 11 行 main() 方法主体结束时，应以右大括号"}"结束，而这里却以右括号"）"结束。

注释的符号为"//"，但是在第 07 行的注释中，没有加上"//"。在第 9 行，字符串"本书！"前面，少了一个加号"+"来连接。最后，还可以看到在第 10 行的语句结束时，少了分号"；"作为结束。

上述的 3 个错误均属于语法错误。当编译程序发现程序语法有错误时，会把这些错误的位置指出来，并告诉程序员错误的类型，程序员可根据编译程序所给予的信息加以更正。

程序员将编译器（或 IDE 环境）告知的错误更改之后，重新编译，若还是有错误，再依照上述的方法重复测试，这些错误就会被一一改正，直到没有错误为止。

### 2.3.2 语义错误

若程序本身的语法都没有错误，但是运行后的结果却不符合程序员的要求，此时可能犯了语义错误，也就是程序逻辑上的错误。读者会发现，要找出语义错误比找出语法错误更加困难。因为人都是有思维盲点的，在编写程序时，一旦陷入某个错误的思维当中，有时很难跳出来。排除一个逻辑上的语义错误，糟糕时可能需要经历一两天，才会"顿悟"错误在哪里。

举例来说，要在程序中声明一个可以存放整数的变量，这个变量的名称为 num。可以在程序中写出如下所示的语句。

【范例 2-4】程序语义错误的检测（SemanticError.java）

```
01   // 下面的程序原本是要计算一共有多少本书，但是由于错把加号写成了减号，
     // 所以造成了输出结果不正确，这属于语义错误
02   public class SemanticError
03   {
04     public static void main(String args[])
05       {
06       int num1 = 4 ;        // 声明一整型变量 num1
07       int num2 = 5 ;        // 声明一整型变量 num2
08
09       System.out.println(" 我有 " + num1 +" 本书！");
10       System.out.println(" 你有 " + num2 +" 本书！");
11       // 输出 num1-num2 的值 s
12       System.out.println(" 我们一共有 " + (num1 - num2) + " 本书！");
13       }
14   }
```

保存并运行程序，结果如图 2-5 所示，显然不符合设计的要求。纠正第 12 行的语义错误之后的输出结果如图 2-6 所示。

图 2-5

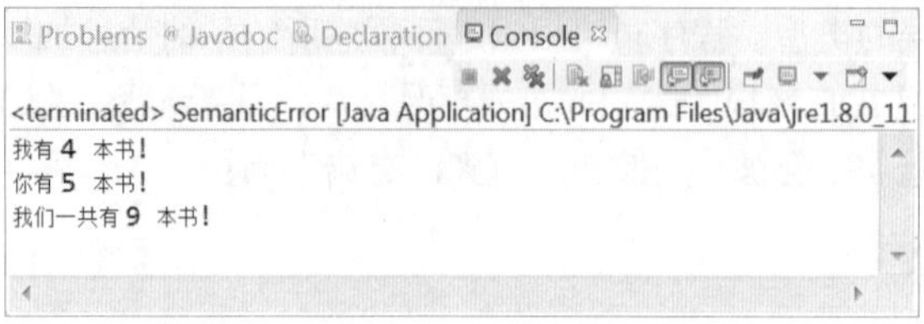

图 2-6

【范例分析】

可以发现，在程序编译过程中并没有发现错误，但是运行后的结果却不正确，这种错误就是语义错误。在第 12 行中，因失误将 "num1+num2" 写成了 "num1−num2"，虽然语法是正确的，但是却不符合程序设计的要求，只要将错误更正后，程序的运行结果就是我们希望的了。

# 2.4　综合应用——计算 $X^2$

能够写出一个功能正确的程序，的确很让人兴奋。但如果这个程序除了本人之外，其他人都很难读懂，那就不算是一个好的程序。所以，程序员在设计程序的时候，除了完成程序必需的功能外，还要学习程序设计的规范格式。除了前面所说的加上注释之外，还应当保持适当的缩进，保证程序的逻辑层次清楚。

【范例 2-5】计算 $X^2$

```
01  //以下程序是有缩进的样例，可以发现这样的程序看起来比较清楚
02  public class IndentingCode
03  {
04    public static void main(String args[])
05    {
06      int x ;
07
08      for(x=1;x<=3;x++)
09      {
10        System.out.print("x = " + x + ", ");
11        System.out.println("x * x = " + (x * x));
```

```
12        }
13      }
14  }
```

保存并运行程序，【范例 2-5】结果如图 2-7 所示。

```
Problems  Javadoc  Declaration  Console
<terminated> IndentingCode [Java Application] C:\Program Files\Java\jre1.8.0_1
x = 1, x * x = 1
x = 2, x * x = 4
x = 3, x * x = 9
```

图 2-7

# 2.5 本章小结

(1) 在 Java 语言中，应使用合法的标识符的命名规则。

(2) Java 语言对变量的声明包括为变量命名、确定变量的类型及其作用域 3 个部分。

(3) 程序的错误包括语法错误和语义错误两种情况。语法错误可以通过编译器查找出来，语义错误就是逻辑错误。

(4) 为维持程序的可读性，除需要加上必要的注释外，还应当保持适当的缩进，以保证程序的逻辑层次清楚。

# 2.6 疑难解答

**问：** Java 源代码中的字符有半角和全角之分吗？

**答：** Java 的初学者，在使用中文输入法输入英文字符时，很容易在中文输入模式下输入全角的分号 "；"，左右花括号 "｛"、"｝"，左右括号 "（"、"）" 及逗号 "，"，而 Java 的编译器在语法识别上仅仅识别这些字符对应的半角。因此建议初学者在输入 Java 语句（不包括注释和字符串的内容）时，在中文输入模式下，要么按 "Ctrl+Shift" 切换至英文模式，要么将中文输入法转变为半角模式，如图 2-8 所示，中文输入法中的 "太阳" 标记为全角模式，点击该图标可以切换为 "月亮" 标记——半角模式。

图 2-8

# 2.7  实战练习

(1)在一次计算中，各种类型的数值可以一起使用吗？

(2)将一个 double 类型数值显式类型转换为 int 时，是如何处理 double 值的小数部分的？类型转换改变被类型转换的变量吗？

(3)给出以下代码片段的输出：

```java
float f = 10.5F;
int i = (int) f;
System.out.println(" f is " + f);
System.out.println(" i is " +i);
```

(4)给出以下代码片段的输出：

```java
double amount = 7;
System.out.println(amount / 2);
System.out.println(7 / 2);
```

(5)用 float 型定义变量：float f = 3.14; 是否正确？（Java 面试题）

# 第 3 章
# Java 编程基础

**本章导读**

　　本章讲解 Java 中的基础语法，包括常量和变量的声明与应用、变量的命名规则、Java 的基本数据类型等。本章内容是接下来章节的基础，初学者应该认真学习。

**本章课时：理论 2 学时 + 实践 1 学时**

## 学习目标

▶ **常量与变量**

▶ **基本数据类型**

▶ **运算符**

# 3.1 常量与变量

一般来说，所有的程序设计语言都需要定义常量（Constant），在 Java 开发语言平台中也不例外。所谓常量，就是固定不变的量，其一旦被定义并赋初值，它的值就不能再被改变。

### 3.1.1 常量的声明与使用

在 Java 语言中，主要是利用关键字 final 来定义常量的。声明常量的语法为：

> final 数据类型 常量名称 [ = 值 ];

常量名称通常使用大写字母，例如 PI、YEAR 等。值得注意的是，虽然 Java 中有关键词 const，但目前并没有被 Java 正式启用。

常量标识符和前面讲到的变量标识符规定一样，可由任意顺序的大小写字母、数字、下划线（_）和美元符号（$）等组成，标识符不能以数字开头，也不能是 Java 中的保留关键字。

此外，在定义常量时，需要注意以下两点。

（1）必须在常量声明时对其进行初始化，否则会出现编译错误。常量一旦被初始化，就无法再次对这个常量进行赋值。

（2）final 关键字不仅可用来修饰基本数据类型的常量，还可以用来修饰后续章节中讲到的"对象引用"或者方法。

当常量作为一个类的成员变量时，需要给常量赋初值，否则编译器是会"不答应"的。

【范例 3-1】声明一个常量用于成员变量（TestFinal.java）

```
01   //@Description: Java 中定义常量
02   public class TestFinal
03   {
04       static final int YEAR = 365;        // 定义一个静态常量
05       public static void main(String[] args)
06       {
07           System.out.println(" 两年是: " + 2 * YEAR + " 天 ");
08       }
09   }
```

保存并运行程序，结果如图 3-1 所示。

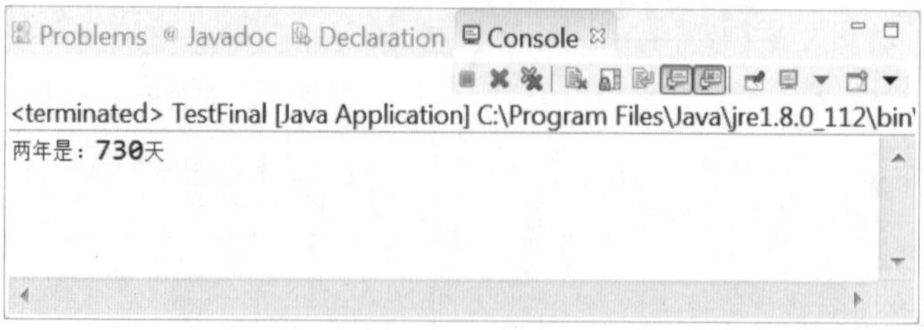

Problems  Javadoc  Declaration  Console ⌗

```
<terminated> TestFinal [Java Application] C:\Program Files\Java\jre1.8.0_112\bin\
两年是: 730天
```

图 3-1

【范例分析】

请读者注意，在第 04 行中首部出现的 static 是 Java 的关键字，表示静态变量。在这个例子中，只有被 static 修饰的变量，才能被 main 函数引用。有关 static 关键字使用的知识，将在后续章节中进行介绍。

### 3.1.2 变量的声明与使用

变量是利用声明的方式，将内存中的某个内存块保留下来以供程序使用，其内的值是可变的。可声明的变量数据类型可以是整型（int）、字符型（char）、浮点型（float 或 double），也可以是其他的数据类型（如用户自定义的数据类型——类）。在英语中，数据类型的 "type" 和类的 "class" 本身就是一组同义词，所以二者在地位上是对等的。

#### 1. 声明变量

声明变量通常有两个作用。

(1) 指定在内存中分配空间大小。

变量在声明时，可以同时给予初始化（即赋予初始值）。

(2) 规定这个变量所能接受的运算。

例如，整数数据类型 int 只能接受加、减、乘、除等运算符。

任何一个变量在声明时必须给予它一个类型，而在相同的作用范围内，变量还必须有个独一无二的名称，如图 3-2 所示。

图 3-2

下面先来看一个简单的实例，以便了解 Java 的变量与常量之间的关系。在下面的程序里，声明了两种 Java 经常使用到的变量，分别为整型变量 num 与字符变量 ch。为它们赋值后，再把它们的值分别在控制台上显示。

【范例 3-2】声明两个变量，一个是整型，另一个是字符型（TestJavaIntChar.java）

```
01    //Description: 声明整型变量和字符型变量
02
03    public class TestJavaIntChar
04    {
05
06        public static void main(String[] args)
07        {
08
09            int num = 3;// 声明一整型变量 num，赋值为 3
10            char ch = 'z'; // 声明一字符型变量 ch，赋值为 z
```

```
11
12          System.out.println(num + " 是整数！ ");    // 输出 num 的值
13          System.out.println(ch + " 是字符！ ");    // 输出 ch 的值
14
15      }
16
17  }
```

保存并运行程序，结果如图 3-3 所示。

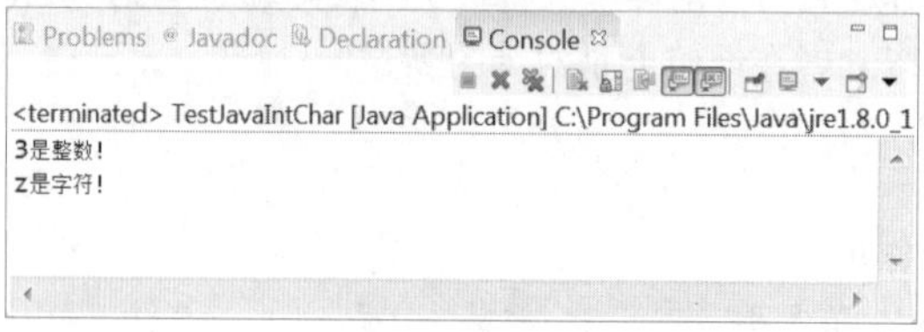

Problems · Javadoc · Declaration · Console

<terminated> TestJavaIntChar [Java Application] C:\Program Files\Java\jre1.8.0_1

3是整数！
z是字符！

图 3-3

【范例分析】

在 TestJavaIntChar 类中，第 09 和第 10 行分别声明了整型（int）和字符型（char）的变量 num 与 ch，并分别将常量3与字符"z"赋值给这两个变量，最后将它们显示在控制台上（第 12 和第 13 行）。

常量是不同于变量的一种类型，它的值是固定的，如整数常量、字符串常量。通常给变量赋值时，会将常量赋值给变量。如在类 TestJavaIntChar 中，第 09 行 num 是整型变量，而 3 则是常量。此行的作用是声明 num 为整型变量，并把常量 3 这个值赋给它。与此相同，第 10 行声明了一个字符型变量 ch，并将字符常量"z"赋给它。

### 2. 变量的命名规则

变量也是一种标识符，所以它也遵循标识符的命名规则。

(1) 变量名可由任意顺序的大小写字母、数字、下划线（_）和美元符号（$）等组成。

(2) 变量名不能以数字开头。

(3) 变量名不能是 Java 中的保留关键字。

### 3. 变量的作用范围

变量是有作用范围（Scope）的，作用范围有时也称为作用域。一旦超出变量的作用范围，就无法再使用这个变量。

按作用范围进行划分，变量分为成员变量和局部变量。

(1) 成员变量。

在类体中定义的变量为成员变量。它的作用范围为整个类，也就是说在这个类中都可以访问到定义的这个成员变量。

【范例 3-3】探讨成员变量的作用范围（TestMemVar.java）

```
01  //@Description: 定义类中的成员变量
02  public class TestMemVar
```

```
03  {
04      static int var = 1;        //定义一个成员变量
05
06      public static void main(String[] args)
07      {
08          System.out.println("成员变量 var 的值是："+var);
09      }
10
11  }
```

保存并运行程序，结果如图 3-4 所示。

图 3-4

(2) 局部变量。

在一个函数（或称方法）或函数内代码块（code block）中定义的变量称为局部变量。局部变量在函数或代码块被执行时创建，在函数或代码块结束时被销毁。局部变量在进行取值操作前必须被初始化或赋值操作，否则会出现编译错误！

Java 存在块级作用域，在程序中任意大括号包装的代码块中定义的变量，它的生命仅仅存在于程序运行该代码块时。比如在 for（或 while）循环体里、方法或方法的参数列表里等。在循环里声明的变量只要跳出循环，这个变量便不能再使用。同样，方法或方法的参数列表里定义的局部变量，当跳出方法体（method body）之外时，该变量也不能使用了。下面用一个范例来说明局部变量的使用方法。

【范例 3-4】局部变量的使用（TestLocalVar.java）

```
01  //@Description: 局部变量的作用域
02
03  public class TestLocalVar
04  {
05      public static void main(String[] args)  //main 方法参数列表定义的局部变量 args
06      {
07          int sum = 0;                    //main 方法体内定义的局部变量 sum
08          for (int i = 1; i <= 5; i++)        // for 循环体内定义的局部变量 i
09          {
10              sum = sum + i;
11              System.out.println("i = " + i + ", sum = " + sum);
12          }
```

```
13     }
14   }
```

保存并运行程序，结果如图3-5所示。

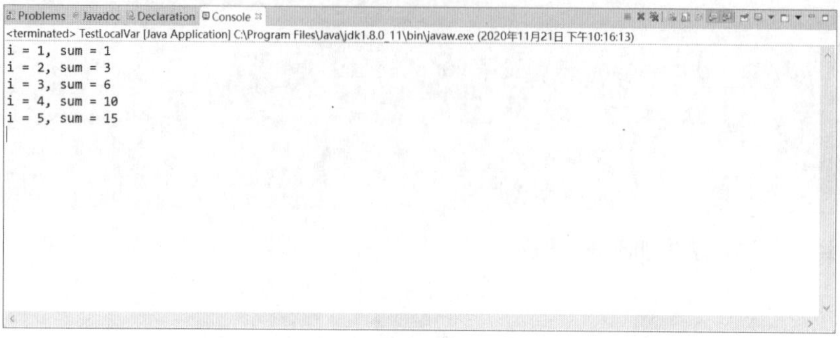

```
Problems  Javadoc  Declaration  Console
<terminated> TestLocalVar [Java Application] C:\Program Files\Java\jdk1.8.0_11\bin\javaw.exe (2020年11月21日 下午10:16:13)
i = 1, sum = 1
i = 2, sum = 3
i = 3, sum = 6
i = 4, sum = 10
i = 5, sum = 15
```

图 3-5

【代码详解】

在本范例中，就有3种定义局部变量的方式。

第05行，在静态方法 main 参数列表中定义的局部变量 args，它的作用范围就是整个 main 方法体：以第06行的"｛"开始，以第13行的"｝"结束。args 的主要用途是从命令行读取输入的参数，在后续的章节中会讲到这方面的知识。

第07行，在 main 方法体内，定义了局部变量 sum，它的作用范围从当前行（第07行）到第13行的"｝"为止。

第08行，把局部变量 i 声明在 for 循环里，它的有效范围仅在 for 循环内（第09 ~ 第12行），只要一离开这个循环，变量 i 便无法使用。相对而言，变量 sum 的有效作用范围是从第07行开始到第13行结束，for 循环也属于变量 sum 的有效范围，因此 sum 在 for 循环内也是可用的。

# 3.2　基本数据类型

## 3.2.1　数据类型的意义

在 Java 语言中，每个变量（常量）都有其数据类型。不同的数据类型可允许的操作也是不尽相同的。比如，对于整型数据，它们只能进行加减乘除和求余操作。此外，不同的数据占据的内存空间大小也是不尽相同的。而在必要时，不同的数据类型也是可以做到强制类型转换的。

在 Java 语言中，数据类型一共分为：基本数据类型、引用数据类型两大类。由于引用数据类型较难理解，所以以针对此部分的内容本章暂不作讨论，本章讨论的是基本数据类型。在 Java 中规定了8种基本数据类型变量来存储整数、浮点数、字符和布尔值，如图3-6所示。

图 3-6

不同类型的变量，所能表示的数据范围也是不同的。Java 的基本数据类型占用内存位数及可表示的数据范围如表 3-1 所示。

表 3-1

| 数据类型 | 位数（bit） | 可表示的数据范围 |
| --- | --- | --- |
| long（长整型） | 64 位 | −9223372036854775808 ~ 9223372036854775807 |
| int（整型） | 32 位 | −2147483648 ~ 2147483647 |
| short（短整型） | 16 位 | −32768 ~ 32767 |
| char（字符） | 16 位 | 0 ~ 65535 |
| byte（字节） | 8 位 | −128 ~ 127 |
| boolean（布尔） | 1 位 | ture 或 false |
| float（单精度） | 32 位 | −3.4E38（$−3.4 \times 10^{38}$）~ 3.4E38（$3.4 \times 10^{38}$） |
| double（双精度） | 64 位 | −1.7E308（$−1.7 \times 10^{308}$）~ 1.7E308（$1.7 \times 10^{308}$） |

### 3.2.2 整数类型

整数类型（Integer），简称整型，表示的是不带有小数点的数字。例如，数字 10、20 就表示整型数据。在 Java 中，有 4 种不同类型的整型，按照占据空间大小的递增次序，分别为 byte（位）、short（短整型）、int（整数）及 long（长整数）。在默认情况下，整数类型是指 int 型。下面先通过代码来观察一下。

举例来说，要声明一个短整型变量 sum 时，可以在程序中做出如下的声明。

short sum ; // 声明 sum 为短整型

经过声明之后，Java 即会在可使用的内存空间中，寻找一个占有 2 字节的块供 sum 变量使用，同时这个变量的范围只能是 −32768 ~ 32767。

#### 1. byte 类型

在 Java 中，byte 类型占据 1 字节内存空间，数据的取值范围为 −128 ~ 127。

byte 类将基本类型 byte 的值包装在一个对象中。一个 byte 类型的对象只包含一个类型为 byte 的字段。byte 类常见的静态属性如表 3-2 所示。

表 3-2

| 属性名称 | 属性值 |
|---|---|
| MAX_VALUE | 最大值：$2^7-1=127$ |
| MIN_VALUE | 最小值：$-2^7=-128$ |
| SIZE | 所占的内存位数（bit）：8 位 |
| TYPE | 数据类型：byte |

### 2. short 和 int 类型

整型分为两小类一类是 short 类型，数据占据 2 字节内存空间，取值范围为 –32768 ~ 32767。另一类是 int 类型，数据占据 4 字节内存空间，取值范围为 –2147483648 ~ 2147483647。

【范例 3-5】整数类型的使用（ByteShortIntdemo.java）

```
01   public class ByteShortIntdemo
02   {
03     public static void main(String args[])
04     {
05       byte byte_max = java.lang.Byte.MAX_VALUE ;    // 得到 byte 型的最大值
06       System.out.println("BYTE 类型的最大值： " + byte_max);
07
08       short short_min = Short.MIN_VALUE ;    // 得到短整型的最小值
09       System.out.println("SHORT 类型的最小值： " + short_min);
10
11       int int_size =  Integer.SIZE ;    // 得到整型的位数大小
12       System.out.println("INT 类型的位数： " + int_size);
13     }
14   }
```

程序运行结果如图 3-7 所示。

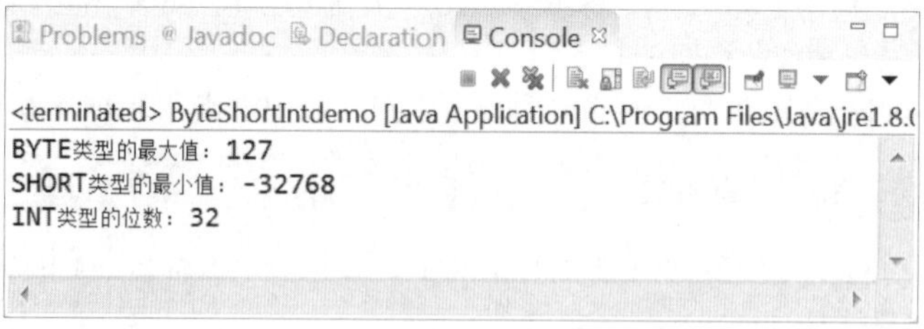

图 3-7

【范例分析】

代码第 05 行的功能是，获得 byte 型所能表达的最大数值（Byte.MAX_VALUE）。

代码第 08 行的功能是，获得短整型所能表达的最小数值（Short. MIN_VALUE）。

代码第 11 行的功能是，获得整型位数大小（Integer.SIZE）。

由于 java.lang 包是 Java 语言默认加载的，所以第 05 行等号 "=" 右边的语句可以简化为 "Byte.

MAX_VALUE"。这里 lang 是 language（语言）的简写。代码第 08 行和第 11 行使用的就是这种简写模式。

由于每一种类型都有其对应范围的最大或最小值，所以如果在计算的过程中超过了此范围（大于最大值或小于最小值），则会产生数据的溢出问题。

**【范例 3-6】整型数据的溢出（IntOverflowDemo.java）**

```
01  public class IntOverflowDemo
02  {
03    public static void main(String args[])
04    {
05      int max = Integer.MAX_VALUE ;   // 取得 int 的最大值
06      int min = Integer.MIN_VALUE ;   // 取得 int 的最小值
07
08      System.out.println(max) ;       // 输出最大值：2147483647
09      System.out.println(min) ;       // 输出最小值：-2147483648
10
11      System.out.println(max+1) ;     // 得到最小值：-2147483648
12      System.out.println(max+2) ;     // 相当于最小值 +1：-2147483647
13      System.out.println(min-1) ;     // 得到最大值：2147483647
14    }
15  }
```

运行结果如图 3-8 所示。

图 3-8

**【范例分析】**

代码第 08 行和第 09 行分别输出 int 类型的最大值和最小值。那么比 int 类型的最大值还大 1 的是什么值呢？比 int 类型的最小值还小 1 的是什么值呢？第 11 行和第 13 行分别给出了答案，比 int 类型的最大值还大 1 的竟然是最小值，而比 int 类型的最小值还小 1 的竟然是最大值。这里的最大值、最小值的转换是一个循环过程，这种情况就称为数据溢出（overflow）。

**3. long 类型**

在【范例 3-6】中，我们演示了整型数据的数据溢出问题，要解决数据的溢出问题，可以扩大数据的操作范围，比 int 整型表示范围大的就是 long 类型，long 类型数据占据 8 字节内存空间，取值范围为 −9223372036854775808 ~ 9223372036854775807。

long 类型数据的使用方法，除了直接定义之外，还有两种直接的表达方式。

(1) 直接在数据前增加一个"(long)"。

(2) 直接在数据后增加一个字母"L"。

【范例 3-7】long 类型数据的使用（LongDemo.java）

```
01   public class LongDemo
02   {
03     public static void main(String args[])
04     {
05       long long_max = Long.MAX_VALUE ;// 得到长整型的最大值
06       System.out.println("LONG 的最大值： "+ long_max);
07
08       int max = Integer.MAX_VALUE ; // 取得 int 的最大值
09       int min = Integer.MIN_VALUE ;  // 取得 int 的最小值
10
11       System.out.println(max) ; // 最大值：2147483647
12       System.out.println(min) ; // 最小值：-2147483648
13
14       System.out.println(max + (long)1) ; // int 型 + long 型 = long 型，2147483648
15       System.out.println(max + 2L) ;   // int 型 + long 型 = long 型，2147483649
16       System.out.println(min -1L) ;   // int 型 - long 型 = long 型，-2147483649
17     }
18   }
```

程序运行结果如图 3-9 所示。

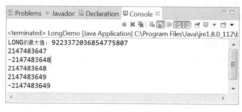

图 3-9

【范例分析】

代码的第 05 行定义长整型 long_max，并将系统定义好的 Long.MAX_VALUE 赋给这个变量，同时在第 06 行输出这个值。

第 14 行，在数字 1 前面加上关键词 long，表示把 1 强制转换为长整型（因为在默认情况下 1 为普通整型 int）。为了不丢失数据的精度，低字节类型数据与高字节数据运算，其结果自动转变为高字节数据，因此，int 型与 long 型运算的结果是 long 型数据。

第 15 和第 16 行中，分别在整型数据 2 和 1 后面添加字母"L"，也达到把 2 和 1 转变为长整型的效果。

### 3.2.3 浮点类型

Java 浮点数据类型主要有双精度（double）和单精度（float）两种。

◎ double 类型：共 8 字节，64 位，第 1 位为符号位，中间 11 位表示指数，后 52 位为尾数。

◎ float 类型：共 4 字节，32 位，第 1 位为符号位，中间 8 位表示指数，后 23 位表示尾数。

需要注意的是，含小数的实数默认为 double 类型数据。如果定义的是 float 型数据，为其赋值的时候，必须执行强制转型，有两种方式。

(1) 直接加上字母"F"或小写字母"f"，例如"float data = 1.2F；"或"float data = 1.2f"。

(2) 直接在数字前加强制转型为"float"，例如"float data2 = (float) 1.2；"。

当浮点数的表示范围不够大的时候，还有一种双精度（double）浮点数可供使用。双精度浮点数类型的长度为 64 字节，有效范围为 $-1.7 \times 10^{308} \sim 1.7 \times 10^{308}$。

Java 提供了浮点数类型的最大值与最小值的代码，其所使用的类全名与所代表的值的范围，可以在 表 3-3 中查阅。

表 3-3

| 类别 | float | double |
| --- | --- | --- |
| 使用类全名 | java.lang.Float | java.lang.Double |
| 最大值 | MAX_VALUE | MAX_VALUE |
| 最大值常量 | 3.4028235E38 | 1.079769313486231157E308 |
| 最小值 | MIN_VALUE | MIN_VALUE |
| 最小值常量 | 1.4E-45 | 4.9E-324 |

下面通过一个简单的例子来说明浮点数的应用。

【范例 3-8】取得单精度和双精度浮点数类型的最大、最小值（doubleAndFloatDemo.java）

```
01  public class doubleAndFloatDemo
02  {
03  public static void main(String args[])
04  {
05      float num = 3.0f ;
06      System.out.println(num + " *" + num+" = " + (num * num));
07
08      System.out.println("float_max = " + Float.MAX_VALUE);
09      System.out.println("float_min = " + Float.MIN_VALUE);
10      System.out.println("double_max = " + Double.MAX_VALUE);
11      System.out.println("double_min = " + Double.MIN_VALUE);
12  }
13  }
```

程序运行结果如图 3-10 所示。

图 3-10

首先在【范例 3-8】中，声明一个 float 类型的变量 num，并赋值为 3.0（第 05 行），将 num*num 的运算结果输出到控制台上（第 06 行）。然后，输出 float 与 double 两种浮点数类型的最大与最小值（第 08 ~ 第 11 行），读者可以将程序的输出结果与表 3-3 中的数据一一进行比较。

下列为声明和设置 float 和 double 类型的变量时应注意的事项。

```
double num1 = -6.3e64 ;      // 声明 num1 为 double，其值为 -6.3*10^64
double num2 = -5.34E16 ;     // e 也可以用大写的 E 来取代
float num3 = 7.32f ;  // 声明 num3 为 float，并设初值为 7.32f
float num4 = 2.456E67 ;      // 错误，因为 2.456*10^67 已超过 float 可表示的范围
```

### 3.2.4 字符类型

字符（character），顾名思义，就是字母和符号的统称。在 Java 中，字符类型变量在内存中占有 2 字节，定义时语法为：

```
char a = ' 字 '; // 声明 a 为字符型，并赋初值为 '字'
```

需要注意的是，字符变量的赋值，在等号 "=" 的右边要用一对单引号(' ')将所赋值的字符括起。但如果我们要把一个单引号 " ' "，也就是说，把一个界定字符边界的符号赋值给一个字符变量，就会出问题。

因此，就有了转义字符的概念。所谓转义字符（escape character），就是改变其原始意思的字符，比如说，"\f" 的本意是一个反斜杠 "\" 和字符 "f"，但是它们放在一起，编译器就 "心领神会" 地知道，它们的意思转变（escape）了，表示 "换页"。转义字符主要用于使用特定的字符来代替那些敏感字符，它们都是作为一个整体来使用。

表 3-4 列举了常用的转义字符。

表 3-4

| 转义字符 | 所代表的意义 | 转义字符 | 所代表的意义 |
|---|---|---|---|
| \f | 换页 | \\ | 反斜线 |
| \b | 倒退一格 | \' | 单引号 |
| \r | 归位 | \" | 双引号 |
| \t | 跳格 | \n | 换行 |

以【范例 3-9】为例，将 ch 赋值为 '\"'（要以单引号（'）包围），并将字符变量 ch 输出在显示器上，同时在打印的字符串里直接加入转义字符。读者可自行比较两种方式的差异。

【范例 3-9】字符及转义字符的使用（charDemo.java）

```
01   public class charDemo
```

```
02  {
03      public static void main(String args[])
04      {
05          char ch1 = 97 ;
06          char ch2 = 'a' ;
07          //char ch3 = "a";   // 错误：类型不匹配
08          System.out.println("ch1 = " + ch1);
09          System.out.println("ch2 = " + ch2);
10
11          char ch ='\"';
12          System.out.println(ch + " 测试转义字符！  " + ch);
13          System.out.println("\"hello world！  \"");
14      }
15  }
```

程序运行结果如图 3-11 所示。

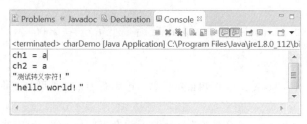

图 3-11

【范例分析】

在本质上，字符类型实际上就是 2 字节长度的短整型。所以，第 05 和第 06 行是等价的，因为字符 "a" 的 ASCII 码值就是整数 97。

需要特别注意的是，被注释掉的第 07 行是不会被编译通过的，因为虽然字母 a 只是一个字符，但一旦被双引号括起来，就变成了一个字符串，严格来说，是字符串对象。因此，等号 "=" 左边是基本数据类型 char，而等号 "=" 右边是复合数据类型 string，二者类型不匹配，是不能赋值的。

代码第 11 行，是一个转义字符双引号的半边。第 12 行和第 13 行，分别输出了这个引号。由此可以得知，不管是用变量存放转义字符，还是直接使用转义字符的方式来输出字符串，程序都可以顺利运行。

但是需要注意的是，Java 之中默认采用的编码方式为 Unicode 编码。此编码是一种采用十六进制编码方案，可以表示出世界上任意的文字信息。所以在 Java 之中单个字符里面是可以保存中文字符的，一个中文字符占据 2 字节。这点与 C/C++ 对字符型的处理有明显区别。在 C/C++ 中，中文字符只能当作长度为 2 的字符串处理。

【范例 3-10】单个中文字符的使用（ChineseChar.java）

```
01  public class ChineseChar
02  {
```

```
03    public static void main(String args[])
04    {
05        char c = ' 中 ' ;// 单个字符变量 c，存储单个中文字母
06        System.out.println(c) ;
07    }
08  }
```

程序运行结果如图 3-12 所示。

图 3-12

【范例分析】

在第 05 行，占据 2 字节的汉字"中"被赋值给字符变量 c。在第 06 行，给出正确输出。

### 3.2.5  布尔类型

在 Java 中使用关键字 boolean 来声明布尔类型。被声明为布尔类型的变量，只有 true（真）和 false（假）两种。

要声明名称为 Zhang3IsMan 的变量为布尔类型，并设置为 true 值，可以使用下面的语句。

boolean Zhang3IsMan = true ;           // 声明布尔变量 Zhang3IsMan，并赋值为 true

经过声明之后，布尔变量的初值即为 true。当然，如果在程序中需要更改 status 的值，可以随时更改。将上述内容写成程序 booleanDemo，可以帮助读者先熟悉一下布尔变量的使用。

【范例 3-11】布尔值类型变量的声明（booleanDemo.java）

```
01    //下面的程序声明了一个布尔值类型的变量
02   public class booleanDemo
03   {
04     public static void main(String args[])
05     {
06       // 声明一布尔类型的变量 zhang3IsMan，布尔型只有 true、false 两个取值
07       boolean Zhang3IsMan = true ;
08       System.out.println("Zhang3 is man? = "+ Zhang3IsMan);
09     }
10   }
```

程序运行结果如图 3-13 所示。

图 3-13

【范例分析】

第 07 行定义一个布尔变量 Zhang3IsMan，并赋值为 true。第 08 行输出这个判断。

需要特别注意的是，Zhang3IsMan 不能赋值为 0 或者 1，或者其他整数，否则编译器将不予通过。

# 3.3　运算符

程序是由许多语句（statement）组成的，语句组成的基本单位就是表达式与运算符。在 Java 中，运算符可分为算术运算符、关系运算符、逻辑运算符和位运算符 4 类。

Java 中的语句有多种形式，表达式就是其中的一种。表达式由操作数与运算符所组成，操作数可以是常量、变量，也可以是方法，而运算符就是数学中的运算符号，如 "+" "-" "*" "/" "%" 等。例如，表达式（X+20）中，"X" 与 "20" 都是操作数，而 "+" 就是运算符，如图 3-14 所示。

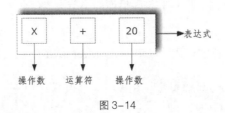

图 3-14

## 3.3.1　赋值运算符

若为各种不同类型的变量赋值，就需要用到赋值运算符（Assignment Operator）。简单的赋值运算符由等号（=）实现，只是把等号右边的值赋予等号左边的变量。例如：

```
int num = 22 ;
```

需要初学者注意的是，Java 中的赋值运算符 "=" 并不是数学意义上的 "相等"。例如：

```
num =num + 1 ; // 假设 num 是前面定义好的变量
```

这句话的含义是，把变量 num 的值加 1，再赋（=）给 num。在数学意义上，通过约减处理（等式左右两边同时约去 num），可以得到 "0 = 1"，这显然是不对的。

当然，在程序中也可以将等号后面的值赋给其他的变量，例如：

```
int sum = num1 + num2 ;      // num1 与 num2 相加之后的值再赋给变量 sum 存放
```

num1 与 num2 的值经过运算后仍然保持不变，sum 会因为 "赋值" 的操作而更改内容。

### 3.3.2 一元运算符

对于很多表达式而言，运算符前后都会有操作数。但有一类运算符比较特别，它只需要一个操作数。这类运算符称为一元运算符（或单目运算符，Unary Operator）。表 3-5 列出了一元运算符的成员。

表 3-5

| 一元运算符 | 意义 |
|---|---|
| + | 正号 |
| − | 负号 |
| ! | NOT，非 |
| ~ | 按位取反运算符 |
| ++ | 变量值自增 1 |
| −− | 变量值自减 1 |

下面举例说明这些符号的含义。

```
+5;        // 表示正数 5
y = -x;        // 表示负 x 的值赋给变量 y
~ x;        // 表示取变量 x 的按位取反，即变量 x 的二进制串，0 变 1，1 变 0
!x;        //x 的 NOT 运算，若 x 为 true，则 ! x 返回 false；若 x 为 false，则 ! x 返回 true
x = ~ x        // 表示将 x 的值取反，并赋给自己
```

对于表 3-5 中的"++"和"−−"运算符，后面的小节会专门介绍。下面的示例程序说明了一元运算符的应用。

【范例 3-12】一元运算符的使用（UnaryOperator.java）

```
01   // 下面的程序说明了一元运算符的使用
02   public class UnaryOperator
03   {
04     public static void main(String args[])
05     {
06       boolean  a = false ;  // 声明布尔变量 a 并赋值为 false
07       int  b = 2;
08
09       System.out.println("a = " + a +", !a = " + (!a));// NOT 运算，非操作
10       System.out.println("b = " + b +", ~ b = " + (~b));// 按位取反
11     }
12   }
```

程序运行结果如图 3-15 所示。

图 3-15

**【代码详解】**

第 06 行声明了 boolean 变量 a，赋值为 false。程序第 07 行声明了整型变量 b，赋值为 2。可以看到这两个变量分别进行了非操作"！"与取反"～"运算。

第 09 行输出 a 与 !a 的运算结果。因为 a 的初始值为 flase，因此进行"！"运算后，a 的值自然就变成了 true。

第 10 行输出 b 与 ～ b 的运算结果。b 的初值为 2，～ b 的值输出 –3。为什么不是"–2"呢？下面简单地解释一下。

为了理解"～"运算符的工作原理，我们需要将某个操作数转换成一个二进制数，并将所有二进制位按位取反。在 Java 中，整数占用 4 字节，所以整数"2"的二进制形式是：

0000 0000 0000 0000 0000 0000 0000 0010

它的按位取反是：

1111 1111 1111 1111 1111 1111 1111 1101

这恰好就是整数"–3"的表示形式。这是因为在 Java 中，负数是用补码来表示的，也就是说，对负数的表示方式是绝对值按位取反，然后再对结果 +1。例如，"–3"的绝对值是"3"，那么其绝对值对应的二进制是：

0000 0000 0000 0000 0000 0000 0000 0011

然后对上述的二进制串按位取反，得到：

1111 1111 1111 1111 1111 1111 1111 1100

然后再加 1，得到：

1111 1111 1111 1111 1111 1111 1111 1101

这个二进制串恰好和整数"2"的按位取反"～"操作得到的二进制串是一致的。

要解码一个负数，有点类似于上述过程的逆向操作，也是对某个负数的所有二进制位按位取反，然后再对结果加 1。例如，对于"2"按位取反"～"，操作后得到的二进制字符串是：

1111 1111 1111 1111 1111 1111 1111 1101

由于最高位（即符号位）为 1，说明它是一个负数，这就决定了在"System.out.println()"输出时，要在这个整数前面添加一个负号"–"。对上述二进制串按位取反，得到：

0000 0000 0000 0000 0000 0000 0000 0010

再加 1，得到：

0000 0000 0000 0000 0000 0000 0000 0011

上面的二进制串对应的整数值就是"3"，再考虑到解析二进制串的过程中，已经说明这是一个负数，所以最终的输出结果为"–3"。从上面的分析可知，在进行位运算时，Java 编译器在幕后做了很多转换工作。

### 3.3.3 算术运算符

算术运算符（Arithmetic Operator）用于量与量之间的运算。算术运算符在数学上经常会用到，

表 3-6 列出了它的成员。

表 3-6

| 算术运算符 | 意义 |
| --- | --- |
| + | 加法 |
| – | 减法 |
| * | 乘法 |
| / | 除法 |
| % | 余数 |

下面简要介绍容易出错的除法运算和取余数。

### 1. 除法运算符

将除法运算符"/"前面的操作数除以后面的操作数，如下面的语句。

```
a = b / 5;      // 将 b / 5 运算之后的值赋给 a 存放
c = c / d;      // 将 c / d 运算之后的值赋给 c 存放
15 / 4;          // 运算 15/ 4 的值，得 3
```

使用除法运算符时，要特别注意数据类型的问题。当被除数和除数都是整型，且被除数不能被除数整除时，输出的结果为整数（即整型数 / 整型数 = 整型数）。例如，上面举例中的"15 / 4"结果为 3，而非 3.75。

### 2. 取余运算符

将取余运算符"%"前面的操作数除以后面的操作数，取其得到的余数。下面的语句是取余运算符的使用范例。

```
num = num % 3;      // 将 num%3 运算之后赋值给 num 存放
a = b % c;     // 将 b%c 运算之后赋值给 a 存放
100 % 7;       // 运算 100%7 的值为 2
```

以下面的程序为例，声明两个整型变量 a、b，并分别赋值为 5 和 3，再输出 a%b 的运算结果。

【范例 3-13】取余数（也称取模）操作（ModuloOperation.java）

```
01  // 在 Java 中用 % 进行取模操作
02  public class ModuloOperation
03  {
04      public static void main(String[] args)
05      {
06          int a = 5;
07          int b = 3;
08
09          System.out.println(a + " % "+ b +" = " + (a % b));
10          System.out.println(b + " % "+ a +" = " + (b % a));
11      }
```

```
12  }
```

程序运行结果如图 3-16 所示。

图 3-16

**【代码详解】**

设 a 和 b 为两个变量，取余运算的规则是：

$$a\%b = a - \left\lfloor \frac{a}{b} \right\rfloor \times b$$

其中 $\left\lfloor \frac{a}{b} \right\rfloor$ 是 a 除以 b 的向下取整。

根据上述的公式，对于程序第 09 行，a%b = 5−1*3 = 2；而对于第 10 行，b%a= 3 − 0 * 5 =3。这里之所以把这个公式专门说明一下，是因为这里需要初学者注意，Java 中的取余操作数也可以是负数和浮点数，而在 C/C++ 中取余运算的操作数只能是整数。例如，在 Java 中，下面的语句是合法的。

```
5%-3 = 2        //5 对负 3 取余等于 2
5.2%3.1 = 2.1      // 根据上述公式，余数为 5.2-1 * 3.1 = 2.1
```

### 3.3.4 逻辑运算符

逻辑运算符只对布尔型操作数进行运算，并返回一个布尔型数据。也就是说，逻辑运算符的操作数和运行结果只能是真（true）或者假（false）。常见的逻辑运算符有 3 个，即与（&&）、或（‖）、非（！），如表 3-7 所示。

表 3-7

| 运算符 | 含义 | 解释 |
|---|---|---|
| && | 与（AND） | 两个操作数皆为真，运算结果才为真 |
| & | | |
| ‖ | 或（OR） | 两个操作数只要一个为真，运算结果就为真 |
| ‖ | | |
| ！ | 非（NOT） | 返回与操作数相反的布尔值 |

下面是使用逻辑运算符的例子。

```
1>0 &&3> 0// 结果为 true
1>0 ‖ 3>8  // 结果为 true
！（1>0）    // 结果为 false
```

在第 1 个例子中，只有 1>0（true）和 3>0（true）两个都为真，表达式的返回值才为 true，即表示这两个条件必须同时成立才行；在第 2 个例子中，只要 1>0（true）和 3>8（false）有一个为真，表达式的返回值即为 true；在第 3 个例子中，1>0（true），该结果的否定就是 false。

在逻辑运算中，"&&"和"‖"属于所谓的短路逻辑运算符（Short-Circuit Logical Operators）。

对于逻辑运算符 "&&"，要求左右两个表达式都为 true 时才返回 true，如果左边第一个表达式为 false，它立刻就返回 false，就好像短路了一样立刻返回，从而省去了一些不必要的计算开销。

类似地，对于逻辑运算符 "‖"，只要左右两个表达式有一个为 true 就返回 true，如果左边第一个表达式为 true，它立刻就返回 true。

下面的程序说明了逻辑运算符的运用。

【范例 3-14】短路逻辑运算符的使用（ShortCircuitLogical.java）

```
01    public class ShortCircuitLogical
02    {
03            public static void main(String[] args)
04            {
05                    int i = 5;
06                    boolean flag = (i < 3) && (i < 4);     // && 短路，(i < 4) 系统不做运算
07                    System.out.println(flag);
08
09                    flag = (i > 4) ‖ (i > 3);              //‖ 短路，(i > 3) 系统不做运算
10                    System.out.println(flag);
11            }
12    }
```

程序运行结果如图 3-17 所示。

图 3-17

【代码详解】

在第 06 行，由于 i =5，所以 (i < 3) 为 false，对于 && 逻辑运算符，其操作数之一为 false，其返回值必然为 false，故再确定其左边的操作数为 false，对于后一个运算操作数 (i < 4) 无需计算，也就是 "&&" 短路。

类似地，对于 "‖" 运算符，在第 09 行中，由于 i =5，所以 (i >4) 为 true，对于 ‖ 逻辑运算符，其操作数之一为 true，整体返回值必然为 true，故再确定其左边的操作数为 true，对于后一个运算操作数 (i > 3) 无需计算，也就是 "‖" 短路。

有的时候，我们希望让逻辑 "与" 操作和 "或" 操作的两个操作数均需要运算，这时就需要使用避免短路的逻辑运算符 "&" 和 "‖"，它们分别是短路逻辑运算符（&& 和 ‖）一半的字符。

下面的程序说明了短路逻辑运算符和非短路逻辑运算符的区别。

【范例 3-15】短路逻辑运算符（"&&" 和 "‖"）和非短路逻辑运算符（"&" 和 "‖"）的对比

01    public class ShortCircuitLogical

```
02      {
03
04              public static void main(String args[])
05              {
06                      if (1 == 2 && 1 / 0 == 0) {          // false && 错误 = false
07                              System.out.println("1: 条件满足！ ");
08                      }
09
10                      /*
11                      if (1 == 2 & 1 / 0 == 0) { // false & 错误 = 错误
12                              System.out.println("2: 条件满足！ ");
13                      }
14                      */
15
16                      if (1 == 1 || 1 / 0 == 0) {   // true || 错误 = true
17                              System.out.println("3: 条件满足！ ");
18                      }
19
20                      /*
21                      if (1 == 1 | 1 / 0 == 0) {   // true | 错误 = 错误
22                              System.out.println("4: 条件满足！ ");
23                      }
24                      */
25
26              }
27      }
```

程序运行结果如图 3-18 所示。

图 3-18

【代码详解】

我们知道，在计算机中，0 是不能作为除数的。但代码的第 06 和第 16 行却可以编译通过。这是因为，第 06 行逻辑运算符 "&&" 的第 1 个操作数是（1 == 2）的运算结果，它的值为 false，这样第 2 个操作数直接被短路了，也就是不被系统 "理睬"，所以第 2 个表达式（1/0）即使除数为 0，会带来运行时错误，但也 "侥幸蒙混过关"。

此外，第 06 ～ 第 08 行，由于逻辑判断值永远为假（false），if 判断体 中的代码永远都不会执行，所以也被称为 "死码"（dead code）。

被注释起来的第11行的代码，因为没有语法错误，编译依然会通过。又因为非短路逻辑运算符"&"左右两边的操作数均需要运算，因此，任何一个操作数不符合运算规则（这里除数为0），都会运行时报错（会在运行时抛出异常），如图3-19所示。

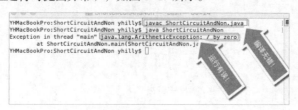

图 3-19

类似地，第17行可以编译通过，其中含有非法运算符（1/0），但由于短路运算符"‖"的第1个操作数（1==1）为true，所以第2个操作数直接被java解释器"忽略"，最终if语句内逻辑判断值为true，第17行打印输出"条件满足"。

但是同样的事情并没有发生在第22行语句上，这是因为非短路逻辑或运算符"|"的左右两个运算数都被强制运算，因此任何一个操作数不符合运算规则（如除数为0）都不行。

### 3.3.5 位运算符

位运算是指对操作数以二进制位（bit）为单位进行的运算。其运算的结果为整数。位运算的第一步是把操作数转换为二进制的形式，然后按位进行布尔运算，运算的结果也为二进制数。位运算符（bitwise operators）有7个，如表3-8所示。

表 3-8

| 位运算符 | 含义 |
|---|---|
| & | 按位与（AND） |
| \| | 按位或（OR） |
| ^ | 按位异或（XOR） |
| ~ | 按位取反（NOT） |
| << | 左移位（Signed left shift） |
| >> | 带符号右移位（Signed right shift） |
| >>> | 无符号右移位（Unsigned right shift） |

我们用图例来说明上述运算符的含义，如图3-20所示。

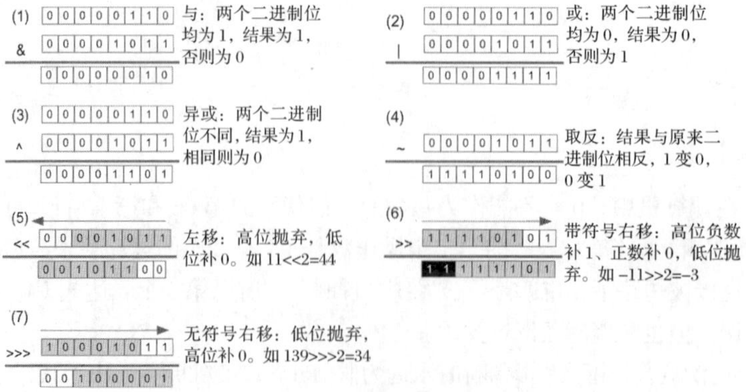

(1) & 与：两个二进制位均为1，结果为1，否则为0

(2) | 或：两个二进制位均为0，结果为0，否则为1

(3) ^ 异或：两个二进制位不同，结果为1，相同则为0

(4) ~ 取反：结果与原来二进制位相反，1变0，0变1

(5) << 左移：高位抛弃，低位补0。如11<<2=44

(6) >> 带符号右移：高位负数补1、正数补0，低位抛弃。如-11>>2=-3

(7) >>> 无符号右移：低位抛弃，高位补0。如139>>>2=34

图 3-20

下面的程序演示了"按位与"和"按位或"的操作。

【范例 3-16】"按位与"和"按位或"操作（BitwiseOperator.java）

```
01    public class BitwiseOperator
02    {
03         public static void main(String args[]) {
04              int x = 13 ;
05              int y = 7 ;
06
07              System.out.println(x & y) ;          // 按位与，结果为 5
08
09              System.out.println(x | y) ;       // 按位或，结果为 15
10         }
11    }
```

程序运行结果如图 3-21 所示。

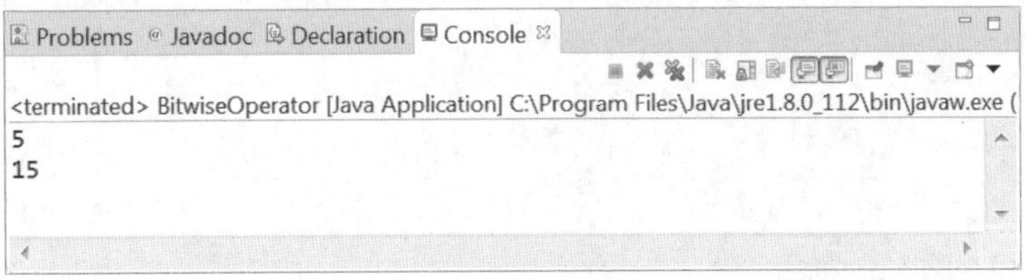

图 3-21

【代码详解】

第 07 行，实现"与"操作，相"与"的两位，如果全部为 1 结果才是 1，有一个为 0 结果就是 0。

13 的二进制：　　 00000000 00000000 00000000 00001101

7 的二进制：　　 00000000 00000000 00000000 00000111

"与"的结果：　　 00000000 00000000 00000000 00000101

所以输出的结果为 5。

第 09 行，实现"或"操作，位"或"的两位，如果全为 0 才是 0，有一个为 1 结果就是 1。

13 的二进制：　　 00000000 00000000 00000000 00001101

7 的二进制：　　 00000000 00000000 00000000 00000111

"或"的结果： 00000000 00000000 00000000 00001111

所以输出的结果为 15。07

### 3.3.6　其他运算符

三元（Ternary）运算符也称三目运算符，它的运算符是"?:"，有 3 个操作数。操作流程为：首先判断条件，如果条件满足，就会赋予一个变量一个指定的内容（冒号之前的），不满足则赋予变量另外的一个内容（冒号之后的），其操作语法如下。

数据类型 变量 = 布尔表达式 ? 条件满足设置内容 : 条件不满足设置内容；

下面的程序说明了三元运算符的使用。

**【范例 3-17】三元运算符的使用（TernaryOperator.java）**

```
01    public class TernaryOperator
02    {
03            public static void main(String args[])
04            {
05                    int x = 10 ;
06                    int y = 20 ;
07
08                    int result = x > y ? x : y ;
09                    System.out.println("1st result = " + result) ;
10
11                    x = 50;
12                    result = x > y ? x : y ;
13                    System.out.println("2nd result = "+ result) ;
14
15            }
16
17    }
```

程序运行结果如图 3-22 所示。

```
Problems  Javadoc  Declaration  Console 

<terminated> TernaryOperator [Java Application] C:\Program Files\Java\jre1.8.0_112\bin\javaw.exe
1st result = 20
2nd result = 50
```

图 3-22

**【代码详解】**

result = x > y ? x : y 表示的含义是：如果 x 的内容大于 y，则将 x 的内容赋值给 result，否则将 y 的值赋值给 result。对于第 08 行，x = 10 和 y = 20，result 的值为 y 的值，即 20。对于第 12 行，x = 50 和 y = 20，result 的值为 x 的值，即 50。

从本质上来讲，三元运算符是简写的 if…else 语句。以上的这种操作完全可以利用 if…else 代替（在随后的章节里，我们会详细描述有关 if…else 的流程控制知识）。

### 3.3.7　运算符优先级与结合性

假设有如下的表达式：

2 + 8 * 8 > 4 * (5+ 4) – 10& (5 – 2>8)

它的值是多少呢？这些操作符的执行顺序是什么呢？

应该首先计算括号中的表达式（括号可以嵌套。在嵌套的情况下，先计算里层括号中的表达式）。

当计算没有括号的表达式时，操作符会依照优先级规则和结合规则进行运算。

优先级规则定义了操作符的先后次序，如表 3-9 所示，该表包含了目前所学的所有操作符。

表 3-9

| 优先级 | 描述 | 运算符 |
| --- | --- | --- |
| 1 | 括号 | () [] |
| 2 | 正负号 | + − |
| 3 | 自增自减，非 | ++ −− ! |
| 4 | 乘除，取余 | * / % |
| 5 | 加减 | + − |
| 6 | 移位运算 | << >> >>> |
| 7 | 大小关系 | > >= < <= |
| 8 | 相等关系 | == != |
| 9 | 按位与 | & |
| 10 | 按位异或 | ^ |
| 11 | 按位或 | \| |
| 12 | 逻辑与 | && |
| 13 | 逻辑或 | \|\| |
| 14 | 条件运算 | ? : |
| 15 | 赋值运算 | = += −= *= /= %= |
| 16 | 位赋值运算 | &=\|= <<= >>= >>>= |

表 3-9 中的运算符是从上到下按优先级递减的方式排列的。逻辑操作符的优先级比关系操作符的低，而关系操作符的优先级比算术操作符的低。优先级相同的操作符排在同一行。

如果优先级相同的操作符相邻，则结合规则决定它们的执行顺序。除赋值操作符之外，所有的二元操作符都是左结合的。

# 3.4  综合应用——外部还是内部

【范例 3-18】外部还是内部

```
01    // @Description: 变量的综合使用
02
03    public class TestLocalVar
04    {
05        public static void main(String[] args)
06        {
07            int outer = 1;
```

```
08
09        {
10            int inner = 2;
11            System.out.println("inner = " + inner);
12            System.out.println("outer = " + outer);
13        }
14        //System.out.println("inner = " + inner);
15        int inner = 3;
16        System.out.println("inner = " + inner);
17        System.out.println("outer = " + outer);
18
19        System.out.println("In class level, x = "+x);
20    }
21
22    static int x = 10;
23 }
```

保存并运行程序，结果如图 3-23 所示。

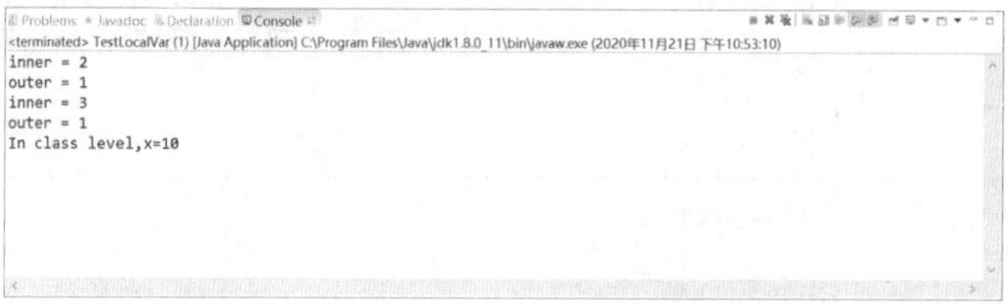

图 3-23

【代码详解】

块（block）的作用范围除了用 for（while）循环或方法体的左右花括号（｛｝）来界定外，还可以直接用花括号（｛｝）来定义"块"，如第 09 ~ 第 13 行的块内，inner 等于 2，出了第 13 行，就是出了它的作用范围，也就是说出了这个块，inner 生命周期就终结了。因此，如果取消第 14 行的注释符号"//"，会出现编译错误，因为这行的 System.out.println() 方法不认识这个名叫 inner 的陌生变量。

第 15 行，重新定义并初始化一个新的 inner，注意这个 inner 和第 09 ~ 第 13 行块内的 inner 完全没有任何关系。因此，第 16 行可以正常输出，但输出的值为 3。 第 15 行定义的 inner 作用域范围是第 15 行 ~ 第 20 行。第 10 行和第 15 行定义的变量 inner 之间没有任何联系，不过是碰巧重名而已。

一般来说，所有变量都遵循"先声明，后使用"的原则。这是因为变量只有"先声明"，它才能在内存中"存在"，之后才能被其他方法所"感知"并使用，但是存在于类中的成员变量（不在任何方法内），它们的作用范围是整个类范围（class level），在编译器的"内部协调"下，变量只要作为类中的数据成员被声明了，就可以在类内部的任何地方使用，无需满足"先声明，后使用"的原则。比如类成员变量 x 是在第 22 行被声明的，由于它的作用范围是整个 TestLocalVar 类，所以在第 19 行也可以正确输出 x 的值。

# 3.5　本章小结

(1) Java 语言的整型常量可以使用十进制、八进制和十六进制来表示，整数常量默认为 int 类型，若要表明是一个 long 型常量，则必须在数值后直接跟一个字母 L 或 l。

(2) Java 语言的浮点型常量可以使用十进制数和科学记数法来表示，浮点型常量默认为 double 类型，若要表明是一个 float 常量，则必须在数值后直接跟一个字母 F 或 f。Java 语言没有无符号型数，整型和浮点型数据所占的内存字节数都是明确规定不变的。

(3) Java 语言使用 16 位 Unicode 编码来表示字符，字符型常量必须用一对单引号括起。

(4) Java 语言的布尔型常量只有 true 和 false 两个，用 true 表示真，用 false 表示假，不对应于任何整数值，布尔型数据在计算机内存中占 1 字节。

(5) Java 语言的基本数据类型转换主要有自动类型转换和强制类型转换两种方式。

(6) Java 语言提供了丰富的运算符，当表达式中出现多个运算符时，运算次序按运算符的优先级来进行，对于同级的运算符，则要看它们的结合性。

# 3.6　疑难解答

**问：整型数除法的注意事项有哪些？**

**答：** 整数与整数运算，其结果还是整数，除法也不例外。很多初学者受到数学上惯性思维的影响，没有能充分注意，导致在一些考试题（面试题）中失利。思考下面的实例，写出程序的输出结果。

```
public class Demo
{
    public static void main(String args[])
    {
        int x = 10 ;
        int y = 3 ;
        int result = x / y ;
        System.out.println(result) ;
    }
}
```

**分析：** 由于 x 和 y 均是整数，在数据类型上，int 型 / int 型 = int 型，所以 x / y=10/3=3，而不是 3.3333。本题的输出为 3，即 3.3333 的整数部分。

**问：三元运算符应用的技巧有哪些？**

**答：**(1) 用于输出 a, b 两个数中较大的数 max，学过 c 或者 C++ 语言的读者知道，如果不使用三元运算符，判断两个数中较大的一个数需要用到 if 语句，程序代码如下：

```
if (a > b) {
    max = a;
} else {
    max = b;
```

```
}
```

这样能够实现 max 中保存了 a ,b 中较大的数，但是这样写出的程序代码需要 4 行，而且程序的可读性不强，我们使用三元运算符，将上面的代码替代成：

```
max = a > b ? a : b;
```

这样的一条语句也实现了同样的功能，而且代码清晰易读。

(2) 实现数值和逻辑值之间的转换。在 Java 中，数值型数据和逻辑型数据不是通用的，也就是说 c 或者 C++ 语言中，以非 0 值代表 true，0 代表 false 在 Java 中是行不通的，那么当遇到要使用数值型数据来进行逻辑判断时怎样才能实现呢？我们同样还是使用三元运算符来实现数值型到逻辑型数据的转换，代码如下：

```
int a;
…… // 经过语句代码，已经为 a 赋值
boolean bool = a == 0 ? false : true;
```

这一句代码判断 a 是否为 0，如果为 0，bool 的值就是 false；否则的话，bool 值就是 true。

---

**问：下面的的程序代码输出是什么？**

```
public class Test {

    /**
     * @param args
     */
    public static void main(String[] args) {
        // TODO Auto-generated method stub
        int m = 7;
        int n = 7;
        int x = 2 * m++;
        int y = 2 * ++n;
        System.out.println("m="+m);
        System.out.println("n="+n);
        System.out.println("x="+x);
        System.out.println("y="+y);

    }

}
```

**答：** 输出结果为

```
m=8
n=8
x=14
y=16
```

**解析：** 自增运算符 ++，将数值增加 1；自减运算符 --，将数值减少 1。

| 运算符 | 代码片段 | 区别 |
|---|---|---|
| ++ | x = 2 * m ++; | 先运行 x = 2 * m; 再运行 m = m + 1; |
| ++ | x = 2 * ++m | 先运行 m = m + 1; 再运行 x = 2 * m; |
| —— | y = 2 * m—— | 先运行 y = 2 * m; 再运行 m = m − 1; |
| —— | y = 2 * —— m | 先运行 m = m − 1; 再运行 y = 2 * m; |

自减代码举例：

```
public class Test {

    /**
     * @param args
     */
    public static void main(String[] args) {
        // TODO Auto-generated method stub
        int m = 7;
        int n = 7;
        int x = 2 * m--;
        int y = 2 * --n;
        System.out.println("m="+m);
        System.out.println("n="+n);
        System.out.println("x="+x);
        System.out.println("y="+y);

    }

}
输出：m=6
n=6
x=14
y=12
```

请读者自己分析运行过程。

# 3.7　实战练习

(1) 编写一个程序，定义局部变量 sum，并求出 1+2+3+…+99+100 之和，赋值给 sum，并输出 sum 的值。

(2) 编写程序，要求运行后输出 long 类型数据的最小数和最大数。

(3) 改错题：指出错误之处并对其进行修改（本题改编自 2013 年巨人网络的 Java 程序员笔试题）。

程序功能：输出 int 类型最小值与最大值之间的所有数是否是偶数（能被 2 整除的数），运算符 %
为求余操作。

```java
public class FindEvenNumber
{
  public static void main(String[] args)
  {
    for(int i=Integer.MIN_VALUE;i<=Integer.MAX_VALUE;++i)
    {
      boolean isEven = (I % 2 == 0);
      System.out.println(String.format("i = %d, isEven=%b", i, isEven));
    }
  }
}
```

（4）运行下面一段程序，并分析产生输出结果的原因（改编自网络 Java 面试题）。

```java
public class CTest
{
  public static void main (String [] args)
  {

    int x = 5;
    int y = 2;
    System.out.println(x + y + "K");
    System.out.println(6 + 6 + "aa"+ 6 + 6);
  }
}
```

（5）编写程序，提示用户输入（x1, y1) 和（x2, y2) 两个点，然后显示两点间的距离。

# 第4章
# 语句与流程控制

**本章导读**

　　本章介绍 Java 表达式与运算符之间的关系，以及程序的流程控制等。学完本章，读者能对 Java 语句的运作过程有更深一层的认识。对于一些简单的结构化编程，可以轻松搞定了！

**本章课时：理论 3 学时 + 实践 3 学时**

## 学习目标

- ▶ 表达式
- ▶ 程序的控制逻辑
- ▶ 选择结构
- ▶ 循环结构
- ▶ break 和 continue 语句

# 4.1  表达式

表达式是由常量、变量或者其他操作数与运算符所组合而成的语句。如下面的例子，均是表达式正确的使用方法。

```
-49 // 表达式由一元运算符 "-" 与常量 49 组成
sum + 2      // 表达式由变量 sum、算术运算符与常量 2 组成
a + b - c / ( d * 3 - 9 )      // 表达式由变量、常量与运算符所组成
```

此外，Java 还有一些相当简洁的写法，是将算术运算符和赋值运算符结合成为新的运算符。表4-1列出了这些运算符。

表 4-1

| 运算符 | 范例用法 | 说明 | 意义 |
|---|---|---|---|
| += | a += b | a + b 的值存放到 a 中 | a = a + b |
| -= | a-= b | a-b 的值存放到 a 中 | a = a-b |
| *= | a *= b | a * b 的值存放到 a 中 | a = a * b |
| /= | a /= b | a / b 的值存放到 a 中 | a = a / b |
| %= | a %= b | a % b 的值存放到 a 中 | a = a % b |

下面的几个表达式都是简洁的写法。

```
a++                     // 相当于 a = a + 1
a-= 5        // 相当于 a = a - 5
b %= c       // 相当于 b = b % c
a /= b--     // 相当于计算 a = a / b 之后，再计算 b--
```

这种独特的写法虽然看起来有些怪异，但却可减少程序的行数，提高编译或运行的速度。

表 4-2 列出了一些简洁写法的运算符及其范例说明。

表 4-2

| 运算符 | 范例 | 执行前 | | 说明 | 执行后 | |
|---|---|---|---|---|---|---|
| | | a | b | | a | b |
| += | a += b | 12 | 4 | a + b 的值存放到 a 中（同 a = a + b） | 16 | 4 |
| -= | a-= b | 12 | 4 | a-b 的值存放到 a 中（同 a = a - b） | 8 | 4 |
| *= | a *= b | 12 | 4 | a * b 的值存放到 a 中（同 a = a * b） | 48 | 4 |
| /= | a /= b | 12 | 4 | a / b 的值存放到 a 中（同 a = a / b） | 3 | 4 |
| %= | a %= b | 12 | 4 | a % b 的值存放到 a 中（同 a = a % b） | 0 | 4 |
| b++ | a *= b++ | 12 | 4 | a*b 的值存放到 a 后，b 加 1（同 a = a * b；b++） | 48 | 5 |
| ++b | a *= ++b | 12 | 4 | b 加 1 后，再将 a*b 的值存放到 a（同 b++；a=a*b） | 60 | 5 |
| b-- | a *= b-- | 12 | 4 | a*b 的值存放到 a 后，b 减 1（同 a=a*b；b--） | 48 | 3 |
| --b | a *=--b | 12 | 4 | b 减 1 后，再将 a*b 的值存放到 a（同 b--；a=a*b） | 36 | 3 |

### 4.1.1 算术表达式与关系表达式

算术表达式用于数值计算。它由算术运算符和变量或常量组成，其结果是一个数值，如"a + b"和"x * y –3"等。

关系表达式常用于程序判断语句中，由关系运算符组成，其运算结果为逻辑数值型（即 true 或 false）。

【范例 4–1】简单关系表达式的使用（RelationExpression.java）

```
01   public class RelationExpression
02   {
03
04           public static void main(String[] args)
05           {
06                   int a = 5 , b = 4;
07                   boolean t1 = a > b;
08                   boolean t2 = a == b;
09                   System.out.println("a > b : " + t1);
10                   System.out.println("a == b : " + t2);
11           }
12   }
```

程序运行结果如图 4–1 所示。

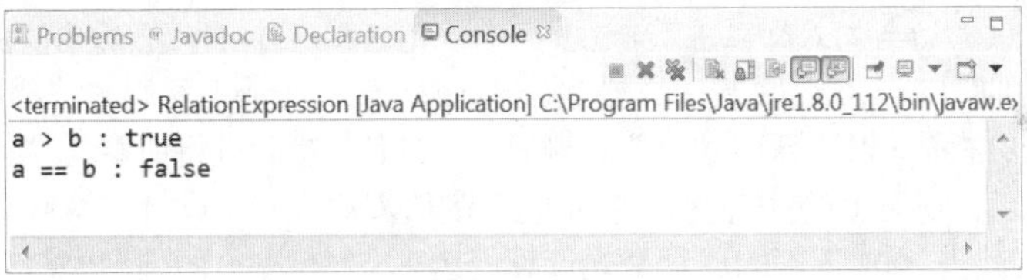

图 4–1

【代码详解】

在第 07 行，先进行 a > b 的逻辑判断，由于 a=5，b=4，所以返回 true，并赋值给布尔变量 t1。

在第 08 行，先进行 a == b 的逻辑判断，由于 a=5，b=4，二者不相等，所以返回 false，并赋值给布尔变量 t2。

第 09 和第 10 行分别把对应的布尔值输出。

### 4.1.2 逻辑表达式与赋值表达式

用逻辑运算符将关系表达式或逻辑量连接起来的有意义的式子称为逻辑表达式，如 1 + 1 == 2 等。逻辑表达式的值也是一个逻辑值，即"true"或"false"。而赋值表达式由赋值运算符（＝）和操作数组成，如 result = num1 * num2 – 700，赋值表达式主要用于给变量赋值。

【范例 4–2】简单赋值表达式的使用（AssignExpress.java）

```
01   public class AssignExpress
02   {
```

```
03    public static void main (String args[])
04    {
05        boolean LogicExp = (1 + 1 == 2) && (1 + 2 == 3);
06        System.out.println("(1 + 1 ==2) && (1 + 2 ==3) : " + LogicExp);
07
08        int num1 = 123;
09        int num2 = 6;
10        int result = num1 * num2 - 700;
11        System.out.println("Assignment Expression :num1 * num2 - 700 = "+ result);
12    }
13  }
```

程序运行的结果如图 4-2 所示。

```
Problems  Javadoc  Declaration  Console
<terminated> AssignExpress [Java Application] C:\Program Files\Java\jdk1.8.0_11\bin\javaw.exe (2020年11月22日 上午10:36:58)
(1 + 1 ==2) && (1 + 2 ==3) : true
Assignment Expression :num1 * num2 - 700 = 38
```

图 4-2

【代码详解】

在第 05 行，由于加号（+）运算符的优先级高于逻辑等号（==），所以先进行的操作是加法运算，因此可以得到 (1 + 1 == 2) && (1 + 2 ==3) → (2 == 2) && (3 ==3)，然后再实施逻辑判断 (2 == 2) 返回 true，与逻辑判断 (3 ==3) 返回 true，显然，true&& true = true。所以最终的输出结果为 true。

赋值表达式的功能是，先计算等号"="右侧表达式的值，然后再将值赋给左边。赋值运算符"="具有右结合性。所以，在第 10 行中，初学者不能将赋值表达式 z = x * y – 700 理解为将 x 的值或 x *y 赋值给 z，然后再减去 700。正确的流程是先计算表达式 x * y – 700 的值，再将计算的结果赋值给 z。

### 4.1.3  表达式的类型转换

在前面的章节中，我们提到过数据类型的转换。除了强制类型转换外，当 int 类型遇上了 float 类型，运算的结果是什么数据类型呢？在这里，要再一次详细讨论表达式的类型转换。

Java 是一种很有弹性的程序设计语言，当上述情况发生时，只要坚持"以不流失数据为前提"的大原则，即可进行不同的类型转换，使不同类型的数据、表达式都能继续存储。依照大原则，当 Java 发现程序的表达式中有类型不相符的情况时，就会依据下列规则来处理类型的转换。

(1) 占用字节较少的数据类型转换成占用字节较多的数据类型。

(2) 字符类型会转换成 int 类型。

(3) int 类型会转换成 float 类型。

(4) 表达式中若某个操作数的类型为 double，则另一个操作数也会转换成 double 类型。

(5) 布尔类型不能转换成其他类型。

(1) 和(2)体现"大鱼（占字节多的）吃小鱼（占字节少的）"思想。(3) 和(4) 体现"精度高者优先"思想，占据相同字节的类型向浮点数（float、double）靠拢。(5)体现了 Java 对逻辑类型坚决"另起炉灶"的原则，布尔类型变量的值只能是 true 或 false，它们和整型数据无关。而在 C/C++ 中，逻辑类型和整型变量之间的关系是"剪不断，理还乱"，即所有的非零整数都可看作为逻辑"真"，只有 0 才看作为逻辑"假"。

下面的范例说明了表达式类型的自动转换。

【范例 4-3】表达式类型的自动转换（TypeConvert.java）

```
01   // 下面的程序说明了表达式类型的自动转换问题
02   public class TypeConvert
03   {
04       public static void main(String[] args)
05       {
06           char ch = 'a' ;
07           short a = -2 ;
08           int b = 3 ;
09           float f = 5.3f ;
10           double d = 6.28 ;
11
12           System.out.print("(ch / a) - (d / f) - (a + b) = ");
13           System.out.println((ch / a) - (d / f) - (a + b));
14       }
15   }
```

程序运行的结果如图 4-3 所示。

Problems  Javadoc  Declaration  Console
<terminated> TypeConvert [Java Application] C:\Program Files\Java\jdk1.8.0_11\bin\javaw.exe (2020年11月22日 上午10:41:03)
(ch / a) - (d / f) - (a + b) = -50.18490561773532

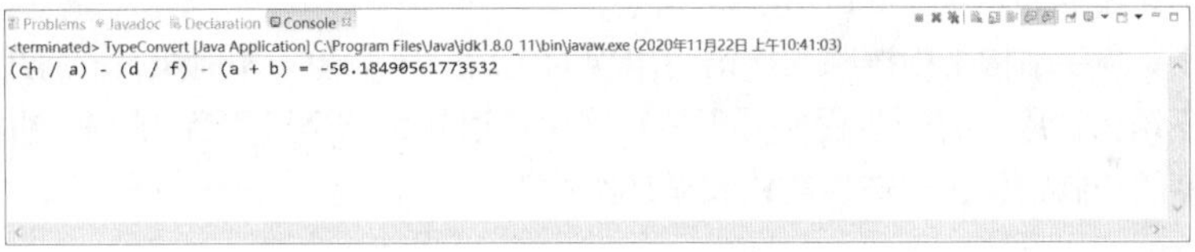

图 4-3

【代码详解】

先别急着看结果，在程序运行之前可先思考一下复杂表达式（ch / a）-（d / f）-（a + b）最后的输出类型是什么，它又是如何将不同的数据类型转换成相同的。读者可以参考 图 4-4 的分析过程。

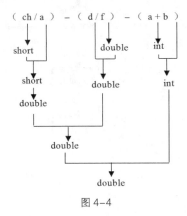

图 4-4

第 12 和第 13 行分别用了 System.out.print 和 System.out.println 方法。二者的区别在于，前者输出内容后不换行，而后者输出内容后换行。println 中最后两个字符 "ln" 实际上是英文单词 "line" 的简写，表明是一个新行。

我们知道，转义字符 "\n" 也有换行的作用，所以 " System.out.print(" 我要换行！ \n");" 和语句 "System.out.println(" 我要换行！ ");" 是等效的，都能达到输出内容后换行的效果。

# 4.2　程序的控制逻辑

结构化程序设计（Structured Programming）是一种经典的编程模式，从 1960 年开始发展，其思想最早是由荷兰著名计算机科学家、图灵奖得主艾兹格·W·迪科斯彻（E. W. Dijkstra）提出的。结构化程序设计语言，强调用模块化、积木式的方法来建立程序。采用结构化程序设计方法，可使程序的逻辑结构清晰、层次分明、可读性好、可靠性强，从而提高程序的开发效率，保证程序质量，提高程序的可靠性。

不论是顺序结构、选择结构，还是循环结构，都有一个共同点，就是它们都只有一个入口，也只有一个运行出口。在程序中，使用这些结构到底有什么好处呢？答案是，这些单一的入口、出口可让程序可控、易读、好维护。下面我们分别介绍。

## 4.2.1　顺序结构

顺序结构是结构化程序中最简单的结构之一。所谓顺序结构程序，就是按书写顺序执行的语句构成的程序段，其流程如图 4-5（a）所示。

通常情况下，顺序结构是指按照程序语句出现的先后顺序一句一句地执行。前几个章节的范例，大多数属于顺序结构程序。有一些程序并不按顺序执行语句，这个过程称为 "控制的转移"，它涉及另外两类程序的控制结构，即选择结构和循环结构。

## 4.2.2　选择结构

选择结构也称为分支结构，在许多实际问题的程序设计中，根据输入数据和中间结果的不同，需要选择不同的语句组执行。在这种情况下，必须根据某个变量或表达式的值作出判断，以决定执行哪些语句和不执行哪些语句，其流程如图 4-5（b）所示。

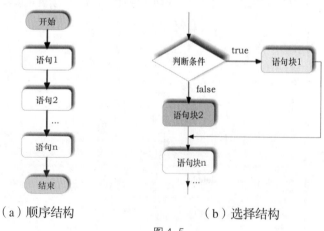

（a）顺序结构　　　　　　（b）选择结构

图 4-5

选择结构是根据给定的条件进行判断，决定执行哪个分支的程序段。下面介绍 if…else 语句。

if…else 语句可以依据判断条件的结果，来决定要执行的语句。当判断条件的值为真时，就运行"语句块 1"；当判断条件的值为假时，则执行"语句块 2"。不论执行哪一个语句块，最后都会再回到"语句块 3"继续执行。

### 4.2.3 循环结构

循环结构的特点是，在给定条件成立时，反复执行某个程序段。通常我们称给定条件为循环条件，称反复执行的程序段为循环体。循环体可以是复合语句、单个语句或空语句。在循环体中也可以包含循环语句，实现循环的嵌套。循环结构的流程如图 4-6 所示。

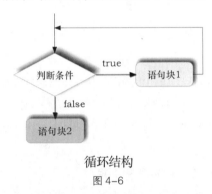

循环结构

图 4-6

# 4.3 选择结构

Java 语言中的选择结构提供了以下两种类型的分支结构。

(1) 条件分支：根据给定的条件进行判断，决定执行某个分支的程序段。

(2) 开关分支：根据给定整型表达式的值进行判断，决定执行多路分支中的一支。

条件分支主要用于两个分支的选择，由 if 语句和 if … else 语句来实现。开关分支用于多个分支的选择，由 switch 语句来实现。在语句中加上选择结构之后，就像是十字路口，根据不同的选择，程序的运行会有不同的结果。

### 4.3.1 if 语句

if 语句（if-then Statement）用于实现条件分支结构，在可选动作中做出选择，执行某个分支的程序段。if 语句有两种格式在使用中供选择。要根据判断的结构来执行不同的语句时，使用 if 语句是一个很好的选择，它会准确地检测判断条件成立与否，再决定是否要执行后面的语句。

if 语句的格式如下。

```
if ( 判断条件 )
{
    语句 1
    …
    语句 n
}
```

如果在 if 语句主体中要处理的语句只有 1 个，可省略左、右大括号。但是不建议读者省略，因为保留左、右大括号更易于阅读和不易出错。当判断条件的值不为假时，就会逐一执行大括号里面所包含的语句。if 语句的流程如图 4-7 所示。

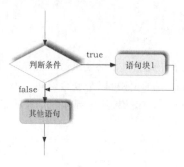

图 4-7

如果表达式的值为真，则执行 if 语句中的语句块 1，否则执行整个 if 语句下面的其他语句。if 语句中的语句可以是一条语句，也可以是复合语句。

下面的小案例，就是要实现用户从键盘输入，判断是不是 13，如果是，则输出 "No Lucky Number!"

【范例 4-4】if 条件语句的使用（Elevator.java）

```
01   import java.util.Scanner;
02   public class Elevator
03   {
04      public static void main(String[] args)
05      {
06         @SuppressWarnings("resource")
07                   Scanner in = new Scanner(System.in);
08         System.out.print("Floor:");
09         int floor = in.nextInt();
10
11         if (floor == 13)
12         {
13            System.out.println("No Lucky Number!");
14         }
15      }
16   }
```

程序运行结果如图 4-8 所示。

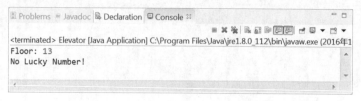

图 4-8

**【代码详解】**

第 01 行，导入 java.util.Scanne。Scanner 类的主要功能是获取控制台输入。

第 06 行，是一条注解（annotation）信息，这里主要用于告诉编译器忽略一些警告信息（如资源泄露等），这里删除并不影响运行效果。

第 07 行，通过 new Scanner(System.in) 创建一个 Scanner 对象 in，这里 System.in 是 System 类中的静态输入对象 in，作为实参提供给 Scanner 的构造方法。读者可以暂时不必理会其中的含义，知道如何用就可以了。在后面的章节中，我们会逐步讲解相关的知识点。

有了 Scanner 对象 in，控制台就会一直等待输入，直到输入内容。当按【Enter】键表示输入内容结束，然后再把所输入的文本内容传给 Scanner，作为其扫描分析的对象。

第 08 行，输出提示信息。读者需要注意的是，这里用的方法是"System.out.print"，而非"System.out.println"，其主要区别在于，前者输出信息后不换行，而后者换行。

第 09 行，通过 in 对象的方法 "nextInt()"，读入键盘输入的整数，并赋值给整型变量 floor。

第 11 ～ 第 14 行，实现的是 if 语句。

**【范例分析】**

这个范例很简单，但有两个知识点值得注意。

(1) if 语句的逻辑判断，仅仅对其后的"一条"语句有效。这里的"一条"，既可以是一条简单语句，也可以是用花括号 {} 括起来的复合语句。所以对初学者来说，容易犯的第一类错误是，在 if 语句后面加上分号"；"，例如第 11 行写成如下形式。

```
11        if (floor == 13) ;
12        {
13                System.out.println("No Lucky Number!");
14        }
```

事实上，上述语句在编译上没有任何问题，但是不论用户在键盘输入什么数字，都会输出"No Lucky Number!"，如图 4-9 所示。

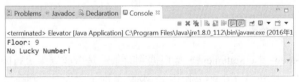

图 4-9

其实，原因很简单。分号"；"在 Java 中有两个作用：第一，就是一条语句的终结符；第二，作为一条空语句。

如果在 if 语句后面添加分号"；"，实际上就等效为如下形式。

```
11 if (floor == 13)
12   ;
13   {
14        System.out.println("No Lucky Number!");
15   }
```

请注意，代码的第 12 行所示的语句，是一条合法的空语句 "；"。别小看这个"空语句"，它的语法地位和由第 13 ~ 第 15 行组成的复合语句完全等效，都是一条语句，不过前者是特殊的单条空语句，而后者是一条由花括号括起来的复合语句。

由于 if 语句仅仅对其后的一条语句有效，所以第 11 ~ 第 12 行代表的含义是，如果 floor 的值是 13，则执行空语句（即空操作）。而第 13 ~ 第 15 行变成了一个由花括号 | | 括起来的局域代码块，它不受任何条件约束。所以，必然会输出 "No Lucky Number!"。

（2）初学者第二个容易犯的错是，可能受思维盲点的影响，容易在逻辑等（==）判断时，少写了一个等号（=）而变成如下所示的代码。

```
11 if (floor = 13)
12 {
13     System.out.println("No Lucky Number!");
14 }
```

这样，if 语句的括号 "( )" 内不再是逻辑判断，而是变成了赋值语句，即将 floor 赋值为 13。在 C/C++ 的逻辑判断中，"非零即为真"，所以 "if（13）" 这个逻辑判断条件为真（因为 13 不是 0），因此，"No Lucky Number!" 肯定会输出。

但是，在 Java 中，一切都不一样了。Java 的逻辑判断只接纳布尔值，也就是说，只接纳 "true" 和 "false"，除此之外的值，编译器都不会答应，这样就避免了在 C/C++ 中容易犯的错误。假设我们在第 11 行 if 语句的括号内少写了一个 "="，就会得到类型失配的错误（Type mismatch: cannot convert from int to boolean），编译器没有办法把一个整型（即 13）转换成为布尔类型（真或假），如图 4–10 所示。

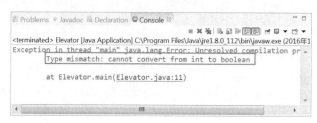

图 4–10

### 4.3.2  if…else 语句

if…else 语句（if-then-else Statement）是根据判断条件是否成立来执行的。如图 4–11 所示，如果条件表达式的值为真，则执行 if 中的语句块 1，判断条件不成立时，则会执行 else 中的语句块 2，然后继续执行整个 if 语句后面的语句。语句块 1 和语句块 2 可以是一条语句，也可以是复合语句。if…else 语句的格式如下。

```
if ( 条件表达式 )
{
    语句块 1
}
else
{
    语句块 2
```

}

若在 if 语句体或 else 语句体中要处理的语句只有一条，可以将左、右大括号去除。但是建议读者养成良好的编程习惯，不管 if 语句或 else 语句体中有几条语句，都加左、右大括号。

if…else 语句的流程如图 4-11 所示。

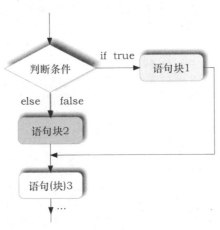

图 4-11

由于忌讳"13"这个数字，所以西方人就千方百计地避免和"13"接触。例如，很多大楼是"没有"第 13 层电梯的。当楼层小于 13 层时，电梯按钮数字就对应实际楼层数，而当楼层大于等于 13 时，电梯按钮数字统统虚高一层，也就是说，如果用户按的是 14 层，实际对应的是第 13 层，如果用户按的是 15 层，实际对应的是第 14 层，以此类推。那么该如何编写这样的代码呢？

这时，本小节学到的 if…else 选择结构就派上了用场，参见如下范例。

【范例 4-5】if…else 条件语句的使用（simulateElevator.java）

```
01   import java.util.Scanner;
02   public class simulateElevator
03   {
04      public static void main(String[] args)
05      {
06        @SuppressWarnings("resource")
07                 Scanner in = new Scanner(System.in);
08        System.out.print("Floor:");
09        int floor = in.nextInt();
10
11        int actualFloor;
12        if (floor > 13) // 按需调整电梯按钮
13        {
14           actualFloor = floor - 1;
15        }
16        else
```

```
17        {
18            actualFloor = floor;
19        }
20        System.out.println(" 电梯将达到实际楼层为： " + actualFloor);
21    }
22 }
```

程序运行结果如图 4-12 所示。

图 4-12

【代码详解】

代码的前面部分和【范例4-4】完全一致，就是在第 12 ～ 第 20 行展示了逻辑判断语句 if…else 的使用。

【范例分析】

上面的范例，读者需要注意：当 if…else 语句后面仅仅跟有一条语句时，其后的一对花括号并不是必需的，例如代码第 12 ～ 第 19 行可以简化为：

```
12   if (floor > 13)
13       actualFloor = floor - 1;
14   else
15       actualFloor = floor;
```

甚至还可以进一步简化为两条语句：

```
12   if (floor > 13) actualFloor = floor - 1;
13   else actualFloor = floor;
```

虽然，后面两种写法和【范例4-5】所示的代码在功能上完全等效，但是从编程风格的美观上，我们还是推荐使用花括号，即使 if…else 语句后面仅跟一条语句，也要用花括号 ｛ ｝ 括起来，因为这会让代码更具有可读性，而且在后期维护时，添加新的语句也不用担心花括号的匹配问题。

### 4.3.3　if…else if…else 语句

由于 if 语句体或 else 语句体可以是多条语句，所以如果需要在 if…else 里判断多个条件，可以"随意"嵌套。比较常用的是 if…else if…else 语句，其格式如下所示。

```
if ( 条件判断 1)
{
…//语句块 1
}
```

```
else if ( 条件判断 2)
{
…//语句块 2
}
…// 多个 else if() 语句
else
{
    语句块 n
}
```

这种方式用在含有多个判断条件的程序中。我们来看下面的范例。

【范例 4-6】多分支条件语句的使用（multiplyIfElse.java）

```
01   // 以下程序演示了多分支条件语句 if…else if …else 的使用
02   public class multiplyIfElse
03   {
04     public static void main( String[] args )
05     {
06       int a = 5;
07       // 判断 a 与 0 的大小关系
08       if( a > 0 )
09       {
10         System.out.println( "a > 0!" );
11       }
12       else if( a < 0 )
13       {
14         System.out.println( "a < 0!" );
15       }
16       else
17       {
18         System.out.println( "a == 0!" );
19       }
20     }
21   }
```

程序运行结果如图 4-13 所示。

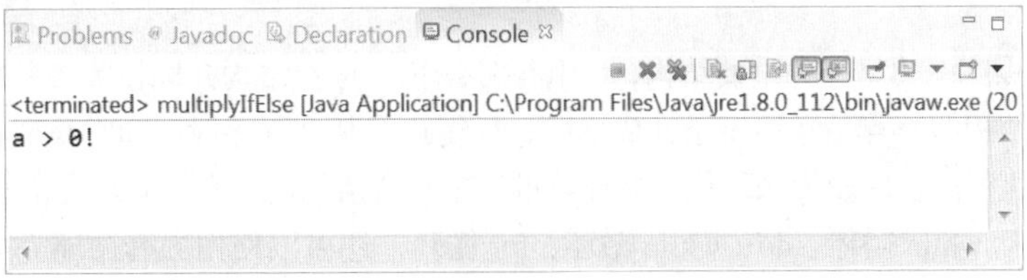

图 4-13

可以看出，if…else if…else 比单纯的 if…else 语句含有更多的条件判断语句。可是如果有很多条件都要判断，这样写是一件很头疼的事情。下面介绍的多重选择 switch 语句就可以解决这一问题。

### 4.3.4　多重选择——switch 语句

虽然嵌套的 if 语句可以实现多重选择处理，但语句较为复杂，并且容易将 if 与 else 配对错误，从而造成逻辑混乱。在这种情况下，可使用 switch 语句来实现多重选择情况的处理。switch 结构称为 "多路选择结构"，switch 语句也叫开关语句，在许多不同的语句组之间做出选择。

switch 语句的格式如下，其中 default 语句和 break 语句并不是必需的。

```
        switch（表达式）
{
case 常量选择值 1：　语句体 1 {break ;}
case 常量选择值 2：　语句体 2 { break;}
……
case 常量选择值 n：　语句体 n { break ;}
default：　默认语句体 { break;}
}
```

需要说明的是，switch 的表达式类型为整型（包括 byte、short、char、int 等）、字符类型及枚举类型。在 JDK 1.7 之后，switch 语句增加了对 String 类型的支持。我们会在后续的章节中讲到它们的具体应用。case（情况）后的常量选择值要和表达式的数据类型一致，并且不能重复。break 语句用于转换程序的流程，在 switch 结构中使用 break 语句可以使程序立即退出该结构，转而执行该结构后面的第 1 条语句。

switch 语句执行的流程如下。

(1) switch 语句先计算括号中表达式的结果。

(2) 根据表达式的值检测是否符合 case 后面的选择值，如果所有 case 的选择值皆不符合，则执行 default 后面的语句，执行完毕即离开 switch 语句。

(3) 如果某个 case 的选择值符合表达式的结果，就会执行该 case 所包含的语句，直到遇到 break 语句后才离开 switch 语句。

(4) 如果没有在 case 语句结尾处加上 break 语句，则会一直执行到 switch 语句的尾端才离开 switch 语句。break 语句在下面的章节中会介绍，读者只要先记住 break 是跳出语句就可以了。

(5) 如果没有定义 default 该执行的语句，则什么也不会执行，而是直接离开 switch 语句。

# 4.4　循环结构

循环结构是程序中的另一种重要结构，它和顺序结构、选择结构共同作为各种复杂程序的基本构造部件。循环结构的特点是在给定条件成立时，反复执行某个程序段。通常我们称给定条件为循环条件，称反复执行的程序段为循环体。循环体可以是复合语句、单个语句或空语句。

循环结构包括 while 循环、do…while 循环、for 循环，还可以使用嵌套循环完成复杂的程序控制操作。

### 4.4.1　while 循环

while 循环语句的执行过程是先计算表达式的值，若表达式的值为真，则执行循环体中的语句，继续循环；否则退出该循环，执行 while 语句后面的语句。循环体可以是一条语句或空语句，也可以是复合语句。while 循环的格式如下。

```
while ( 判断条件 )
{
    语句 1 ;
    语句 2 ;
...
    语句 n
}
```

当 while 循环主体有且只有一个语句时，可以将大括号去掉，但同样不建议这样做。while 中的判断条件必须是布尔类型值（不同于 C/C++，可以是有关整型数运算的表达式）。

while 循环流程如图 4–14 所示。

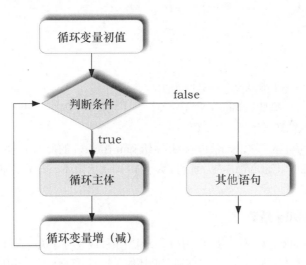

图 4–14

下面的范例是循环计算 1 累加至 10。

【范例 4-7】while 循环的使用（whileDemo.java）

```
01  //以下程序演示了 while 循环的使用方法
02  public class whileDemo
03  {
04      public static void main( String[] args )
05      {
06          int i = 1 ;
```

```
07          int sum = 0 ;
08
09          while( i < 11 )
10          {
11             sum += i ;   // 累加计算
12             ++i ;
13          }
14
15          System.out.println( "1 + 2 + ...+ 10 = " +sum );          // 输出结果
16       }
17    }
```

程序运行结果如图 4-15 所示。

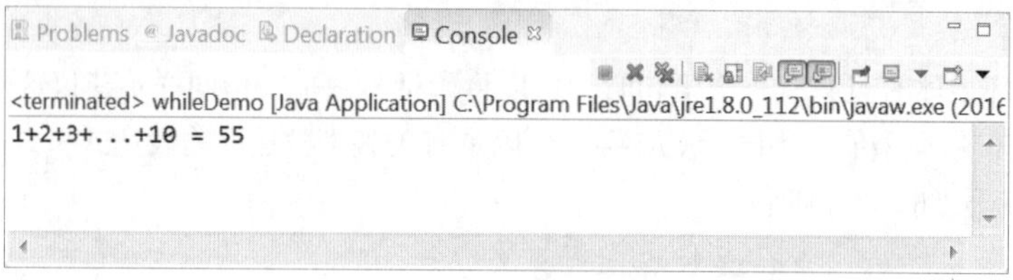

```
Problems  Javadoc  Declaration  Console ☒
                                ■ ✕ ⚒ | ⟱ ⟰ ⟱ | ⟱ ⟱ | ⟱ ⟱ ▾ ⟱ ▾
<terminated> whileDemo [Java Application] C:\Program Files\Java\jre1.8.0_112\bin\javaw.exe (2016
1+2+3+...+10 = 55
```

图 4-15

【代码详解】

在第 06 行中，将循环控制变量 i 的值赋为 1。

第 09 行，进入 while 循环的判断条件为 i<11。第 1 次进入循环时，由于 i 的值为 1，所以判断条件的值为真，即进入循环主体。

第 10 ~ 第 13 行为循环主体，sum+i 后再指定给 sum 存放，i 的值加 1，再回到循环起始处，继续判断 i 的值是否仍在所限定的范围内，直到 i 大于 10 即跳出循环，表示累加的操作已经完成，最后再将 sum 的值输出。

### 4.4.2  do…while 循环

上一小节介绍的 while 循环又称为"当型循环"，即当条件成立时才执行循环体。本小节介绍与"当型循环"不同的"直到型循环"，即先"直到"循环体（执行循环体），再判断条件是否成立，所以"直到型循环"至少会执行一次循环体。该循环又称为 do…while 循环。

```
do {
语句 1；
语句 2；
…
语句 n；
} while ( 判断条件 );
```

do…while 循环流程如图 4-16 所示。

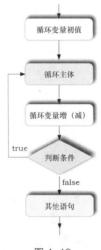

图 4-16

把 whileDemo.java 的程序稍加修改，用 do…while 循环重新改写，就是【范例 4-8】。

【范例 4-8】do…while 循环语句的使用（doWhileDemo.java）

```
01  // 演示 do…while 循环的用法
02  public class doWhileDemo
03  {
04      public static void main( String[] args )
05      {
06        int i = 1;
07        int sum = 0;
08        // do.while 是先执行一次，再进行判断，即循环体至少会被执行一次
09        do
10        {
11          sum += i;        // 累加计算
12          ++i;
13        }while( i <= 10 );
14
15        System.out.println( "1 + 2 + ...+ 10 = " + sum );        // 输出结果
16      }
17  }
```

程序运行结果如图 4-17 所示。

图 4-17

首先，声明程序中要使用的变量 i（循环记数及累加操作数）及 sum（累加的总和），并将 sum 的初值设为 0；由于要计算 1+2+…+10，因此在第 1 次进入循环的时候，将 i 的值设为 1，接着判断 i 是否小于 11，如果 i 小于 11，则计算 sum+i 的值后再指定给 sum 存放。i 的值不满足循环条件时，即会跳出循环，表示累加的操作已经完成，再输出 sum 的值，程序即结束运行。

【代码详解】

第 09 ~ 第 13 行，利用 do…while 循环计算 1 ~ 10 的数累加。

第 15 行，输出 1 ~ 10 的数的累加结果：1 + 2 + …+ 10 = 55。

### 4.4.3　for 循环

在 for 循环中，赋初始值语句、判断条件语句、增减标志量语句均可有可无。循环体可以是一条语句或空语句，也可以是复合语句。其语句格式如下。

```
        for（赋初始值；判断条件；增减标志量）
{
语句 1；
…
…. 语句 n；
}
```

for 循环流程如图 4-18 所示。

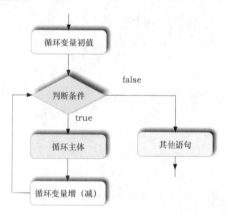

图 4-18

下面通过【范例 4-9】，利用 for 循环来完成由 1 ~ 10 的数的累加运算，帮助读者熟悉 for 循环的使用方法。

【范例 4-9】for 循环的使用（forDemo.java）

```
01   // 演示 for 循环的用法
02   public class forDemo
03   {
04       public static void main( String[] args )
05       {
```

```
06        int i = 0;
07        int sum = 0 ;
08        // 用来计算数字累加之和
09        for( i = 1; i < 11; i++ )
10        {
11            sum += i ;           // 计算 sum = sum+i
12        }
13        System.out.println( "1 + 2 + ... + 10 = " + sum );
14    }
15 }
```

程序运行结果如图 4-19 所示。

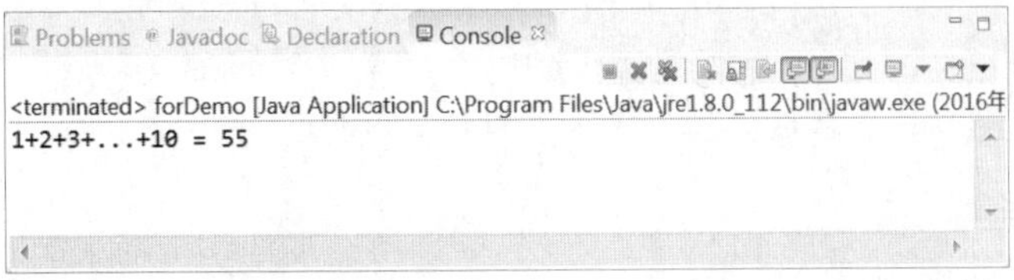

图 4-19

【代码详解】

第 06 行和第 07 行，声明两个变量 sum 和 i，i 用于循环的记数控制。

第 09 ~ 第 12 行，做 1 ~ 10 之间的循环累加，执行的结果如图 4-19 所示。

事实上，当循环语句中又出现循环语句时，就称为循环嵌套，如嵌套 for 循环、嵌套 while 循环等。当然读者也可以使用混合嵌套循环，也就是循环中又有其他不同种类的循环。

# 4.5 break 和 continue 语句

在 Java 语言中，有一些跳转的语句，如 break、continue 及 return 等语句。break 语句、continue 语句和 return 语句都是用来控制程序的流程转向的，适当和灵活地使用它们可以更方便或更简洁地进行程序的设计。

## 4.5.1 break 语句

在 while、for、do…while 等循环语句结构中的循环体或语句组中也可以使用 break 语句，其作用是使程序立即退出该结构，转而执行该结构下面的第 1 条语句。break 语句也称为中断语句，通常用来在适当的时候退出某个循环，或终止某个 case 并跳出 switch 结构。例如下面的 for 循环，如果循环主体中有 break 语句，当程序执行到 break 时，即会离开循环主体而继续执行循环外层的语句。

```
for ( 赋初始值；判断条件；增减标志量 )
{
    语句 1；
    语句 2；
```

```
    …
    break ;
    …          // 若执行 break 语句，则此块内的语句将不会被执行
    语句 n ;
}
```

以【范例 4-10】为例，利用 for 循环输出循环变量 i 的值，当 i 除以 3 所取的余数为 0 时，即使用 break 语句的跳离循环，并于程序结束前输出循环变量 i 的最终值。

【范例 4-10】break 语句的使用（breakDemo.java）

```
01  // 演示不带标签的 break 语句的用法
02  public class breakDemo
03  {
04      public static void main( String[] args )
05      {
06          int i = 0;
07          // 预计循环 9 次
08          for( i=1; i<10; ++i )
09          {
10              if( i%3 == 0 )
11                  break ;          // 当 i%3 == 0 时跳出循环体。注意，此处通常不使用大括号
12
13              System.out.println( "i = " + i );
14          }
15          System.out.println( " 循环中断：i = " + i );
16      }
17  }
```

程序运行结果如图 4-20 所示。

图 4-20

【代码详解】

第 09 ~ 第 14 行为循环主体，i 为循环的控制变量。

当 i%3 为 0 时，符合 if 的条件判断，即执行第 11 行的 break 语句，跳离整个 for 循环。此例中，当 i 的值为 3 时，3%3 的余数为 0，符合 if 的条件判断，离开 for 循环，执行第 15 行——输出循环结束时循环控制变量 i 的值 3。

通常设计者会设定一个条件，当条件成立时，不再继续执行循环主体。所以在循环中出现

break 语句时, if 语句通常也会同时出现。

另外, 或许有读者会问, 为什么第 10 行的 if 语句没有用大括号包起来呢不是要养成良好的编程风格吗? 其实如果 if 语句里只含有一条类似于 break 语句、continue 语句或 return 语句的跳转语句, 我们习惯上会省略 if 语句的大括号。

### 4.5.2　continue 语句

在 while、do…while 和 for 语句的循环体中, 执行 continue 语句将结束本次循环而立即测试循环的条件, 以决定是否进行下一次循环。例如下面的 for 循环, 在循环主体中有 continue 语句, 当程序执行到 continue 时, 会执行设增减量, 然后执行判断条件, 也就是说会跳过 continue 下面的语句。

```
            for ( 初值赋值; 判断条件; 设增减量 )
{
语句 1;
语句 2;
…
continue
…  // 若执行 continue 语句, 则此处将不会被执行
语句 n;
}
```

break 语句是跳出当前层循环, 终结的是整个循环, 也不再判断循环条件是否成立。相比而言, continue 语句则是结束本次循环 ( 即 continue 语句之后的语句不再执行 ), 然后重新回到循环的起点, 判断循环条件是否成立, 如果成立, 即再次进入循环体, 若不成立, 则跳出循环。

【范例 4-11】continue 语句的使用 ( continueDemo.java )

```
01   // 演示不带标签的 continue 语句的用法
02   public class continueDemo
03   {
04       public static void main( String[] args )
05       {
06         int i = 0;
07         // 预计循环 9 次
08         for( i=1; i<10; ++i)
09         {
10           if( i % 3 == 0 )  // 当 i%3 == 0 时跳过本次循环, 直接执行下一次循环
11             continue;
12
13           System.out.println( "i = " + i );
14         }
15         System.out.println( " 循环结束: i = " + i );
16       }
17   }
```

程序运行结果如图 4-21 所示。

```
Problems   Javadoc   Declaration   Console
<terminated> continueDemo [Java Application] C:\Program Files\Java\jre1.8.0_112\bin\javaw.exe (2
i = 1
i = 2
i = 4
i = 5
i = 7
i = 8
循环结束: i = 10
```

图 4-21

**【代码详解】**

第 09 ~ 第 14 行为循环主体，i 为循环控制变量。

当 i%3 为 0 时，符合 if 的条件判断，即执行第 11 行的 continue 语句，跳离目前的 for 循环，不再执行循环体内的其他语句，而是先执行 ++i，再回到 i<10 处判断是否执行循环。此例中，当 i 的值为 3、6、9 时，取余数为 0，符合 if 判断条件，离开当前层的 for 循环，回到循环开始处继续判断是否执行循环。

当 i 的值为 10 时，不符合循环执行的条件。此时执行程序第 15 行，输出循环结束时循环控制变量 i 的值 10。

当判断条件成立时，break 语句与 continue 语句会有不同的执行方式。break 语句不管情况如何，先离开循环再说；而 continue 语句则不再执行此次循环的剩余语句，而是直接回到循环的起始处。

# 4.6　综合应用——简易计算器

**【范例 4-12】简易计算器（switchDemo.java）**

```
01  // 以下程序演示了多分支条件语句的使用
02  public class switchDemo
03  {
04      public static void main( String[] args )
05      {
06          int a = 100;
07          int b = 7;
08          char oper = '*';
09
10          switch( oper )        // 用 switch 实现多分支语句
11          {
12          case '+':
13              System.out.println( a + " + " + b + " = " + ( a + b ) );
14              break ;
15          case '-':
```

```
16          System.out.println( a + " - " + b + " = " + ( a - b ) );
17          break ;
18      case '*':
19          System.out.println( a + " * " + b + " = " + ( a * b ) );
20          break ;
21      case '/':
22          System.out.println( a + " / " + b + " = " + ( (float)a / b ) );
23          break ;
24      default:
25          System.out.println( " 未知的操作！ " );
26          break;
27      }
28    }
29 }
```

程序运行结果如图 4-22 所示。

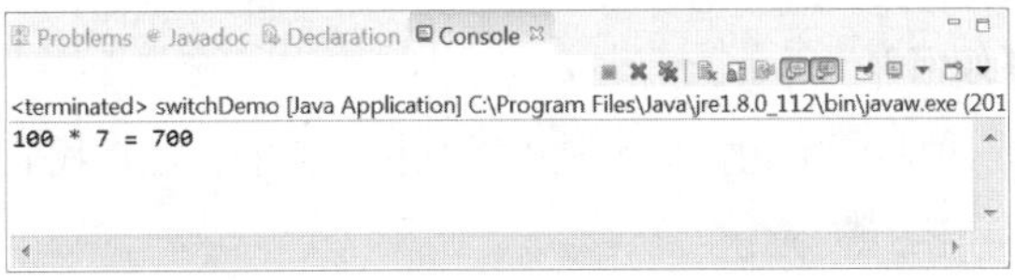

图 4-22

【代码详解】

第 08 行利用变量存放一个运算符号。

第 10 ~ 第 27 行为 switch 语句。当 oper 为字符 +、-、*、/ 时，输出运算的结果后离开 switch 语句；若所输入的运算符皆不是这些，即执行 default 所包含的语句，输出"未知的操作！"，再离开 switch。

选择值为字符时，必须用单引号将字符包围起来。

读者可以试着把程序中的 break 语句删除后再运行，看看结果是什么，想一想为什么。然后试着在控制台读入数据和操作符，计算结果并输出，就改写成为一个真正的计算器了！

# 4.7　本章小结

(1)选择语句用于可选择的动作路径的编程。选择语句有：单分支 if 语句、双分支 if…else 语句、嵌套 if 语句、多分支 if…else 语句、switch 语句和条件表达式等几种类型。

(2)各种 if 语句都是基于布尔表达式来控制决定的。根据表达式的值是 true 还是 false，这些语句选择两种可能路径中的一种。switch 语句根据 char、byte，short、int 或 String 类型的 switch 表达式来进行控制决定。

(3)在 switch 语句中，关键字 break 是可选的，但它通常用在每个分支的结尾，以中止执行 switch 语句的剩余部分。如果没有出现 break 语句，则执行接下来的 case 语句。

(4)表达式中的操作符按照括号、操作符优先级以及操作符结合规则所确定的次序进行求值。

（5）括号用于强制求值的顺序以任何顺序进行。

（6）具有更高级优先权的操作符更早地进行操作。对于同样优先级的操作符，它们的结合规则确定操作的顺序。

（7）除赋值操作符之外的所有二元操作符都是左结合的，赋值操作符是右结合的。

# 4.8　疑难解答

**问**：& 和 &&、| 和 || 的关系是怎么样？（Java 面试题）

**答**："与"操作：有一个条件不满足，结果就是 false。普通"与"（&）：所有的判断条件都要执行；短路"与"（&&）：如果前面有条件已经返回了 false，不再向后判断，那么最终结果就是 false。

"或"操作：有一个条件满足，结果就是 true。普通"或"（|）：所有的判断条件都要执行；短路"或"（||）：如果前面有条件返回了 true，不再向后判断，那么最终结果就是 true。

**问**：switch 中是不是每个 case 后都需要 break 语句？

**答**：在某些情况下，在 switch 结构体中，可以有意地减少一些特定位置的 break 语句，这样可以简化程序。参见实战练习 2。

**问**：三种循环的关系如何？

**答**：在 4.6 节讲到的三种循环结构，其实是可以互相转化的，通常我们只是使用其中一种结构，因为这样可以使程序结构更加清晰。

# 4.9　实战练习

（1）编写程序，计算表达式"（（12345679*9）>（97654321*3））? true : false"的值。

（2）编写程序，实现生成一随机字母（a ~ z，A ~ Z）并输出。

拓展知识：

① Math.random() 返回随机 double 值，该值大于等于 0.0 且小于 1.0。

例如：double rand = Math.random();　　　　　　// rand 储存着 [0,1) 之间的一个小数

② 大写字母 A~Z 对应整数 65 ~ 90、小写字母 a~z 对应整数 97 ~ 122。

（3）编写程序，实现产生（或输入）一随机字母（a ~ z，A ~ Z），转为大写形式并输出。分别使用三目运算和位运算实现。

（4）编写程序，使用循环控制语句计算"1+2+3+…+100"的值。

（5）编写程序，使用程序产生 1 ~ 12 的某个整数（包括 1 和 12），然后输出相应月份的天数（注：2 月按 28 天算）。

（6）编写程序，判断某一年是否是闰年。

# 第5章
# 数组、字符串与常用类

**本章导读**

    如果有很多个相同类型的数据要使用，是不是必须一一给它们起名字呢？不用的，可以用数组存储它们。本章介绍 Java 中如何使用数组存储相同类型的数据，还介绍了二维和多维数组的使用。String 是一个比较特殊的类型，还有两个更特殊的兄弟 StringBuilder 和 StringBuffer 用来应付更复杂的情况。如果使用数学运算，要使用 Math 类，产生随机数用 Random 类，最后还有 Arrays 的使用。

**本章课时：理论 2 学时 + 实践 1 学时**

## 学习目标

- ▶ 理解数组
- ▶ 一维数组
- ▶ 二维数组
- ▶ **String 类**
- ▶ **StringBuilder 与 StringBuffer**
- ▶ **Math 与 Random 类**

# 5.1　理解数组

数组（Array），顾名思义就是一组数据。在 Java 中，数组也可以视为一种数据类型。它本身是一种引用类型，引用数据类型我们会在后续的章节中详细介绍，这里仅仅介绍一个基本的概念。Java 的数组，既可以存储基本类型（primitive type）的数据，也可以存储"引用"类型（reference type）的数据。例如，int 是一个基本类型，但 int[ ]（把"int[ ]"当成一个整体）就是一种引用数据类型。在本质上，Java 的引用数据类型就是对象。表 5-1 简明描述了这两种变量定义的方式，二者在地位上是对等的。

表 5-1

| 类型描述 | 变量名 |
|---|---|
| int<br>变量类型 | x；　// 基本数据类型<br>变量 |
| int[ ]<br>变量类型 | x；　// 引用数据类型<br>变量 |

也就是说，把"int[ ]"整体当作一种数据类型，它的用法就与 int、float 等基本数据类型类似，同样可以使用该类型来定义变量，也可以使用该类型进行类型转换等。在使用 int[ ] 类型定义变量、进行类型转换时，与使用其他基本数据类型的方式没有任何区别。

下面，我们通过一个简单的例子来感性认识一下数组。例如，如果需要存储 12 个月份的天数，我们可按照【范例 5-1】的模式进行。

【范例 5-1】一维数组的使用 (ArrayDemo.java)

```
01    // 使用 12 个月份的天数简单演示数组的使用方法
02    public class ArrayDemo
03    {
04        public static void main( String[] args )
05        {
06            //定义一个长度为 12 的数组, 并使用 12 个月份的天数初始化
07            int[ ] month = { 31, 28, 31, 30, 31, 30, 31, 31, 30, 31, 30, 31 };
08
09            //注意： 数组的下标（索引）从 0 开始
10            // month.length 里存储着 month 的长度
11            for( int i = 0; i < month.length; ++i )
12            {
13                // 输出第 i 月的天数
14                System.out.println( "第 " + ( i + 1 ) + " 月有 " + month[i] + " 天 " );
15            }
16        }
17    }
```

保存并运行程序，结果如图 5-1 所示。

图 5-1

**【代码详解】**

第07行定义了一个整型数组month，并使用12个月份的天数初始化。Java提供了更为"地方特色"的语法（如【范例5-1】所示），因为它把【int[ ]】整体当作一种类型，再有这个类似定义变量（数组变量，实际上就是对象），这样更符合传统的变量定义模式"变量类型 变量；"。

第11～第15行，利用for循环输出数组的内容。在Java中，由于"int [ ]"在整体上被视为一个类型，所以这个数组类型定义的变量（或称实例）就叫作对象（object）。那么这个对象就可以有一些事先定义好的方法或属性为我们所用。

例如，如果要取得数组的长度（也就是数组元素的个数），我们可以利用数组对象的".length"完成。记住，在Java中，一切皆为对象。length实际上就是这个数组对象的一个公有数据成员而已，自然就可以通过对象的点运算符"."来访问。

因此，在【范例5-1】中，若要取得所定义的数组month的元素个数，只要在数组month的名称后面加上".length"即可，如下面的程序片段。

month.length;　　　　　// 取得数组的长度

另外，数组是从0开始索引的。也就是说，数组month的第一个元素是：

month[0];　　// 取得下标为0的数，也就是第1个数

在程序的第07行中，我们有这样的语句表达：

int[ ] month = { 31, 28, 31, 30, 31, 30, 31, 31, 30, 31, 30, 31 };

其功能非常简单，就是初始化这个month数组。也就是说，在声明这个数组对象的同时，给出了这个数组的初始数据。

# 5.2　一维数组

通过【范例5-1】的介绍，我们可以给数组一个"定义"：数组是一堆有序数据的集合。数组中的每个元素，必须是相同的数据类型，而且可以用一个统一的数组名和下标来唯一地确定数组中的元素。一维数组可存放上千万个数据，且这些数据的类型是完全相同的。

## 5.2.1　一维数组的声明与内存的分配

要使用Java的数组，必须经过以下两个步骤。

(1)声明数组。

(2)分配内存给该数组。

这两个步骤的语法如下。

数据类型 [ ] 数组名;　　　　　// 声明一维数组

```
数组名 = new 数据类型 [ 个数 ];        // 分配内存给数组
```

在数组的声明格式里，"数据类型"是声明数组元素的数据类型，常见的类型有整型、浮点型与字符型等，当然其类型也可以是用户自己定义的类（class）。

"数组名"是用来统一这组相同数据类型的元素的名称，其命名规则和变量相同，建议读者使用有意义的名称为数组命名。数组声明后，接下来便要配置数组所需的内存，其中"个数"是告诉编译器所声明的数组要存放多少个元素，而关键字"new"则是命令编译器根据括号里的个数在内存中分配一块内存供该数组使用。例如，

```
01  int[ ] score;      // 声明整型数组 score
02  score = new int[3];       // 为整型数组 score 分配内存空间，其元素个数为 3
```

上面例子中的第 01 行，声明一个整型数组 score 时，可将 score 视为数组类型的对象，此时这个对象并没有包含任何内容，编译器仅会分配一块内存给它用来保存指向数组实体的地址，如图 5-2 所示。

图 5-2

数组对象声明之后，接着要进行内存分配的操作，也就是上面例子中的第 02 行。这一行的功能是开辟 3 个可供保存整数的内存空间，并把此内存空间的参考地址赋给 score 变量。其内存分配的流程如图 5-3 所示。

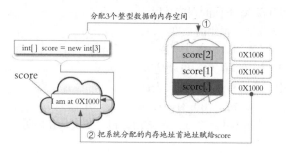

图 5-3

图 5-3 中的内存参考地址 0x1000 是一个假设值，该值会因环境的不同而不同。由于数组类型并非属于基本数据类型，因此数组对象 score 所保存的并非是数组的实体，而是数组实体的参考地址。

除了用两行来声明并分配内存给数组之外，也可以用较为简洁的方式把两行缩成一行来编写，其格式如下。

数据类型 [ ] 数组名 = new 数据类型 [ 个数 ]

例如，下面的例子是声明整型数组 score，并开辟可以保存 11 个整数的内存给 score 变量。

int[ ] score = new int[11];

### 5.2.2  数组中元素的表示方法

要使用数组里的元素，可以利用索引来完成。Java 的数组索引编号从 0 开始，以一个名为 score、长度为 11 的整型数组为例，score[0] 代表第 1 个元素，score[1] 代表第 2 个元素，以此类推，score[10] 为数组中的第 11 个元素（也就是最后一个元素）。图 5-4 为 score 数组中元素的表示及排列方式。

图 5-4

接下来看一个范例。在【范例5-2】里声明了一个一维数组，其长度为3，利用for循环输出数组的元素个数后，再输出数组的个数。

【范例5-2】一维数组的使用（createArrayDemo.java）

```
01  // 创建一个数组，并输出其默认初始值
02  public class CreateArrayDemo
03  {
04    public static void main( String args[] )
05    {
06      int[ ] a = null;
07      a = new int[3];          // 开辟内存空间供整型数组 a 使用，其元素个数为 3
08
09      System.out.println( " 数组长度是： " + a.length );  // 输出数组长度
10      for( int i = 0; i < a.length; ++i )              // 输出数组的内容
11      {
12        System.out.println( "a [" + i + " ] = " + a[ i ] );
13      }
14    }
15  }
```

保存并运行程序，结果如图5-5所示。

图 5-5

【代码详解】

第06行声明整型数组a，并将空值null赋给a。

第07行开辟一块内存空间，以供整型数组a使用，其元素个数为3。

第09行输出数组的长度。此例中数组的长度是3，即代表数组元素的个数为3。

第10～第13行，利用for循环输出数组的内容。由于程序中并未对数组元素赋值，因此输出的结果都是0，也就是说整型数组中的数据默认为0。

### 5.2.3 数组元素的使用

静态初始化在5.1节里已经介绍过了，只要在数组的声明格式后面加上初值的赋值即可，如下

面的格式。

数据类型 [ ] 数组名 = { 初值 0，初值 1…初值 n}

下面我们看看更加灵活的赋值方法。

【范例 5-3】一维数组的赋值（arrayAssignment.java）

```
01   // 演示数组元素更加灵活的赋值方法
02   import java.util.Random;           // 引用 java.util.Random 包
03   public class arrayAssignment
04   {
05     public static void main( String args[] )
06     {
07       Random rand = new Random();     // 创建一个 Random 对象
08       int[] a = null;                 // 声明整型数组 a
09       // 开辟内存空间，rand.nextInt( 10 ) 返回一个 [0,10) 的随机整型数
10       a = new int[ rand.nextInt( 10 ) ];
11
12       System.out.println( " 数组的长度为：" + a.length );
13
14       for( int i = 0; i < a.length; ++i )
15       {   // rand.nextInt( 100 ) 返回一个 [0, 100) 的随机整型数
16         a[i] = rand.nextInt( 100 );
17         System.out.println( "a[" + i + "] = " + a[i] );
18       }
19     }
20   }
```

保存并运行程序，结果如图 5-6 所示。

```
Problems  Javadoc  Declaration  Console
<terminated> ArrayAssignment [Java Application] C:\Program Files\Java\jre1.8.0_112\bin\javaw.exe (20
数组的a长度为：4
a[ 0 ] = 4
a[ 1 ] = 91
a[ 2 ] = 70
a[ 3 ] = 51
```

图 5-6

【代码详解】

第 02 行，将 java.util 包中的 Random 类导入到当前文件，这个类的作用是产生伪随机数。导入之后，在程序中才可以创建这个类以及调用类中的方法和对象（如第 07 行的 rand 对象）。

第 07 行，创建了一个 Random 类型的对象 rand，Random 对象可以更加灵活地产生随机数。

第 10 行，为数组 a 开辟内存空间，数组的长度为 0 ~ 10（包含 0，不包含 10）的随机数。rand.nextInt( 10 ) 返回一个 [0,10) 区间的随机整型数。nextInt() 是类型 Random 中产生随机整数的一个方法。

第 16 行，为数组元素赋值，同样是使用 Random 中的 nextInt() 产生随机数，所不同的是，随机整数的取值区间是 [0,100)。

第 17 行，接着输出数组元素。

将上述程序稍微修改，就可以得到如下程序（增加了粗体字部分）。

【范例 5-4】数组对象的引用

```
01    import java.util.Random;
02
03    public class ArrayAssignment
04    {
05        public static void main( String[] args )
06        {
07            Random rand = new Random();    // 创建一个 Random 对象
08            int[ ] a = null;              // 声明整型数组 a
09            int[ ] b = null;
10            // 动态申请内存，rand.nextInt( 10 ) 返回一个 [0,10) 的随机整型数
11            a = new int[ rand.nextInt( 10 ) ];
12            b = a;                       // 请读者思考，这个语句是什么含义
13
14            System.out.println( "a 数组的长度为：" + a.length );
15            System.out.println( "b 数组的长度为：" + b.length + "\n" );
16
17            for( int i = 0; i < a.length; ++i )
18            {
19                // rand.nextInt( 100 ) 返回一个 [0, 100) 的随机整型数
20                a[i] = rand.nextInt( 100 );
21                System.out.print( "a[ " + i + " ] = " + a[ i ] + "\t" );
22                System.out.println( "b[ " + i + " ] = " + b[ i ] );
23            }
24
25        }
26
27    }
```

程序运行结果如图 5-7 所示。

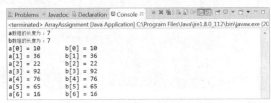

图 5-7

【代码详解】

假设代码第 10 行给出的随机数是 7，那么第 11 行就开辟了一个包括 7 个整型数的数组，如图 5-8 左图所示，不过此时数组还没有数据，虚位以待。然后，最关键的代码就是第 12 行 "b = a;"，这行

代码的含义是将 a 数组的引用（也就是数组的内存地址）赋值给数组对象 b，如图 5-8 右图所示。

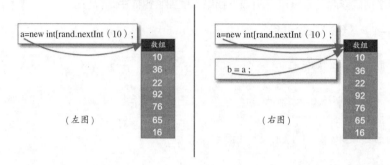

图 5-8

这样一来，此时的 a 和 b 实际上指向的就是同一个数组对象，即 a 和 b 就是别名关系。换句话说，此时的 a 和 b 是"一套数组，两套名字"，这就涉及 Java 中广泛使用的概念——引用（reference）。

# 5.3 二维数组

虽然用一维数组可以处理一般简单的数据，但是在实际应用中仍显不足，所以 Java 也提供有二维数组以及多维数组供程序员使用。学会了如何使用一维数组后，再来看看二维数组的使用方法。

### 5.3.1 二维数组的声明与赋值

二维数组声明的方式和一维数组类似，内存的分配也一样是用 new 这个关键字。其声明与分配内存的格式如下。

数据类型 [ ][ ] 数组名；
数组名 = new 数据类型 [ 行的个数 ][ 列的个数 ]；

同样，可以用较为简洁的方式来声明数组，其格式如下。

数据类型 [ ][ ] 数组名 = new 数据类型 [ 行的个数 ][ 列的个数 ]；

如果希望直接在声明时就对数组赋初值，可以利用大括号完成。只要在数组的声明格式后面再加上所赋的初值即可，如下面的格式。

数据类型 [ ][ ] 数组名 = {
    {第 0 行初值}，
    {第 1 行初值}，
…
    {第 n 行初值}，
};

需要特别注意的是，用户不需要定义数组的长度，因此在数组名后面的中括号里不必填入任何的内容。此外，在大括号内还有几组大括号，每组大括号内的初值会依序指定给数组的第 0、1、…、n 行元素。下面是关于数组 num 声明及赋初值的例子。

int[ ][ ] num = {
{23,45,21,45},      // 二维数组第 0 行的初值赋值

```
{45,29,46,28}          // 二维数组第 1 行的初值赋值
};
```

语句中声明了一个整型二维数组 num，它有 2 行 4 列共 8 个元素，大括号内的初值会依序给各行里的元素赋值，例如，num[0][0] 赋值为 23，num[0][1] 赋值为 45，……num[1][3] 赋值为 28。

### 1. 每行元素个数不同的二维数组

值得一提的是，Java 定义二维数组更加灵活，允许二维数组中每行的元素个数均不相同，这点与其他编程语言不同。例如，下面的语句是声明整型数组 num 并赋初值，而初值的赋值指明了 num 具有 3 行元素，其中第 1 行有 4 个元素，第 2 行有 3 个元素，第 3 行则有 5 个元素。

```
int[ ][ ] num = {
{42,54,34,67},
{33,34,56},
{12,34,56,78,90}
};
```

下面的语句是声明整型数组 num 并分配空间，其中第 1 行有 4 个元素，第 2 行有 3 个元素，第 3 行则有 5 个元素。

```
int[ ][ ] num = null;
num = new int[ 3 ][ ];
num[0] = new int[4];
num[1] = new int[3];
num[2] = new int[5];
```

上述定义的二维数组 num 的内存分布如图 5-9 所示。

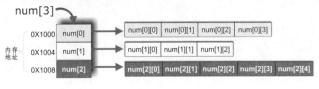

图 5-9

### 2. 取得二维数组的行数与特定行元素的个数

在二维数组中，如果要取得整个数组的行数或者是某行元素的个数，可利用".length"来获取，其语法如下。

```
数组名 .length          // 取得数组的行数
数组名 [ 行的索引 ].length   // 取得特定行元素的个数
```

也就是说，如要取得二维数组的行数，只要用数组名加上".length"即可；如要取得数组中特定行元素的个数，则须在数组名后面加上该行的索引值，再加上".length"，如下面的程序片段。

```
num.length;          // 计算数组 num 的行数，其值为 3
num[0].length;       // 计算数组 num 第 1 行元素的个数，其值为 4
num[2].length;       // 计算数组 num 第 3 行元素的个数，其值为 5
```

### 5.3.2　二维数组元素的引用及访问

二维数组元素的输入与输出方式和一维数组相同，看看下面的范例。

【范例 5-5】二维数组的静态赋值（twoDimensionArray.java）

```
01   // 演示二维数组的使用，这里采用静态赋值的方式
02   public class twoDimensionArray
03   {
04     public static void main( String args[] )
05     {
06       int sum = 0;
07       int[][] num = {
08               { 30, 35, 26, 32 },
09               { 33, 34, 30, 29 }
10             };              // 声明数组并设置初值
11
12       for( int i = 0; i < num.length; ++i )  // 输出销售量并计算总销售量
13       {
14         System.out.print( "第 " + (i + 1) + " 个人的成绩为：" );
15         for( int j = 0; j < num[ i ].length; ++j )
16         {
17           System.out.print( num[ i ] [ j ] + " " );
18           sum += num[ i ][ j ];
19         }
20         System.out.println();
21       }
22       System.out.println( "\n 总成绩是 " + sum + " 分！" );
23     }
24   }
```

保存并运行程序，结果如图 5-10 所示。

图 5-10

【代码详解】

第 06 行声明整数变量 sum 用来存放所有数组元素值的和，也就是总成绩。

第 07 行声明一整型数组 num，并对数组元素赋初值，该整型数组共有 8 个元素。

第 12 ~ 第 21 行输出数组里各元素的内容，并进行成绩汇总。

第 22 行输出 sum 的结果，即总成绩。

事实上，在 Java 中要提高数组的维数，也是很容易的，只要在声明数组的时候，将索引与中括号再加一组即可。例如，假设数组对象名为 A，那么三维数组的声明为 int[ ][ ][ ] A，四维数组为 int[ ][ ][ ][ ] A，以此类推。

# 5.4 String 类

String 类是 Java 最常用的类之一。在 Java 中，通过程序中建立 String 类可以轻松地管理字符串。什么是字符串呢？简单地说，字符串就是一个或多个字符组成的连续序列（如 "How do you do!" "有志者事竟成" 等）。程序需要存储的大量文字、字符都使用字符串进行表示、处理。

Java 中定义了 String 和 StringBuffer 两个类来封装对字符串的各种操作，它们都被放到了 java. lang 包中，import java.lang 是默认加载的，所以不需要显式地用 "import java.lang" 导入这个包。

String 类用于比较两个字符串、查找和抽取串中的字符或子串、进行字符串与其他类型之间的相互转换等。String 类对象的内容一旦被初始化就不能再改变。对于 String 类的每次改变（如字符串连接等），都会生成一个新的字符串，比较浪费内存。

StringBuffer 类用于内容可以改变的字符串，可以将其他各种类型的数据增加、插入到字符串中，也可以转置字符串中原来的内容。一旦通过 StringBuffer 生成了最终希望的字符串，就应该使用 StringBuffer.toString() 方法将其转换成 String 类，随后，就可以使用 String 类的各种方法操作这个字符串了。StringBuffer 每次都改变自身，不生成新的对象，比较节约内存。

## 5.4.1 字符串类的声明

字符串声明常见方式如下。

```
String 变量名;

String  str;
```

声明一个字符串对象 str，分配了一个内存空间，因为没有进行初始化，所以没有存入任何对象。str 作为局部变量是不会自动初始化的，必须显式地赋初始值。如果没有赋初始值，在用 System.out.println(s1) 时会报错。

在 Java 中，用户可以通过创建 String 类来创建字符串，String 对象既可以隐式地创建，也可以显式地创建，具体创建形式取决于字符串在程序中的用法。为了隐式地创建一个字符串，用户只要将字符串字符放在程序中，Java 即会自动地创建 String 对象。

(1) 使用字符串常量直接初始化，String 对象名称 = " 字符串 "。例如：

```
String s=" 有志者事竟成 ";
```

(2) 使用构造方法创建并初始化（public String(String str)），String 对象名称 = new String(" 字符串 ")。例如：

```
String s = new String(" 有志者事竟成 ");
```

【范例 5-6】String 类实例化方式的范例（NewString.java）

```
01  public class NewString
02  {
03     public static void main(String args[])
04     {
05        String str1= "Hello World!";          // 直接赋值建立对象 str1
06        System.out.println("str1:" + str1) ;      // 输出
```

```
07
08         String str2 = new String(" 有志者事竟成！ ") ; // 构造法创建并初始化对象 str2
09         System.out.println("str2:" + str2) ;
10
11         String str3 = "new" + "string";      // 采用串联方式生成新的字符串 str3
12         System.out.println("str3:" + str3) ;
13    }
14 }
```

程序运行结果如图 5-11 所示。

图 5-11

【代码详解】

第 05 行使用直接赋值的方式建立并初始化对象，第 08 行采用构造法创建并初始化对象，第 11 行采用串联方式产生新的对象，3 种方式都完成了 String 对象的创建及初始化。

【范例分析】

对于 String 对象也可以先声明再赋值。例如：

```
String str1;         // 声明字符串对象 str1
str1="Hello World!";    // 字符串对象 str1 赋值为 "Hello!"
```

构造法也可先建立对象再赋值。例如：

```
String str2 = new String() ; // 构造法创建一个字符串对象 str2，内容为空字符串
              // 等同于 String str2 = new String("") ;
str2=" 有志者事竟成！ ";    // 字符串对象 str2 赋值为"有志者事竟成！"
```

### 5.4.2　String 类中常用的方法

用户经常需要判断两个字符串的大小或是否相等，比如可能需要判定输入的字符串和程序中另一个编码字符串是否相等，如表 5-2 所示。

表 5-2

| 序号 | 方法名称 | 类型 | 描述 |
|---|---|---|---|
| 1 | public boolean equals(String anObject) | 普通 | 区分大小写比较 |
| 2 | public boolean equalsIgnoreCase(String anotherString) | 普通 | 不区分大小写比较 |
| 3 | public int compareTo(String anotherString) | 普通 | 比较字符串大小关系 |

Java 中判定字符串一致的方法有两种，下面分别进行简介。

#### 1. 调用 equals(object) 方法

string1.equals(string2) 的含义是比较当前对象（string1）包含的字符串值与参数对象（string2）所包含的字符值是否相等，若相等则 equals( ) 方法返回 true，否则返回 false。equals( ) 比较时考虑

字符中字符大小写的区别。

当然，也可以忽略大小写进行两个字符串的比较，这时，就需要使用一个新的方法 equalsIgnoreCase( )，例如：

```
String str1="Hello Java!";                    // 直接赋值实例化对象 str1
Boolean result=str1.equals("Hello Java!");      // result=true
Boolean result=str1.equals("Hello java!");      // result=false
Boolean result=str1.equalsIgnoreCase("Hello java!"); //  result=true
```

### 2. 使用比较运算符 ==

运算符 == 比较两个对象是否引用同一个实例，如果把 Java 中的"引用"理解为一个"智能指针"，则这里的逻辑判断实际上就是判断某两个对象在内存中的位置是否一样，例如：

```
String str1="Hello World!";                    // 直接赋值实例化对象 str1
String str2="Hello World!";                    // 直接赋值实例化对象 str2
Boolean result1= (str1==str2);                 // result=true
String str3 = new String("Hello World!") ;     // 构造方法赋值
Boolean result2= (str1==str3);                 //result=false
```

str1 和 str3 不相等，原因需要结合内存图进行分析。

由于 String 是一个类，str1 就是这个类的对象，对象名称一定要保存在栈内存之中，那么字符串 "Hello World!" 一定保存在堆内存之中（如图 5-12（a）所示）。栈内存和堆内存的区别可以通过"老师的点名册"和"上课的学生"来类比，老师通过点名册的学号（即学生的引用）来找到学生本身（对象）。"老师的点名册"和"上课的学生"，作为物理实体，都占空间，但所占的空间是完全不同的。一个胖胖的同学和一个瘦瘦的同学，在教室里（"堆内存"）所占据的空间大小是不同的，但是在老师的点名册上（"栈内存"）都是一行，毫无大小的区别。

如果两个字符串完全一样，为了节省内存，编译器会"智能"地把它们归属到一起，如图 5-12（b）所示。这就好比同一个同学有两个名字，一个是大名，另一个是绰号，老师不会给同一个同学分两个座位一样。

在任何情况下，使用关键字 new，一定会开辟一个新的堆内存空间，如图 5-12（c）所示。这就好比一个教室里"新"来了一个同学，哪怕他和别人长得一样，由于"new"这个关键词做保证，也得重新给他分一个新座位。

String 类的对象是可以进行引用传递的，引用传递的最终结果是不同的栈内存将保存同一块堆内存空间的地址，如图 5-12 所示。

(a) String str1="Hello World!"      (b) String str1="Hello World!"

(c) String str2=new String("Hello World!")

图 5-12

通过上例可发现，针对"=="在本次操作之中实际上是完成了它的相等判断功能，只是它完成的是两个对象的堆内存地址（好比教师的点名册学号）的相等判断，属于地址的数值相等比较，并不是真正意义上的字符串内容的比较。如果要进行字符串内容的比较，可以使用 equals( )，如【范例 5-7】所示。

【范例 5-7】字符串对象相等判断的范例（StringEquals.java）

```
01  public class StringEquals
02  {
03      public static void main(String args[])
04      {
05          String str1 = "Hello World!" ; // 直接赋值
06          String str2 = "Hello World!" ; // 直接赋值
07          String str3 = "Hello World1" ; // 直接赋值
08
09          String str4 = new String("Hello World!") ; // 构造方法赋值
10          String str5 = str2 ;    // 引用传递
11
12          System.out.println(str1 == str2) ; // true
13          System.out.println(str1 == str3) ; // false
14          System.out.println(str1 == str4) ; // false
15          System.out.println(str2 == str5) ; // true
16
17          System.out.println(str1.equals(str2)) ; // true
18          System.out.println(str1.equals(str3)) ; // false
19          System.out.println(str2.equals(str5)) ; // true
20      }
21  }
```

程序运行结果如图 5-13 所示。

图 5-13

【代码详解】

第 05 ~ 第 07 行，通过直接赋值的方式，分别给 str1、str2 及 str3 赋值。注意，str3 最后一个字符是"1"，而前两个字符则完全相同。

第 12 ~ 第 14 行，字符串对象 str1 和不同方法创建的字符串对象进行一致性判断。

【范例分析】

在 Java 中，如果字符串对象使用直接赋值方式完成，如 str1，那么首先在第一次定义字符串的时候，会自动在堆内存之中定义一个新的字符串常量"Hello World!"，如果后面还有其他字符串的对象（如 str2）采用的也是直接赋值的方式实例化，并且此内容已经存在，那么 Java 编译器就不会开辟新的字符串常量，而是让 str2 指向已有的字符串内容，即 str1、str2 指向同一块内存，所以第 12 行（str1 == str2）比较的结果是 true。这样的设计在开发模式上称为共享设计模式。

相比而言，str3 和前面两个字符对象 str1 和 str2 的内容有所差别，哪怕差一个字符，编译器也会在对象池中给 str3 分配一个新对象，不同对象对应不同的地址，自然 str3 的引用值也是不同于 str1 和 str2，所以第 13 行的"（str1 == str3）"判断，返回值为假，输出为"false"。

第 09 行，通过关键词 new 创建了一个新的字符对象 str4，由于 new 的作用就是创建全新的对象，哪怕 str4 的内容和 str1 及 str2 完全相同，也会在堆内存中开辟一块新空间，所以 str1 和 str4 的地址是不同的，第 14 行输出为"flase"。

第 10 行，通过"str5 = str2"的引用传递，让 str5 也指向与 str2 相同的位置，换句话说，此时，str1、str2 及 str5 指向的都是同一个字符串。

由于 equals() 方法用于判断字符串对象的内容（而非引用值）是否相等，结果很明显，因为 str1、str2、str5 内容相同，它们之间的判断全为 true（第 17 和第 19 行），而 str3 的内容是不同的字符串，str1 和 str5 之间的内容相比较，输出为"false"（第 18 行）。

我们知道，String 是 Java 开发中最常用的类之一，基本上所有的程序都会包含字符串的操作，因此，String 也定义了大量的操作方法，这些方法均能在 Oracle 的官网文档中查询到。就如同我们没有必要把一本字典中的所有字都认识一样，只要在用的时候会查会用即可。

# 5.5　StringBuilder 与 StringBuffer

一般来说，只要使用字符串的地方，都可使用 StringBuilder/StringBuffer 类。StringBuilder/StringBuffer 类比 String 类更灵活。可以在一个 StringBuilder 或 StringBuffer 中添加、插入或追加新的内容，但是 String 对象一旦创建，它的值就确定了。除了 StringBuffer 中修改缓冲区的方法是同步的，这意味着只有一个任务被允许执行方法之外，StringBuilder 类与 StringBuffer 类是很相似的。如果是多任务并发访问，就使用 StringBuffer，因为这种情况下需要同步以防止 StringBuffer 崩溃。并发编程将在第 11 章介绍。而如果是单任务访问，使用 StringBuilder 会更有效。StringBuffer 和 StringBuilder 中的构造方法与其他方法几乎是完全一样的。本节介绍 StringBuilder，在本节的所有地方 StringBuilder 都可以替换为 StringBuffer，程序可以不经任何修改进行编译和运行。StringBuilder 类有 3 个构造方法和 30 多个用于管理构建器或修改构建器内字符串的方法，可以使用构造方法创建一个空的构建器或从一个字符串创建一个构建器。

StringBuilder 类提供了几个重载方法，可以将 boolean、char、char 数组、double、float、int、long 和 String 类型值追加到字符串构建器。例如，下面的代码将字符串和字符追加到 StringBuilder，构成新的字符串 "Welcome to Java"。

```
StringBuilder StringBuilder = new StringBuilder();
stringBuilder.append("Welcome");
stringBui1der.append(' ');
stringBuilder.append("to");
stringBui1der.append(' ');
stringBui1der.append("Java");
```

StringBuilder 类也包括几个重载的方法，可以将 boolean、char、char 数组 double、floa、int、long 和 String 类型值插入到字符串构建器。例如：

```
StringBuilder.insert(11, "HTML and ");
```

若在应用 insert 方法之前，StringBuilder 包含的字符串是 "Welcome to:Java"，上面的代码就在 stringBuilder 的第 11 个位置（就在 J 之前）插入 "HTML and"，新的 stringBuilder 就变成 "Welcome to HTML and Java"。也可以使用两个 delete 方法将字符从构建器中的字符串中删除，使用 reverse 方法倒置字符串，使用 replace 方法替换字符串中的字符，或者使用 setCharAt 方法在字符串中设置一个新字符。

# 5.6 Math 与 Random 类

## 5.6.1 Math 类的使用

在 Math 类中提供了大量的数学计算方法，所以涉及数学相关的处理时，读者应该首先查明这个类是不是已经提供了相关的方法，而不是重造 "轮子"。

Math 类包含了所有用于几何和三角的浮点运算方法，但是这些方法都是静态的，也就是说 Math 类不能定义对象，例如下面的代码就是错误的。

```
Math mathObject = new Math(); // 静态类不能定义对象
```

Math 类中的数学方法很多，表 5–3 仅仅列举出部分常用的数学计算方法。

表 5–3

| 方法名 | 功能描述 |
| --- | --- |
| static double abs(double a) | 返回一个 double 值的绝对值。基于重载技术，方法内的参数还可以是 int、float 等 |
| static double acos(double a) | 返回一个值的反余弦值，返回的角度范围从 0.0 ~ π |
| static double asin(double a) | 返回一个值的反正弦值，返回的角度范围在 −π/2 ~ π/2 |
| static double atan(double a) | 返回一个值的反正切值，返回的角度范围在 −π/2 ~ π/2 |
| static double cos(double a) | 返回一个角的三角余弦 |
| static double ceil(double a) | 返回最小的（最接近负无穷大）double 值，大于或等于参数，并等于一个整数 |
| static double floor(double a) | 返回最大的（最接近正无穷大）double 值，小于或等于参数，并等于一个整数 |
| static double log(double a) | 返回一个 double 值的自然对数（以 e 为底） |
| static double log10(double a) | 返回一个 double 值以 10 为底 |
| static double max(double a, double b) | 返回两个 double 值中较大的那一个。基于重载技术，方法内的参数类型可以说是 int、float 等 |
| static double min(double a, double b) | 返回两个 double 值较小的那一个。基于重载技术，方法内的参数类型可以说是 int、float 等 |
| static double pow(double a, double b) | 返回第一个参数的值，提升到第二个参数的幂 |
| static double random() | 返回一个无符号的 double 值，大于或等于 0.0 且小于 1.0 |
| static double sqrt(double a) | 返回正确舍入的一个 double 值的正平方根 |

下面的范例以表中的几个方法为例来说明这些方法的使用。

【范例 5–8】Math 类中的数学方法的使用（MathDemo.java）

```
01   public class MathDemo
02   {
03       public static void main(String args[])
04       {
05           //abs 求绝对值
06           System.out.println(" 绝对值：  " + Math.abs(-10.4));
07           //max 两个数中返回最大值
08           System.out.println(" 最大值：  " + Math.max(-10.1, -10));
09           // 两个数中返回最小值
10           System.out.println(" 最小值：  " + Math.min(1, 100));
11
12           //random 取得一个大于或者等于 0.0 小于不等于 1.0 的随机数
13           System.out.println("0～1 的随机数 1：  " + Math.random());
14           System.out.println("0～1 的随机数 2：  " + Math.random());
15
16           //round 四舍五入，float 时返回 int 值，double 时返回 long 值
17           System.out.println(" 四舍五入值为：  " + Math.round(10.1));
18           System.out.println(" 四舍五入值为：  " + Math.round(10.51));
19
20           System.out.println("2 的 3 次方值为：  " +  Math.pow(2,3));
21           System.out.println("2 的平方根为：  " + Math.sqrt(2));
22       }
23   }
```

保存并运行程序，结果如图 5-14 所示。

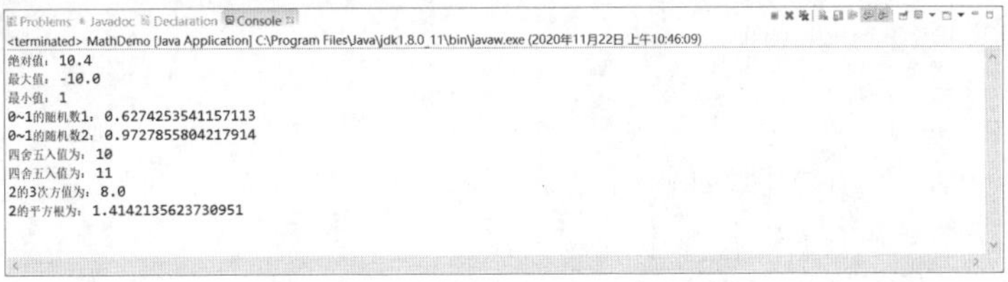

图 5-14

【范例分析】

由于 Math 中的方法都是静态的，不能定义对象，所以只能通过"类名.方法名()"的模式来使用。比如说产生一个随机数，就是 Math.random()（第 13 ～ 第 14 行），这两行的随机数值肯定是不一样的。但如果为了操作方法，我们需要产生一个随机对象，又该怎么办呢？这时候就需要用到下一个小节将讲到的 Random 类了。

### 5.6.2  Random 类的使用

Random 类是一个随机数产生器，随机数是按照某种算法产生的，一旦用一个初值（俗称种子）创建 Random 对象，就可以得到一系列的随机数。但如果用相同的"种子"创建 Random 对象，得到的随机数序列是相同的，这样就起不到"随机"的作用。针对这个问题，Java 设计者在 Random 类的 Random() 构造方法中，使用当前的时间来初始化 Random 对象，因为时间是单纬度地一直在

流逝，多次运行含有 Random 对象的程序，在不考虑并发的情况下，程序中调用 Random 对象的时刻是不相同的，这样就可以最大程度上避免产生相同的随机数序列。

为了产生一个随机数，需要先构造一个 Random 类的对象，然后利用如表 5-4 所示的方法。

表 5-4

| 方法名 | 功能 |
| --- | --- |
| nextInt(n) | 返回一个大于等于 0、小于 n（不包括 n）的随机整数 |
| nextDouble() | 返回一个大于等于 0、小于 1（不包括 1）的随机浮点数 |

比如说，如果我们要模拟掷骰子，就需要随机产生 1 ~ 6 的随机整数（simuDie），代码如下。

```
Random generator = new Random();
int simuDie = 1 + generator.nextInt(6);
```

注意，方法 nextInt(6) 产生随机整数的范围是 0 ~ 5，所以对于产生 1 ~ 6 的随机整数，上面第 2 行代码要进行 "+1" 操作。

# 5.7  综合应用——掷骰子

【范例 5-9】利用 Random 类来模拟掷骰子（RandomDemo.java）

```
01   import java.util.Random;
02   class RandomDie
03   {
04       private int sides;
05       private Random generator;
06       public RandomDie(int s)
07       {
08           sides = s;
09           generator = new Random( );
10       }
11       public int cast( )
12       {
13           return 1 + generator.nextInt(sides);
14       }
15   }
16   public class RandomDieSimulator
17   {
18       public static void main(String[] args)
19       {
20           int Num;
21           RandomDie die = new RandomDie(6);
22           final int TRIES = 15;
23
24           for (int i = 1; i <= TRIES; i++)
25           {
```

```
26            Num = die.cast();
27            System.out.print(Num + "");
28        }
29        System.out.println();
30    }
31 }
```

保存并运行程序，结果如图 5–15 所示。

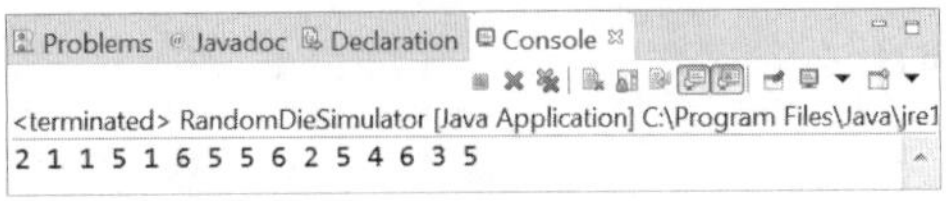

图 5–15

### 【代码详解】

第 05 行声明了一个私有的随机类对象引用 generator（此时这个引用的值为 null）。第 09 行利用 new 操作产生一个真正的 Random 对象，赋值给 generator，用于生成随机数（第 13 行）。在类 RandomDie 中，以公有接口的形式，例如，RandomDie(int s) 方法，其参数 s 作为输入信息指定随机数的范围，而 cast() 方法，则直接给用户返回一个合格的随机整数。整个流程的细节无需外漏给用户，采用工厂模式，封装在一个类中。

第 21 行指定随机整数的范围为 6，第 24 ~ 第 28 行利用 for 循环输出 15 个随机正数。

### 【范例分析】

利用 Random 随机产生一组数列，这种方式得到的结果事先是未知的。每次运行的结果都和前一次不同。

# 5.8　本章小结

(1) Java 语言中数组属于引用类型，每一个数组对象不仅包含一组具有相同数据类型的数据，还含有一个用来表示数组长度的属性 length。数组元素的访问可以通过数组名加下标的方式来进行，数组元素的下标从 0 开始。

(2) Java 语言提供了 String 类和 StringBuffer 类两个常用的字符串类，它们存在于 java.lang 包中。String 类的对象是一个字符序列不能改变的字符串，而 StringBuffer 类对象则是可以随时改变的。当经常需要对一个字符串所包含的字符序列进行修改时，使用 StringBuffer 类将更加方便与高效。

(3) Java 提供了在 Math 类中的常见数学方法，用于执行数学函数。

(4) Random 类位于 java.util 包中，主要用于生成伪随机数，它将种子数作为随机算法的起源数字，计算生成伪随机数，其与生成的随机数字的区间无关。创建 Random 实例时，若没有指定种子数，则会以当前时间作为种子数来计算生成伪随机数。

# 5.9　疑难解答

**问：Java 中 null 的使用应注意什么？**

**答：** Java 中变量通常遵循一个原则：先定义并初始化，然后再使用。有时候，我们定义一个类型变量，在刚开始的时候，无法给出一个明确的值，就可以用一个 null 来代替。

但是有一点需要注意的是，不可以将 null 赋给基本类型变量（如 int、float、double 等）。

**从零开始 ▎** Java程序设计基础教程（云课版）

比如：

> int a = null;

是错误的。

> Object a = null;

是正确的，这里 Object 是一个 class 类型。

**问：字符串对象的本质时什么？**

**答：**以下面的语句为例。

> String str = new String("Java");

上面这条语句，实际上，创建 String 对象有两个：一个是在堆内存的 "Java" 字符串对象，而另外一个是指向 "Java" 这个对象的引用 str。读者可以把对象的引用理解为一个智能指针（也就是内存地址）。

这个语句的理解，可以用一个比喻来说明。比如我们到一个宾馆住宿，宾馆管理人员（好比编译器）会同时给你发一个房间号，与此同时，也会给你分配一个真正的房间（堆内存）供你使用。这里，房间号就好比对象的引用，而你就是住在房间内的对象。宾馆管理人员是通过房间号来感知和操作对象的。

# 5.10  实战练习

(1) 编写程序，对 int[ ] a = {25, 24, 12, 76, 98, 101, 90, 28} 数组进行排序。排序算法有很多种，读者可先编写程序实现冒泡法排序。（注：冒泡排序也可能有多种实现版本，本题没有统一的答案）

(2) 编写程序，将实战练习 1 中的算法稍加改写，将排序算法改成"乱序算法"。（提示：所谓"乱序"，是跟"排序"相反，乱序是为了增加随机性，乱序在生活中模拟随机出现的事件中有很大的应用价值。编程时，需要使用导入 import java.util.Random，而且每次运行的结果都不同，这才体现出随机性）

(3) 编写一个 Java 程序，完成以下功能：

① 声明一个名为 name 的 String 对象，内容是 "Java is a general-purpose computer programming language that is concurrent, class-based, object-oriented."；

② 输出字符串的长度；

③ 输出字符串的第一个字符；

④ 输出字符串的最后一个字符；

⑤ 输出字符串的第一个单词；

⑥ 输出字符串 object-oriented 的位置（从 0 开始编号的位置）。

(4) 使用蒙特卡罗方法估算 π 值。（提示：利用 Random 类产生随机数的方法完成）

提示：1777 年，法国数学家布丰提出用投针实验的方法求圆周率 π，这被认为是蒙特卡罗方法的起源。本题中蒙特卡洛方法求 π 的思想是：单位正方形内部有一个相切的圆，它们的面积之比是 π/4。因为面是由点构成的，随机投射大量的点，当投点数量足够大的时候，圆内的点应该占到所有点的 π/4，因此将这个比值乘以 4，就是 π 的值。

(5) 当传递一个数组给方法时，一个新的数组被创建并且传递给方法。这种说法是真还是假？

# 第6章
# 类和对象

**本章导读**

类和对象是面向对象编程语言的重要概念。Java 是一种面向对象的语言，所以要熟练使用 Java 语言，就一定要掌握类和对象的使用。本章介绍面向对象的基本概念、面向对象的三个重要特征（封装性、继承性、多态性）以及声明创建类和对象（数组）的方法。

**本章课时：理论 3 学时 + 实践 3 学时**

## 学习目标

▶ 理解面向对象程序设计

▶ 面向对象的基本概念

▶ 类的声明与定义

▶ 类的属性

▶ 对象的声明与使用

# 6.1　理解面向对象程序设计

面向对象程序（Object Oriented Programming，OOP）设计，是继面向过程后的又一具有里程碑意义的编程思想，是现实世界模型的自然延伸。

## 6.1.1　面向对象程序设计简介

面向对象的思想主要基于抽象数据类型（Abstract Data Type，ADT）。在结构化编程过程中，人们发现，把某种数据结构和专用于操纵它的各种操作，以某种模块化方式绑定到一起会非常方便，做到"特定数据对应特定处理方法"，使用这种方式进行编程时数据结构的接口是固定的。如果对抽象数据类型进一步抽象，就会发现把这种数据类型的实例，当作一个具体的东西、事物、对象，可以引发人们对编程过程中怎样看待所处理的问题的一次大的改变，如图6-1所示。

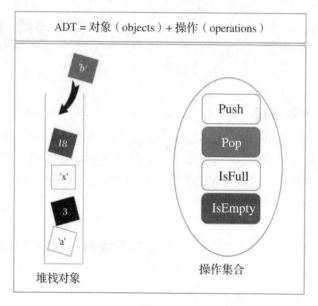

图 6-1

例如，抽象数据类型堆栈（stack）由4个操作定义：压栈 Push、出栈 Pop 以及查看堆栈是否满了（IsFull）还是空的（IsEmpty）。实现于程序时，抽象数据类型仅仅显现出其接口，并将其具体的实现细节加以隐藏。这表明，抽象数据类型可以用各种方法来实现它的每一个操作，只要遵循其接口就不会影响到用户。而对于用户而言，只需关心它的接口，而不是如何实现。这样一来，便可支持信息隐藏，或保护程序免受变化的冲击。

面向对象方法直接把所有事物都当作独立的对象，处理问题过程中所思考的，不再是怎样用数据结构来描述问题，而是直接考虑重现问题中各个对象之间的关系。可以说，面向对象革命的重要价值就在于，它改变了人们看待和处理问题的方式。

例如，在现实世界中桌子代表了所有具有桌子特征的事物，人类代表了所有具有人特征的生物。这个事物的类别映射到计算机程序中，就是面向对象中"类"（class）的概念。可以将现实世界中的任何实体都看作是对象。例如，在人类中有个叫张三的人，张三就是人类中的实体，对象之间通过消息相互作用，比如，张三这个对象和李四这个对象通过说话的方式相互传递消息。现实世界中的对象均有属性和行为，例如张三的属性为有：手、脚、脸等，行为有：说话、走路、吃饭等。

类似地，映射到计算机程序上，属性表示对象的数据，行为（或称操作）则表示对象的方法（其作用是处理数据或同外界交互）。现实世界中的任何实体都可归属于某类事物，任何对象都是某一类事物的实例。所以，在面向对象的程序设计中一个类可以实例化多个相同类型的对象。面向对象编程达到了软件工程的重用性、灵活性和扩展性3个主要目标。

### 6.1.2  面向对象程序设计的基本特征

下面，我们简述面向对象的程序设计的封装性、继承性、多态性3个主要特征。在后面的章节里，我们还会详细讲解这3个特征的应用。

（1）封装性（Encapsulation）：封装是一种信息隐蔽技术，它体现于类的说明，是对象的重要特性。封装把数据和加工该数据的方法（函数）打包成为一个整体，以实现独立性很强的模块，使得用户只能见到对象的外特性（对象能接收哪些消息，具有哪些处理能力），而对象的内特性（保存内部状态的私有数据和实现加工能力的算法）对用户是隐蔽的。封装的目的在于把对象的设计者和对象的使用者分开，使用者不必知晓其行为实现的细节，只需用设计者提供的消息来访问该对象。

（2）继承性（Inheritance）：继承性是子类共享其父类数据和方法的机制，由类的派生功能体现。一个类直接继承其他类的全部描述，同时可修改和扩充。继承具有传递性。继承分为单继承（一个子类有一父类）和多重继承（一个类有多个父类，在C++中支持，而Java不支持）。类的对象是各自封闭的，如果没有继承性机制，则类中的属性（数据成员）、方法（对数据的操作）就会出现大量重复。继承不仅支持系统的可重用性，而且促进系统的可扩充性。

（3）多态性（Polymorphism）：对象通常根据所接收的消息做出动作。当同一消息被不同的对象接收而产生完全不同的行动时，这种现象称为多态性。利用多态性，用户可发送一个通用的信息，而将所有的实现细节都留给接收消息的对象自行决定，于是同一消息即可调用不同的方法。例如，同样是run方法，飞鸟调用时是飞，野兽调用时是奔跑。

多态性的实现受到继承性的支持，利用类继承的层次关系，把具有通用功能的协议存放在类层次中尽可能高的地方（父类），而将实现这一功能的不同方法置于较低层次（子类），这样，在这些低层次上生成的对象，就能给通用消息以不同的响应。

综上可知，在面向对象方法中，对象和传递消息分别表现为事物及事物间的相互联系。方法是允许作用于该类对象上的各种操作。这种面向对象程序设计范式的基本要点，在于对象的封装性和类的继承性。通过封装，能将对象的定义和对象的实现分开，通过继承能体现类与类之间的关系，以及由此实现动态联编和实体的多态性，从而构成了面向对象的基本特征。

# 6.2  面向对象的基本概念

### 6.2.1  类

广义来讲，具有共同性质的事物的集合就称为类（class）。在面向对象程序设计中，类是一个独立的单位，它有一个类名，其内部包括成员变量，用于描述对象的属性；还包括类的成员方法，用于描述对象的行为。在Java程序设计中，类被认为是一种抽象的数据类型，这种数据类型不但包括数据，而且包括方法，这大大地扩充了数据类型的概念。

类是一个抽象的概念，要利用类的方式来解决问题，还必须用类创建一个实例化的对象，然后通过对象去访问类的成员变量，去调用类的成员方法来实现程序的功能。就如同"汽车"本身是一个抽象的概念，只有使用了一辆具体的汽车，才能感受到汽车的功能。

一个类可创建多个类对象，它们具有相同的属性模式，但可以具有不同的属性值。Java 程序为每一个对象都开辟了内存空间，以便保存各自的属性值。

### 6.2.2　对象

对象（object）是类的实例化后的产物。对象的特征分为静态特征和动态特征两种。静态特征是指对象的外观、性质、属性等，动态特征指对象具有的功能、行为等。人们将对象的静态特征抽象为属性，用数据来描述，在 Java 语言中称为类成员变量；将对象的动态特征抽象为行为，用一组代码来表示，完成对数据的操作，在 Java 语言中称为方法（method）。一个对象，是由一组属性和一系列对属性进行的操作（即方法）构成的。

在现实世界中，所有事物都可视为对象，对象就是客观世界里的实体。而在 Java 里，"一切皆为对象"。Java 是一门纯粹的面向对象编程语言，而面向对象（Object Oriented）的核心就是对象。要学好 Java，读者就需要学会使用面向对象的思想来考虑问题和解决问题。

### 6.2.3　类和对象的关系

类是对某一类事物的描述，是抽象的、概念上的定义；对象是实际存在的该类事物的个体，因而也称作实例（instance）。图 6-2 所示是一个说明类与对象关系的示意图。

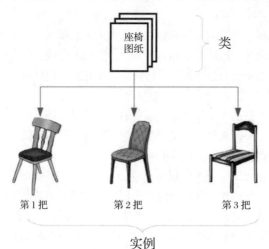

图 6-2

在图 6-2 中，座椅设计图就是"类"，由这个图纸设计出来的若干的座椅，就是按照该类产生的"对象"。可见，类描述了对象的属性和对象的行为，类是对象的模板。

对象是类的实例，是一个实实在在的个体，一个类可以对应多个对象。可见，如果将对象比作座椅，那么类就是座椅的设计图纸，所以面向对象程序设计，重点是类的设计，而不是对象的设计，如图 6-2 所示。

一个类按同种方法产生出来的多个对象，其初始状态都是一样的，但是修改其中一个对象的属性时，其他对象并不会受到影响。例如，修改第 1 把座椅（如锯短椅子腿）的属性时，其他的座椅不会受到影响。

再举一个例子来说明类与对象的关系。17 世纪德国著名的哲学家、数学家莱布尼茨（Leibniz，

1646—1716）曾有个著名的哲学论断："世界上没有两片完全相同的树叶。" 这里，我们用"类"与"对象"的关系来解释：类相同——它们都叫树叶，而对象各异——树叶的各个属性值（品种、大小、颜色等）是有区别的，如图 6-3 所示。从这个案例也可以得知，类（树叶）是一个抽象的概念，它是从所有对象（各片不同的树叶）提取出来的共有特征描述；对象（各片具体的不同树叶）则是类（树叶这个概念）的实例化。

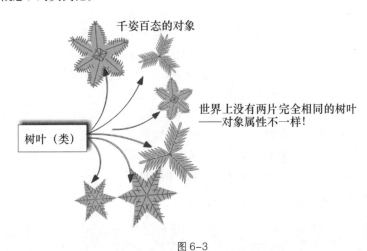

图 6-3

# 6.3　类的声明与定义

## 6.3.1　类的声明

在使用类之前，必须声明它，然后才可以声明变量，并创建对象。类声明的语法如下。

```
[ 标识符 ] class 类名称
{
    // 类的成员变量
    // 类的方法
}
```

可以看到，声明类使用的是 class 关键字。声明一个类时，在 class 关键字后面加上类的名称就创建了一个类，然后在类的里面定义成员变量和方法。

在上面的语法格式中，标识符可以是 public、private、protected 或者完全省略这个修饰符，类名称只要是一个合法的标识符即可，但从程序的可读性方面来看，类名称建议是由一个或多个有意义的单词连缀而成，形成自我注释（Self Documenting），每个单词首字母大写，单词间不要使用其他分隔符。

Java 提供了一系列的访问控制符，用以设置基于类（class）、变量（variable）、方法（method）及构造方法（constructor）等不同等级的访问权限。Java 的访问权限主要有 4 类。

（1）default（默认模式）。在默认模式下，不需为某个类、方法等不加任何访问修饰符。这类方式声明的方法和类，只允许在同一个包（package）内是可访问的。

（2）private（私有）。这是 Java 语言中对访问权限控制较严格的修饰符。如果一个方法、变量和构造方法被声明为"私有"访问，那么它仅能在当前声明它的类内部访问。需要说明的是，类和接口（interface）的访问方式是不能被声明为私有的。

（3）public（公有）。这是 Java 语言中访问权限控制较宽松的修饰符。如果一个类、方法、构造方法和接口等被声明为"公有"访问，那么它不仅可以被跨类访问，而且允许跨包访问。如果需要访问其他包里的公有成员，则需要事先导入（import）包含所需公有类、变量和方法等的那个包。

（4）protected（保护）。介于 public 和 private 之间的一种访问修饰符。如果一个变量、方法和构造方法在父类中被声明为"保护"访问类型，则只能被类本身的方法及子类访问，即使子类在不同的包中也可以访问。类和接口（interface）的访问方式是不能声明为保护类型的。

有关类的访问标识符，除了上述 4 个访问控制符，还可以是 final。关键字"final"，有"无法改变的"或者"一锤定音"的含义。一旦某个类被声明为 final，那这个 final 类不能被继承，因此 final 类的成员方法是没有机会被覆盖的。在设计类时，如果这个类不需要有子类，类的实现细节不允许改变，并且确信这个类不会再被扩展，那么就设计为 final 类。

下面举一个 Person 类的例子，以使读者清楚地认识类的组成。

【范例 6-1】类的组成使用（Person.java）

```
01   class Person
02   {
03     String name ;
04     int age ;
05     void talk()
06     {
07       System.out.println( " 我是: " + name + ", 今年: " + age + " 岁 ");
08     }
09   }
```

【代码详解】

程序首先用 class 声明了一个名为 Person 的类，在这里 Person 是类的名称。

第 03 和第 04 行声明了两个属性（即描述数据的变量）name 和 age，name 为 String（字符串类型），age 为 int（整型）。

第 05 ～ 第 08 行声明了一个 talk() 方法——操作数据（如 name 和 age）的方法，此方法用于向屏幕打印信息。为了更好地说明类的关系，可以参看图 6-4。因为这个 Person.java 文件并没有提供主方法（main），所以是不能直接运行的。

图 6-4

### 6.3.2 类的定义

在声明一个类后，还需要对类进行定义。定义类的语法如下。

```
class 类名称
{
数据类型 属性 ;          //0 到多个属性

类名称（参数…）          //0 个到多个构造方法
{

}

返回值的数据类型 方法名称（参数 1，参数 2…）  //0 到多个方法
{
    程序语句 ;
    return 表达式 ;
}
}
```

对一个类而言，构造方法（constructor，又称构造器或构造函数）、属性和方法是其常见的 3 种成员，它们都可以定义零个或多个。如果 3 种成员都只定义零个，那实际上是定义了一个空类，也就失去了定义类的意义。

类中各个成员之间，定义的先后顺序没有任何影响。各成员可相互调用，但值得注意的是，static 修饰的成员是不能被非 static 修饰的成员访问的。

属性，是用于定义该类实例所能访问的各种数据。方法，则是用于定义类中的行为特征或功能实现（即对数据的各种操作）。构造方法是一种特殊的方法，专用于构造该类的实例（如实例的初始化、分配实例内存空间等）。

定义一个类后，就可以创建类的实例了。创建类实例，是通过 new 关键字完成的。下面通过一个实例讲解如何定义并使用类。

【范例 6-2】类的定义使用（ColorDefine.java）

```
01   public class ColorDefine
02   {
03      String color = " 黑色 ";
04
05      void getMes()
06      {
07         System.out.println( " 定义类 " );
08      }
09
10      public static void main( String args[] )
```

```
11      {
12          ColorDefine b = new ColorDefine ();
13          System.out.println( b.color );
14          b.getMes();
15      }
16
17  }
```

程序运行结果如图 6-5 所示。

图 6-5

【范例分析】

在 ColorDefine 这个类中，第 03 行定义了一个 String 类型的属性 color，并赋初值"黑色"。第 05 ~ 第 08 行，定义了一个普通的方法 getMes()，其完成的功能是向屏幕输出字符串"定义类"。第 10 ~ 第 15 行，定义了一个公有访问的静态方法——main 方法。在 main 方法中，代码第 12 行中，定义了 ColorDefine 的对象 b，第 13 行输出了对象 b 的数据成员 color，第 14 行调用了对象的方法 getMes()。

可以看出，在类 ColorDefine 中，并没有构造方法（即与类同名的方法）。但事实上，如果用户没有显式定义构造方法，Java 编译器会自动提供一个默认的无参构造方法。

# 6.4　类的属性

类的属性也称为字段（field）或成员变量（member variable），但习惯上将它称为属性居多。

### 6.4.1　属性的定义

类的属性是变量。定义属性的语法如下。

[ 修饰符 ] 属性类型 属性名 [= 默认值 ]

属性语法格式的详细说明如下。

(1) 修饰符：修饰符可省略，使用默认的访问权限 default，也可以是显式的访问控制符 public、protected、private 及 static、final，其中 public、protected 和 private 这 3 个访问控制符只能使用其中之一，而 static 和 final 则可组合起来修饰属性。

(2) 属性类型：属性类型可以是 Java 允许的任何数据类型，包括基本类型（int、float 等）和引用类型（类、数组、接口等）。

(3) 属性名：从语法角度来说，属性名只要是一个合法的标识符即可。但如果从程序可读性角度来看，属性名应该由一个或多个有意义的单词（或能见名知意的简写）连缀而成，推荐的风格是第一个单词以小写字母作为开头，后面的单词则用大写字母开头，其他字母全部小写，单词间不使用其他分隔符，如 String studentNumber。

(4) 默认值：定义属性时还可以定义一个可选的默认值。

### 6.4.2　属性的使用

下面通过一个实例来讲解类的属性的使用。通过下面的实例，可以看出在 Java 中类属性和对象属性的不同使用方法。

【范例 6-3】类的属性组使用（usingAttribute.java）

```
01  public class usingAttribute
02  {
03      static String str1 = "string1";
04      static String str2;
05
06      String str3 ="stirng3";
07      String str4;
08
09      // static 语句块用于初始化 static 成员变量，是最先运行的语句块
10      static
11      {
12          printStatic( "before static" );
13          str2 = "string2";
14          printStatic( "after static" );
15      }
16      //输出静态成员变量
17      public static void printStatic( String title )
18      {
19          System.out.println( "---------" + title + "---------" );
20          System.out.println( "str1 = \"" + str1 + "\"" );
21          System.out.println( "str2 = \"" + str2 + "\"" );
22      }
23      //打印一次属性，然后改变 d 属性，最后再打印一次
24      public usingAttribute()
25      {
26          print( "before constructor" );
27          str4 = "string4";
28          print( "after constructor" );
29      }
30      //打印所有属性，包括静态成员
```

```
31    public void print( String title )
32    {
33        System.out.println( "---------" + title + "---------" );
34        System.out.println( "str1 = \"" + str1 + "\"" );
35        System.out.println( "str2 = \"" + str2 + "\"" );
36        System.out.println( "str3 = \"" + str3 + "\"" );
37        System.out.println( "str4 = \"" + str4 + "\"" );
38    }
39
40    public static void main( String[] args )
41    {
42        System.out.println( );
43        System.out.println( "--------- 创建 usingAttribute 对象 ---------" );
44        System.out.println( );
45        new usingAttribute( );
46    }
47 }
```

保存并运行程序，结果如图 6-6 所示。

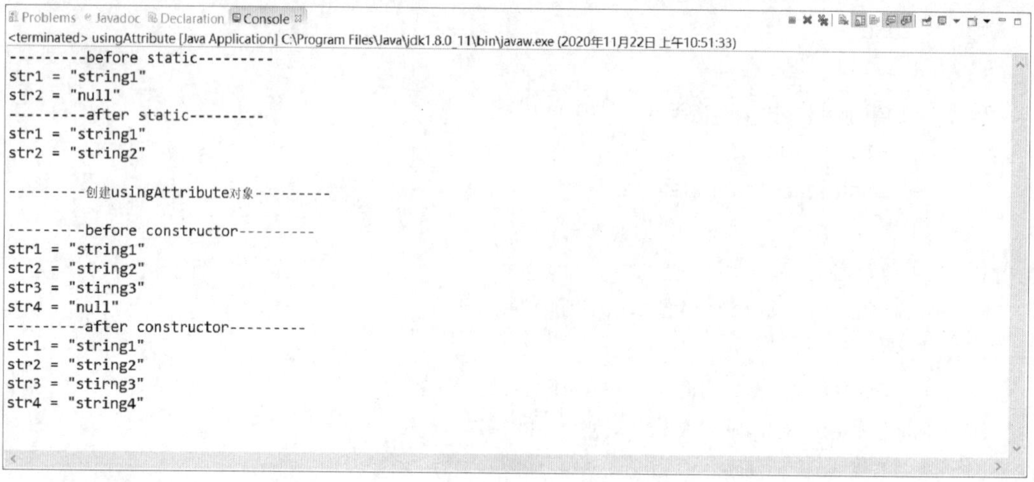

图 6-6

【范例分析】

第 03 ～ 第 04 行，定义了两个 String 类型的属性 str1 和 str2，由于它们是静态的，所以它们是属于类的，也就是属于这个类定义的所有对象共有，对象看到的静态属性值都是相同的。

第 06 ～ 第 07 行，定义了两个 String 类型的属性 str3 和 str4，由于它们是非静态的，所以它们是属于这个类所定义的对象私有的，每个对象都有这个属性，且各自的属性值可不同。

第 10 ～ 第 15 行，定义了静态方法块，它没有名称。使用 static 关键字加以修饰并用大括号 "{ }" 括起来的代码块称为静态代码块，用来初始化静态成员变量。如静态变量 str2 被初始化为 "string-2"。

第24 ~ 第29 行，定义了一个构造方法 usingAttribute ()，在这个方法中，使用了类中的各个属性。构造方法与类同名，且无返回值（包括 void），它的主要目的是创建对象。这里仅是为了演示，才使用了若干输出语句。实际使用过程中，这些输出语句不是必需的。

第31 ~ 第38 行，定义了公有方法 print()，用于打印所有属性值，包括静态成员值。

第40 ~ 第46 行，定义了常见的主方法 main()，在这个方法中，第45 行使用关键字 new 和构造方法 usingAttribute () 来创建一个匿名对象。

由输出结果可以看出，Java 类属性和对象属性的初始化顺序如下。

(1) 类属性（静态变量）定义时的初始化，如范例中的 static String str1 = "string-1"。

(2) static 块中的初始化代码，如范例中的 static {} 中的 str2 = "string-2"。

(3) 对象属性（非静态变量）定义时的初始化，如范例中的 String str3 = "stirng-3"。

(4) 构造方法（函数）中的初始化代码，如范例构造方法中的 str4 = "string-4"。

当然，这里只是为了演示 Java 类的属性和对象属性的初始化顺序。在实际的应用中，并不建议在类中定义属性时实施初始化，如例子中的字符串变量 str1 和 str3。

请读者注意，被 static 修饰的变量称为类变量（class's variables），它们被类的实例所共享。也就是说，某一个类的实例改变了这个静态值，其他这个类的实例也会受到影响。而成员变量（member variable）则是没有被 static 修饰的变量，为实例所私有，也就是说，每个类的实例都有一份自己专属的成员变量，只有当前实例才可更改它们的值。

static 是一个特殊的关键字，其直译就是"静态"的意思。它不仅用于修饰属性（变量）、成员，还可用于修饰类中的方法。被 static 修饰的方法，同样表明它是属于这个类共有的，而不是属于该类的单个实例，通常把 static 修饰的方法也称为类方法。

# 6.5 对象的声明与使用

在【范例 6-1】中，已创建好了一个 Person 的类，相信类的基本形式读者已经很清楚了。但是在实际中仅仅有类是不够的，类提供的只是一个模板，必须依照它创建出对象之后才可以使用。

## 6.5.1 对象的声明

下面定义了由类产生对象的基本形式。

```
类名 对象名 = new 类名 ( );
```

了解上述概念之后，相信读者会对【范例 6-2】以及【范例 6-3】有更加深刻的理解。创建属于某类的对象，需要通过下面两个步骤实现。

(1) 声明指向"由类所创建的对象"的变量。

(2) 利用 new 创建新的对象，并指派给先前所创建的变量。

举例来说，如果要创建 Person 类的对象，可用下列语句实现。

```
Person p1 ;          // 先声明一个 Person 类的对象 p
p1 = new Person() ; // 用 new 关键字实例化 Person 的对象 p1
```

当然也可以用下面的形式来声明变量，一步完成。

```
Person p = new Person()；   // 声明 Person 对象 p1 并直接实例化此对象
```

> 提示：对象只有在实例化之后才能被使用，而实例化对象的关键字就是 new。

对象实例化的过程如图 6-7 所示。

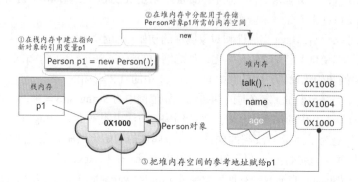

图 6-7

从图中可以看出，当语句执行到 Person p1 的时候，只是在"栈内存"中声明了一个 Person 对象 p1 的引用（reference），但是这个时候 p1 并没有在"堆内存"中开辟空间。对象的"引用"，在本质上就是一个对象在堆内存的地址，所不同的是，在 Java 中，用户无法像在 C/C++ 中那样直接操作这个地址，可以把这个"引用"理解为一个经过 Java 二次包装的智能指针。

本质上，"new Person()"就是使用 new 关键字来调用构造方法 Person()，创建一个真实的对象，并把这个对象在"堆内存"中占据的内存首地址赋予 p1，这时 p1 才能称为一个实例化的对象。

### 6.5.2　对象的使用

如果要访问对象里的某个成员变量或方法，可以通过下面的语法来实现。

```
对象名称 . 属性名        // 访问属性
对象名称 . 方法名 ()      // 访问方法
```

例如，要访问 Person 类中的 name 和 age 属性，可使用如下方法。

```
p1.name；  // 访问 Person 类中的 name 属性
p1.age；   // 访问 Person 类中的 age 属性
```

因此如果要将 Person 类的对象 p 中的属性 name 赋值为"张三"，年龄赋值为 25，则可采用下面的写法。

```
p1.name = "张三"；
p1.age = 25；
```

如果要调用 Person 中的 talk() 方法，可以采用下面的写法。

```
p1.talk()；  // 调用 Person 类中的 talk() 方法
```

### 6.5.3　匿名对象

匿名对象是指没有名字的对象。实际上，根据前面的分析，对于对象实例化的操作来讲，对象真正有用的部分是在堆内存里面，而栈内存只是保存了一个对象的引用名称（严格来讲是对象在堆内存的地址），所以所谓的匿名对象就是指，只开辟了堆内存空间，而没有栈内存指向的对象。在【范例6-3】的第45行，实际上就创建了一个匿名对象。

为了更为详细地了解匿名对象，请观察下面的代码。

【范例6-4】创建匿名对象

```
01    public class NoNameObject
02    {
03        public void say()
04        {
05            System.out.println(" 面朝大海，春暖花开！ ");
06        }
07
08        public static void main(String[] args)
09        {
10            // 这是匿名对象，没有被其他对象所引用
11            new NoNameObject().say();
12        }
13    }
```

保存并运行程序，结果如图6-8所示。

图6-8

【代码详解】

第11行，创建匿名对象，没有被其他对象所引用。如果第11行定义一个有名对象，如：

NoNameObject  newObj = new NoNameObject( );

那么调用类中的方法 say() 可很自然地写成：

newObj. say();

但是由于 "new NoNameObject( )" 创建的是匿名对象，所以就用 "NoNameObject()" 整体来作为新构造匿名对象的引用，它访问类中的方法，就如同普通对象一样，使用点运算符（ . ）。

NoNameObject().say();

匿名对象有以下两个特点。

(1) 匿名对象没有被其他对象所引用，即没有栈内存指向。

(2) 由于匿名对象没有栈内存指向，所以其只能使用一次，之后就变成无法找寻的垃圾对象，因此会被垃圾回收器收回。

# 6.6 综合应用——自报家门

【范例 6-5】使用 Person 类的对象调用类中的属性与方法的过程（ObjectDemo.java）

```
// 下面的范例说明了使用 Person 类的对象调用类中的属性与方法的过程
01    public class ObjectDemo
02    {
03        public static void main( String[] args )
04        {
05            Person p1 = new Person() ;
06            p1.name = "张三" ;
07            p1.age = 25 ;
08            p1.talk();
09        }
10    }
11
12    class Person
13    {
14        String name ;
15        int age ;
16        void talk()
17        {
18            System.out.println( "我是：" + name + "，今年：" + age + "岁" );
19        }
20    }
```

保存并运行程序，结果如图 6-9 所示。

图 6-9

【代码详解】

第 05 行声明了一个 Person 类的实例对象 p1，并通过 new 操作，调用构造方法 Person()，直接实例化此对象。

第 06 和第 07 行对 p1 对象中的属性（name 和 age）进行赋值。

第 08 行调用 p1 对象中的 talk() 方法，实现在屏幕上输出信息。

第 12 ～ 第 20 行是 Person 类的定义。

对照上述程序代码与图6-10所示的内容，即可了解到Java是如何对对象成员进行访问操作的。

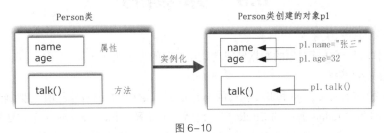

图 6-10

# 6.7 本章小结

(1) Java 是面向对象的程序设计语言，是使用对象、类、消息、封装、继承和多态等概念进行程序设计。

(2) 面向对象的程序设计关键是类的设计，Java 语言的类体由成员变量、构造方法和成员方法组成。

(3) Java 的对象是引用数据类型，通过引用对象可以操作对象实例，当对象的实例无任何引用时，就会变成垃圾，Java 具有自动的垃圾回收机制，对象的释放不需要程序员管理。

(4) Java 存在按值传递和按地址传递两种参数传递规则。

# 6.8 疑难解答

**问：栈内存和堆内存的区别是什么？**

**答：** 在 Java 中，栈（stack）是由编译器自动分配和释放的一块内存区域，主要用于存放一些基本类型（如 int、float 等）的变量、指令代码、常量及对象句柄（也就是对象的引用地址）。

栈内存的操作方式，类似于数据结构中的栈（仅在表尾进行插入或删除操作的线性表）。栈的优势在于，它的存取速度比较快，仅次于寄存器，栈中的数据还可以共享。其缺点表现为，存在栈中的数据大小与生存期必须是确定的，缺乏灵活性。

堆（heap）是一个程序运行动态分配的内存区域。在 Java 中，构建对象时所需要的内存从堆中分配。这些对象通过 new 指令"显式"建立，放弃分配方式类似于数据结构中的链表。堆内存在使用完毕后，是由垃圾回收（Garbage Collection，简称 GC）器"隐式"回收的。在这一点上，与 C/C++ 有显著不同的。在 C/C++ 中，堆内存的分配和回收都是显式的，均由用户负责，如果用户申请了堆内存，而在使用后忘记释放，则会产生"内存溢出"问题——可用内存存在，而其他用户却无法使用。

堆的优势是在于，可以动态地分配内存大小，可以"按需分配"，其生存期也不必事先告诉编译器，在使用完毕后，Java 的垃圾收集器会自动收走这些不再使用的内存块。其缺点为，由于要在运行时才动态分配内存，相比于栈内存，它的存取速度较慢。

由于栈内存比较小，所以如果栈内存不慎耗尽，就会产生著名的堆栈溢出（stack overflow）问题，这能导致整个运行中的程序崩溃（crash）。

# 6.9　实战练习

(1) 类和对象有什么关系？

(2) 哪个操作符用于访问对象的数据域或者调用对象的方法？

(3) 什么是匿名对象？

(4) 定义一个包含 name、age 和 like 属性的 Person 类，实例化并给对象赋值，然后输出对象属性。

(5) 定义一个包含 radius 属性的 Circle 类，包括一个计算面积的 getArea（）方法和一个计算周长的 getPerimeter（）方法，在包外编写测试程序，并输出测试对象的周长和面积。

# 第 7 章
# 方法

**本章导读**

在面向对象的程序设计中，方法是一个很重要的概念，体现了面向对象三大要素中"封装"的思想。"方法"又称为"函数"，在其他的编程语言中都有类似的概念，其重要性是不言而喻的。在本章读者将学到如何定义和使用方法，以及学会使用方法的再一次抽象——代码块。

**本章课时：理论 2 学时 + 实践 2 学时**

## 学习目标

▶ **方法的基本定义**

▶ **方法的使用**

▶ **方法中的形参与实参**

▶ **方法的重载**

▶ **构造方法**

▶ **在方法内部调用方法**

▶ **static 方法**

# 7.1 方法的基本定义

在前面章节的范例中，我们经常需要用到某两个整数之间的随机数。有读者可能想过把这部分代码写成一个模块——将常用的功能封装在一起，不必再"复制和粘贴"这些代码，然后直接采用这个功能模块的名称，就可以达到相同的效果。其实使用 Java 中的"方法"机制，就可以解决这个问题的。

方法（method）用来实现类的行为。一个方法，通常是用来完成一项具体的功能（function），所以方法在 C++ 中也称为成员函数（member function）。英文"function"的两层含义（函数与功能）在这里都能得到体现。

在 Java 语言中，每条指令执行都是在某个特定方法的上下文中完成的。一般方法的运用原理大致如图 7-1 所示。可以把方法看成完成一定功能的"黑盒"，方法的使用者（对象）只要将数据传递到方法体内（要么通过方法中的参数传递，要么通过对象中的数据成员共享），就能得到结果，而无需关注方法的具体实现细节。当我们需要改变对象的属性（状态）值时，就让对象去调用对应的方法，方法通过对数据成员（实例变量）一系列的操作后，再将操作的结果返回。

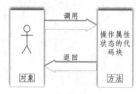

图 7-1

在 Java 中，方法定义在类中，它和类的成员属性（数据成员）一起构建一个完整的类。构成方法有返回值类型、方法名称、参数、方法体 4 大要素。这是一种标准，在大多数编程语言中是通用的。

所有方法均在类中定义和声明。一般情况下，定义一个方法的语法如下。

```
修饰符 返回值类型 方法名 (参数列表)
{
    //方法体
    return 返回值;
}
```

方法包含一个方法头（method header）和一个方法体。图 7-2 以一个 max 方法来说明一个方法的组成部分。

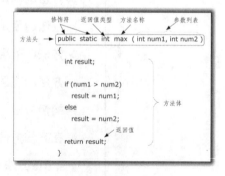

图 7-2

方法头包括修饰符、返回值类型、方法名称和参数列表等，下面一一给予解释。

修饰符（modifier）：定义了该方法的访问类型。这是可选的，它告诉编译器以什么形式调用该方法。

返回值类型（return type）：指定了方法返回的数据类型。它可以是任意有效的类型，包括构造类型（类就是一种构造类型）。如果方法没有返回值，则其返回类型必须是 void。方法体中的返回值类型，要与方法头中声明的返回值类型一致。

方法名称（method name）：方法名称的命名规则遵循 Java 标识符命名规范，但通常方法名称以英文中的动词开头。这个名字可以是任意合法标识符。

参数列表（parameter list）：参数列表是由类型、标识符对组成的序列，除了最后一个参数外，每个参数之间用逗号（","）分开。实际上，参数就是方法被调用时接收传递过来的参数值的变量。如果方法没有参数，那么参数表为空，但是圆括号不能省略。参数列表可将该方法需要的一些必要数据传给该方法。方法名称和参数列表共同构成方法签名，一起来标识方法的身份信息。

方法体（body）：方法体中存放的是封装在 { } 内部的逻辑语句，用以完成一定的功能。

方法（或称函数）在任何一种编程语言中都很重要，它们的实现方式大同小异。方法是对逻辑代码的封装，使程序结构完整、条理清晰，便于后期的维护和扩展。面向对象的编程语言将这一特点进一步放大，通过对方法加以权限修饰（如 private、public、protected 等），我们可以控制方法能够以什么方式、在何处被调用。灵活地运用方法和权限修饰符，对编码的逻辑控制非常有帮助。

# 7.2 方法的使用

下面通过实例讲解方法的使用。在 Person 类中有 3 个方法，在主函数中分别通过对象调用了这3 个方法。

【范例 7-1】方法的使用（PersonTest.java）

```
01   class Person
02   {
03      String name ;      // 没有封装
04      int age ;          // 没有封装
05      void talk()
06      {
07         System.out.println( "我是："+ name + "，今年："+ age +"岁" ) ;
08      }
09      void setName(String name)
10      {
11         this.name = name ;
12      }
13      void setAge(int age )
14      {
15         this.age = age ;
16      }
```

```
17     }
18
19     public class PersonTest
20     {
21
22       public static void main(String[] args)
23       {
24         Person p1 = new Person( ) ;
25         p1.setName( "张三" );
26         p1.setAge( 32 );
27         p1.talk( );
28       }
29
30     }
```

保存并运行程序，结果如图 7-3 所示。

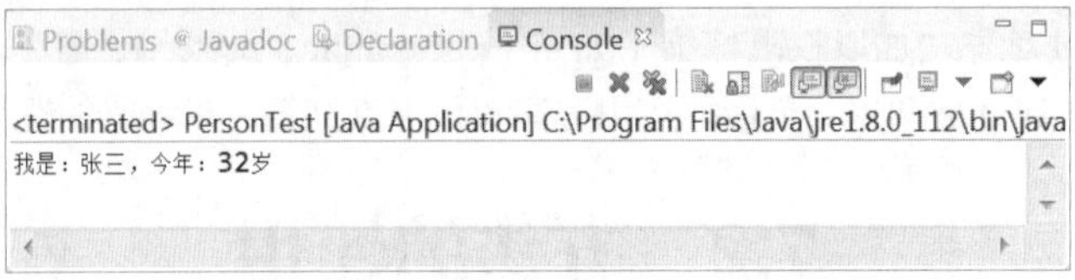

图 7-3

【代码详解】

第 05 ~ 第 08 行定义了 talk( ) 方法，用于输出 Person 对象的 name 和 age 属性。

第 09 ~ 第 12 行定义了 setName( ) 方法，用于设置 Person 对象的 name 属性。

第 13 ~ 第 16 行定义了 setAge( ) 方法，用于设置 Person 对象的 age 属性。

从上面描述 3 个方法所用的动词"输出""设置"，就可以印证我们前面的论述，方法是操作对象属性（数据成员）的行为。这里的"操作"可以广义地分为读和写两大类。读操作的主要目的是"获取"对象的属性值，这类方法可统称为 Getter 方法。写操作的主要目的是"设置"对象的属性值，这类方法可统称为 Setter 方法。因此，在 Person 类中，talk( ) 方法属于 Getter 类方法，setName( ) 和 setAge( ) 方法属于 Setter 类方法。

代码第 24 行声明了一个 Person 类的对象 p1，第 25 ~ 第 27 行分别通过点运算符调用了对象 p1 的 setName()、setAge() 及 talk() 方法。

事实上，由于类的属性成员 name 和 age 前并没有访问权限控制符（第 03 ~ 第 04 行），由前面章节讲解的知识可知，变量和方法前不加任何访问修饰符属于默认访问控制模式。在这种模式下的方法和属性，在同一个包（package）内是可访问的。因此，在本例中，setName()、setAge() 其实并不是必需的，第 25 ~ 第 26 行的代码完全可以用下面的代码代替，而运行的结果是相同的。

```
25       p1.name ="张三";
26       p1.age = 32;
```

这样看来，新的操作方法似乎更加便捷。但是上述的描述方式，违背了面向对象程序设计的一个重要原则——数据隐藏（data hiding），也就是封装性，这个概念我们将在下一章详细讲解。

# 7.3  方法中的形参与实参

如果有传递消息的需要，在定义一个方法时，参数列表中的参数数量至少为 1 个，有了这样的参数，才有将外部传递消息传送本方法的可能。这些参数称为形式参数，简称形参（parameter）。

而在调用这个方法时，需要调用者提供与原方法定义相匹配的参数（类型、数量及顺序都一致），这些实际调用时提供的参数，称为实际参数，简称实参（argument）。图 7-4 以一个方法 max(int,int) 为例说明了形参和实参的关系。

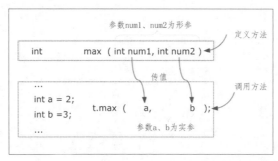

图 7-4

形参和实参的关系如下。

(1) 形参变量隶属于方法体，也就是说它们是方法的局部变量，只在被调用时才被创建，才被临时性地分配内存，在调用结束后，立即释放所分配的内存单元。也就是说，当方法调用返回后，就不能再使用这些形参了。

(2) 在调用方法时，实参和形参在数量、类型、顺序上应严格保证一一对应的关系，否则就会出现参数类型不匹配的错误，从而导致调用方法失败。例如，假设 t 为包含 max 方法的一个对象，下面调用 max 方法时，提供的实参是不合法的。

```
t.max（12.34, 56.78）; // 与形参类型不匹配：形参类型为 int，而实参为 double
t.max（12）;        // 与形参数量不匹配：形参数量是 2 个，而实参数量为 1 个
```

# 7.4  方法的重载

假设有下面的场景，需要设计一系列方法，它们的功能相似：都是输入某基本数据类型数据，返回对应的字符串，例如，若输入整数 12，则返回长度为 2 的字符串 "12"，若输入单精度浮点数 12.34，则返回长度为 5 的字符串 "12.34"，输入布尔类型值为 false，则返回字符串 "false"。

由于基本数据类型有 8 个（byte、short、int、long、char、float、double 及 boolean），所以就需要设计 8 个有着类似功能的方法。因为这些方法的功能类似，如果它们都叫相同的名称，例如 valueOf()，对用户而言，就非常方便——方便取名、方便调用及方便记忆，但这样编译器就会"糊涂"了，因为它不知道该如何区别这些方法。

同样，编译器为了区分这些函数，除了用方法名这个特征外，还会用到方法的参数列表区分不同的方法。方法的名称及其参数列表（参数类型＋参数个数）一起构成了方法的签名（method signature）。

就如同在正式文书上，人们通过签名来区分不同人一样，编译器也可通过不同的方法签名来区分不同的方法。这种使用方法名相同但参数列表不同的方法签名机制，称为方法的重载（method overload）。

在调用的时候，编译器会根据参数的类型或数量不同来执行不同的方法体代码。下面的范例演示了 String 类下的重载方法 valueOf 的使用情况。

【范例 7-2】重载方法 valueOf 的使用演示（OverloadValueOf.java）

```
01    import java.lang.String ;
02    public class OverloadValueOf
03    {
04      public static void main(String args[]){
05
06        byte num_byte  = 12;
07        short num_short  = 34;
08        int num_int  = 12345;
09        float num_float  = 12.34f;
10        boolean b_value  = false;
11
12        System.out.println(" Value of num_byte is " + String.valueOf(num_byte));
13        System.out.println(" Value of  num_short is " + String.valueOf(num_short));
14        System.out.println(" Value of  num_int is "+ String.valueOf(num_int));
15        System.out.println(" Value of  num_float is " + String.valueOf(num_float));
16        System.out.println(" Value of  b_value is " + String.valueOf(b_value));
17
18      }
19    }
```

保存并运行程序，结果如图 7-5 所示。

图 7-5

【代码详解】

第 12 ~ 第 16 行分别使用了 String 类下静态重载方法 valueOf()。这些方法虽然同名，都叫

valueOf()，但它们的方法签名是不一样的，因为方法的签名不仅仅限于方法名称的区别，还包括方法参数列表的区别。第 12 行调用的 valueOf() 方法的形参类型是 byte。第 13 行调用的 valueOf() 方法的形参类型是 short，第 16 行调用的 valueOf( ) 方法的形参类型是 boolean。读者可以看到，使用方法重载机制，在进行方法的调用时就省了不少的麻烦，对于相同名称的方法体，由编译器根据参数列表的不同来区分调用哪一个方法体。

【范例 7-3】重载方法 println 的使用（ShowPrintlnOverload.java）

```
01    public class ShowPrintlnOverload
02    {
03      public static void main(String args[])
04      {
05          System.out.println(123) ;  // 输出整型 int
06          System.out.println(12.3) ; // 输出双精度型 double
07          System.out.println('A') ;  // 输出字符型 char
08          System.out.println(false) ; // 输出布尔型 boolean
09          System.out.println("Hello Java!") ;// 输出字符串类型 String
10      }
11    }
```

输出结果如图 7-6 所示。

图 7-6

【范例分析】

现在，我们来重新解读"System.out.println()"的含义。System 在 java.lang 包中定义了一个内置类，在该类中定义了一个静态对象 out，由于静态成员是属于类成员的，所以它的访问方式是"类名 . 成员名"，即 System.out。在本质上，out 是 PrintStream 类的实例对象，println() 则是 PrintStream 类中定义的方法。回顾上面的一段程序，就会发现，在前面章节中广泛使用的方法 println() 也是重载而来的，因为第 05 ~ 第 09 行的"System.out.println()"可以输出不同的数据类型，相同的方法名 + 不同的参数列表是典型的方法重载特征。

在读者自定义设计重载方法时，需要注意 3 点，即这些重载方法之间：

(1) 方法名称相同。

(2) 方法的参数列表不同（参数数量、参数类型、参数顺序，至少有一项不同）。

(3) 方法的返回值类型和修饰符不做要求，可以相同，也可以不同。

# 7.5　构造方法

"构造"一词来自于英文"Constructor"，中文常译为"构造器"，又称为构造函数（C++中）或构造方法（Java中）。构造方法与普通方法的差别在于，构造方法是专用于在构造对象时初始对象成员的，其名称和其所属类名相同。下面详细介绍构造方法的创建和使用。

## 7.5.1　构造方法的概念

所谓构造方法，就是在每一个类中定义的，并且是在使用关键字 new 实例化一个新对象时默认调用的方法。在 Java 程序里，构造方法所完成的主要工作，就是对新创建对象的数据成员赋初值。可将构造方法视为一种特殊的方法，其定义方式如下。

```
class 类名称
{
    访问权限  类名称（类型 1 参数 1，类型 2 参数 2…）  // 构造方法
    {
        程序语句；
        … // 构造方法没有返回值
    }
}
```

在使用构造方法的时候需注意以下几点。

（1）构造方法名称和其所属的类名必须保持一致。

（2）构造方法没有返回值，也不可以使用 void。

（3）构造方法也可以像普通方法一样被重载（参见 7.4 节）。

（4）构造方法不能被 static 和 final 修饰。

（5）构造方法不能被继承，子类使用父类的构造方法需要使用 super 关键字。

构造方法除了没有返回值，且名称必须与类的名称相同之外，它的调用时机也与普通方法有所不同。普通方法是在需要时才调用，而构造方法则是在创建对象时就自动"隐式"地执行。因此，构造方法无需在程序中直接调用，而是在对象产生时自动执行一次。通常，用它来对对象的数据成员进行初始化。下面的范例说明了构造方法的使用。

【范例 7-4】Java 中构造方法的使用（TestConstruct.java）

```
01   public class TestConstruct
02   {
03       public static void main( String[] args )
04       {
05           Person  p = new Person (12);
06           p.show( "Java 构造方法的使用演示 !" );
07       }
08   }
09
```

```
10    class Person
11    {
12        public Person(int x)
13        {
14            a = x;  // 用构造方法的参数 x 来初始化私有变量 a
15            System.out.println( " 构造方法被调用 ..." );
16            System.out.println( "a = " + a );
17        }
18
19        public void show( String msg )
20        {
21            System.out.println( msg );
22        }
23
24        private int a;
25    }
```

保存并运行程序，结果如图 7-7 所示。

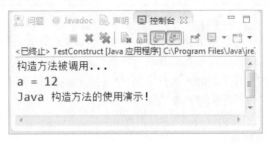

图 7-7

【代码详解】

第 10 ~ 第 25 行声明了一个 Person 类。为了简化起见，此类中只有 Person 的构造方法 Person( ) 和显示信息的方法 show()。

第 12 ~ 第 17 行声明了一个 Person 类的构造方法 Person( )，此方法含有一个对私有变量 b 赋初值的语句（第 14 行）和两个输出语句（第 15 和第 16 行）。事实上，输出语句并不是构造方法必需的功能，这里它们主要是为了验证构造方法是否被调用及初始化是否成功。

观察 Person( ) 这个方法，可以发现，它的名称和类名称一致，且没有任何返回值（即使 void 也不被允许）。

第 05 行实例化了一个 Person 类的对象 p，此时会自动调用 Person 类的构造方法 Person()，在屏幕上打印出 "构造方法被调用 ..."。

第 06 行调用了 Person 中的 show 方法，输出指定信息。

【范例分析】

从这个程序中读者不难发现，在类中声明的构造方法，会在实例化对象时自动调用且只被调用一次。

读者可能会问，在之前的程序中用同样的方法来产生对象，但是在类中并没有声明任何构造方法，程序不也一样可以正常运行吗？实际上，读者在执行javac编译Java程序的时候，如果在程序中没有明确声明一个构造方法，那么编译器会自动为该类添加一个无参数的构造方法，类似于表7-1所示的代码。

表7-1

| 定义一个 Book 类 | 编译器会为 Book 类做一些"幕后"工作 |
| --- | --- |
| class Book<br>{<br>// 用户没有定义任何构造方法<br>} | class Book<br>{<br>    public Book()<br>    {<br>    // 这是系统自动添加的一个无参构造方法<br>    }<br>} |

这样一来，就可以保证每一个类中至少存在一个构造方法（也可以说没有构造方法的类是不存在的），所以在之前的程序之中虽然没有明确地声明构造方法，但也是可以正常运行的。

> 提示：既然构造方法上不能有返回值，那么为什么不能写上 void 呢？对于一个构造方法 public Book() {} 和一个普通方法 public void Book() {}，二者的区别在于，如果构造方法上写上 void，那么其定义的形式就与普通方法一样了。读者应记住，构造方法是在一个对象实例化的时候只调用一次的方法，而普通方法则可通过一个实例化对象调用多次。正是因为构造方法的特殊性，它才有了特殊的语法规范。

### 7.5.2 构造方法的重载

在 Java 里，普通方法是可以重载的，而构造方法在本质上也是方法的一种特例，因此它也可以重载。构造方法的名称是固定的，它们必须和类名保持一致，那么构造方法的重载自然要体现参数列表的不同。也就是说，多个重载的构造方法彼此之间参数数量、参数类型和参数顺序至少有一项是不同的。只要构造方法满足上述条件，便可定义多个名称相同的构造方法。这种做法在 Java 中是常见的，请看下面的程序。

【范例7-5】构造方法的重载（ConstructOverload.java）

```
01  class Person
02  {
03      private String name;
04      private int age;
05  // 含有一个整型参数的构造方法
06      public Person(int age)
07      {
08          name = "Yuhong";  // 只提供一个参数，则用 Yuhong 初始化 name
09          this.age = age;
10      }
```

```
11      // 含有一个字符串型的参数和一个整型参数的构造方法
12      public Person(String name, int age)
13      {
14          this.name = name;
15          this.age = age;
16      }
17      public void talk( )
18      {
19          System.out.println("我叫: " + name + " 我今年: " + age +"岁");
20      }
21 }
22 public class ConstructOverload
23 {
24      public static  void main(String[] args)
25      {
26          Person p1 = new Person(32);
27          Person p2 = new Person("Tom", 38);
28          p1.talk();
29          p2.talk();
30      }
31 }
```

保存并运行程序，结果如图7-8所示。

图 7-8

【代码详解】

第01~第21行声明了一个名为Person的类，类中有两个私有属性name与age、一个方法talk( )以及两个构造方法Person( )，它们彼此的参数列表不同，因此所形成的方法签名也是不一致的，这两个方法名称都叫Person，故构成构造方法的重载。

前者（第06~第10行）只有一个整型参数，只够用来初始化一个私有属性（age），所以用默认值"Yuhong"来初始化另外一个私有属性（name）（第08行）。后者（第12~第16行）的构造方法中有两个形参，刚好够用来初始化类中的两个私有属性（name和age）。

但为了区分构造方法中的形参name和age与类中的两个同名私有变量，在第14~第15行中，用关键字this来表明赋值运算符（"="）的左侧变量是来自于本对象的成员变量（在第03~第04行定义），而等号"="右侧的变量则是来自于构造方法的形参，它们是作用域仅限于构造方法的局部变量。构造方法中两个this引用表示"对象自己"。

在本例中，即使删除"this."不影响运行结果，但可读性比较差，容易造成理解混淆。事实上，为了避免这种同名区分上的困扰，构造方法中的参数名称可以是任何合法的标识符（如myName， myAge 等），不一定非要"凑热闹"，整得和类中的属性变量相同。

第 26 行创建一个 Person 类对象 p1，并调用 Person 类中含有一个参数的构造方法 Person(int age)，并给 age 初始化为 32，而 name 的值则采用默认值"Yuhong"。

第 27 行再次创建一个 Person 类对象 p2，调用 Person 类中含有两个参数的构造方法 Person（String name, int age），给 name 和 age 分别初始化为"Tom"和"38"。

第 28 行和第 29 行调用对象 p1 和 p2 的 talk() 方法，输出相关信息。

【范例分析】

从本范例可以发现，构造方法的基本功能就是对类中的属性初始化，在程序产生类的实例对象时，将需要的参数由构造方法传入，之后再由构造方法为其内部的属性进行初始化，这是在一般开发中经常使用的技巧。但是有一个问题需要读者注意，就是无参构造方法的使用。请看下面的程序。

【范例 7-6】使用无参构造方法时产生的错误（ConstructWithNoPara.java）

```
01    public class ConstructWithNoPara
02    {
03      public static void main( String[] args )
04      {
05        Person p = new Person(); // 此行有错误，不存在无参数的构造方法
06        p.talk();
07      }
08    }
09
10    class Person
11    {
12      private String name;
13      private int age;
14
15      public Person( int age )
16      {
17        name = "Yuhong";
18        this.age = age;
19      }
20
21      public Person( String name, int age )
22      {
23        this.name = name;
24        this.age = age;
25      }
26
27      public void talk()
28      {
29        System.out.println( "我叫：" + name + " 我今年：" + age + "岁");
```

```
30      }
31    }
```

保存并运行程序，结果如图 7-9 所示。

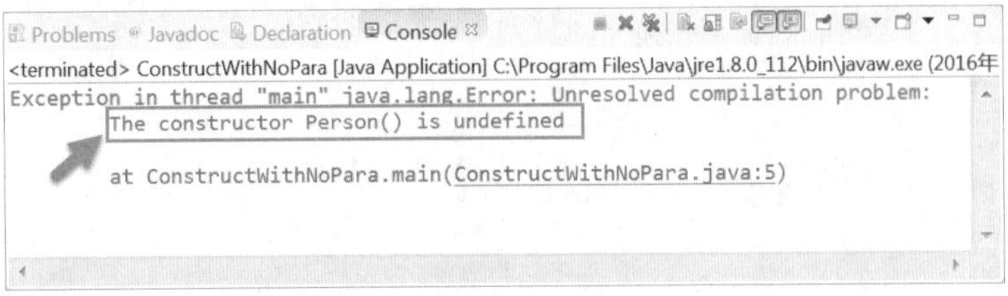

图 7-9

## 【范例分析】

可以发现，在编译程序第 05 行时发生了错误，这个错误说找不到 Person 类的无参数的构造方法（The constructor Person() is undefined）。在前面的章节中，我们曾经提过，如果程序中没有声明构造方法，程序就会自动声明一个无参数的构造方法，可是现在却发生了找不到无参数构造方法的问题，这是为什么呢？

读者可以发现第 15 ~ 第 19 行和第 21 ~ 第 25 行声明了两个有参数的构造方法。在 Java 程序中，一旦显式声明了构造方法，那么默认的"隐式的"构造方法，就不会被编译器生成。要解决这一问题，只需要简单地修改 Person 类，就可以达到目的，即在 Person 类中明确地声明一个无参数的构造方法，如【范例 7-7】所示。

## 【范例 7-7】正确使用无参数构造方法（ConstructOverload.java）

```
01   public class ConstructOverload
02   {
03         public static void main( String[] args )
04         {
05               Person p = new Person();
06               p.talk();
07         }
08   }
09
10   class Person
11   {
12         private String name;
13         private int age;
14
15         public Person()
16         {
17               name = "Yuhong";
18               age = 32;
```

```
19              }
20
21          public Person( int age )
22          {
23                  name = "Yuhong";
24                  this.age = age;
25          }
26
27          public Person( String name, int age )
28          {
29                  this.name = name;
30                  this.age = age;
31          }
32
33          public void talk()
34          {
35                  System.out.println( "我叫: " + name + " 我今年: " + age + "岁" );
36          }
37  }
```

保存并运行程序，结果如图 7-10 所示。

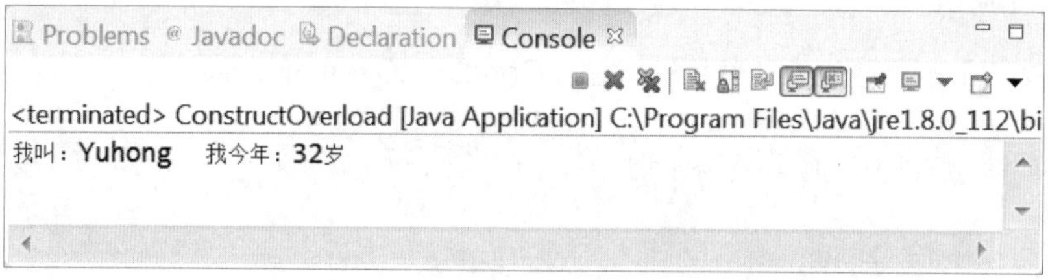

Problems @ Javadoc Declaration Console

&lt;terminated&gt; ConstructOverload [Java Application] C:\Program Files\Java\jre1.8.0_112\bi

我叫: Yuhong   我今年: 32岁

图 7-10

可以看到，在程序的第 15 ~ 第 19 行声明了一个无参数的构造方法，此时再编译程序，就可以正常编译，而不会出现错误了。无参数构造方法由于无法从外界获取赋值信息，就用默认值（"Yuhong"和 32）初始化了类中的数据成员 name 和 age（第 17 ~ 第 18 行）。第 05 行定义了一个 Person 类对象 p，p 使用了无参数的构造方法 Person() 来初始化对象中的成员。第 06 行输出的结果就是默认的 name 和 age 值。

### 7.5.3  构造方法的私有化

由上面的分析可知，可以根据实际需要，将一个方法设置为不同的访问权限——public（公有访问）、private（私有访问）或默认访问（即方法前没有修饰符）。同样，构造方法也可以有 public 与 private 之分。

到目前为止，前面的范例所使用的构造方法均属于 public，它可以在程序的任何地方被调用，所以新创建的对象也都可以自动调用它。但如果把构造方法设为 private，那么其他类中就无法调用该构造方法。换句话说，在本类之外，就不能通过 new 关键字调用该构造方法创建该类的实例化对象。请观察下面的代码。

【范例 7-8】构造方法的私有化（PrivateCallDemo.java）

```
01    public class PrivateDemo
02    {
03        // 构造方法被私有化
04        private PrivateDemo() {}
05        public void print()
06        {
07            System.out.println("Hello Java!") ;
08        }
09    }
10
11    // 实例化 PrivateDemo 对象
12    public class PrivateCallDemo
13    {
14        public static void main(String args[])
15        {
16            PrivateDemo demo = null ;
17            demo = new PrivateDemo() ; // 出错，因该构造方法在外类中是不可见的
18
19            demo.print() ;
20        }
21    }
```

保存上述程序，编译时会出现如图 7-11 所示的错误。

图 7-11

【范例分析】

在第 04 行中，由于 PrivateDemo 类的构造方法 PrivateDemo() 被声明为 private（私有访问），所以该构造方法在外类是不可访问的，或者说它在其他类中是不可见的（The constructor PrivateDemo() is not visible）。所以在第 17 行，试图使用 PrivateDemo() 方法来构造一个 PrivateDemo 类的对象是不可行的。因此才有了上述的编译错误。

读者可能会问，如果将构造函数私有化会导致一个类不能被外类使用，从而不能实例化构造新的对象，那为什么还要将构造方法私有化，私有化构造方法有什么用途呢？事实上，构造方法虽然被私有化，但并不一定是说此类不能产生实例化对象，只是产生这个实例化对象的位置有所变化，

即只能在私有构造方法所属类中产生实例化对象。例如，在该类的 static void main() 方法中使用 new 来创建。请读者观察下面的范例代码。

【范例 7-9】构造方法的私有使用范例（PrivateConstructor.java）

```
01    public class PrivateConstructor
02    {
03
04        private PrivateConstructor()
05        {
06            System.out.println("Private Constructor \n 构造方法已被私有化 !");
07        }
08
09        public static void main( String[] args )
10        {
11            new PrivateConstructor();
12        }
13    }
```

保存并运行程序，结果如图 7-12 所示。

图 7-12

【范例分析】

从此程序可以看出，第 04 行将构造方法声明为 private 类型，则此构造方法只能在本类内被调用。同时可以看出，本程序中的 main 方法也在 PrivateConstructor 类的内部（第 09 ~ 第 12 行）。在同一个类中的方法均可以相互调用，不论它们是什么访问类型。

第 11 行，使用 new 调用 private 访问类型的构造方法 PrivateConstructor()，用来创建一个匿名对象。由此输出结果可以看出，在本类中可成功实施实例化对象。

读者可能又会疑问，如果一个类中的构造方法被私有化，就只能在本类中使用，这岂不是大大限制了该类的使用吗？私有化构造方法有什么好处呢？请读者考虑下面的特定需求场景：如果要限制一个类对象产生，要求一个类只能创建一个实例化对象，该怎么办？

我们知道，实例化对象需要调用构造方法，但如果将构造方法使用 private 藏起来，则外部肯定无法直接调用，那么实例化该类对象就只能有一种途径——在该类内部用 new 关键字创建该类的实例。通过这个方式，我们就可以确保一个类只能创建一个实例化对象。

【范例 7-10】构造方法的私有使用范例 2（TestSingleDemo.java）

```
01  public class TestSingleDemo
02  {
03      public static void main(String[] args)
04      {
05          // 声明一个 Person 类的对象
06          Person p;
07          // 虽私有化 Person 类的构造方法，但可通过 Person 类公有接口获得 Person 实例化对象
08          p = Person.getPerson();
09          System.out.println(" 姓名： " + p.name);
10      }
11  }
12  class Person
13  {
14      String name;
15      // 在本类声明 Person 对象 PERSON。注意，此对象用 final 标记，表示该对象不可更改
16      private static final Person PERSON = new Person();
17      private Person()
18      {
19          name = "Yuhong";
20      }
21      public static Person getPerson()
22      {
23          return PERSON;
24      }
25  }
```

保存并运行程序，结果如图 7-13 所示。

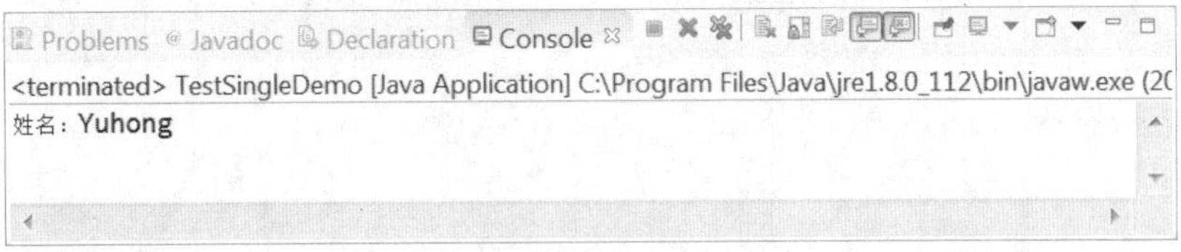

```
Problems  @ Javadoc  Declaration  Console ☒
<terminated> TestSingleDemo [Java Application] C:\Program Files\Java\jre1.8.0_112\bin\javaw.exe (20
姓名：Yuhong
```

图 7-13

【代码详解】

第 06 行声明一个 Person 类的对象 p，但并未实例化，仅是在栈内存中为对象引用 p 分配了空间存储，p 所指向的对象并不存在。

第 08 行调用 Person 类中的 getPerson() 方法。由于该方法是公有的，因此可以借此方法返回 Person 类的实例化对象，并将返回对象的引用赋值给 p。

第 17 ～ 第 20 行将 Person 类的构造方法通过 private 关键字私有化，这样外部就无法通过其构造方法来产生实例化对象。

第 16 行在类声明了一个 Person 类的实例化对象，此对象是在 Person 类的内部实例化，所以可以调用私有构造方法。此关键字表示对象 PERSON 不能被重新实例化。

【范例分析】

因为 Person 类构造方法是 private，所以如 Person p = new Person () 语句已不能使用（第 06 行）。只能通过 "p = Person.getPerson();" 来获得实例，而由于这个实例 PERSON 是 static 的，全局共享一个，所以无论在 Person 类的外部声明多少个对象，使用多少个 "p = Person.getPerson();"，最终得到的实例都是同一个。

也就是说，此类只能产生一个实例对象。这种做法就是上面提到的单态设计模式。所谓设计模式，就是在大量的实践中总结和理论化之后优选的代码结构、编程风格以及解决问题的思考方式。

# 7.6  在方法内部调用方法

通过前面的几个范例，读者应该可以了解到，在一个 Java 程序中可以通过对象来调用类中的各种方法。当然，类的内部也能互相调用彼此的方法，比如在【范例 7-11】中，修改了以前的程序代码，新增加了一个 public（公有的）say() 方法，并用这个方法调用私有的 talk() 方法。

【范例 7-11】在类的内部调用方法（TestPerson.java）

```
01   class Person
02   {
03       private String name;
04       private int age;
05       private void talk()
06       {
07           System.out.println("我是: " + name + " 今年: " + age + "岁");
08       }
09       public void say()
10       {
11           talk();
12       }
13       public String getName()
14       {
15           return name;
16       }
17       public void setName(String name)
18       {
```

```
19        this.name = name;
20      }
21      public int getAge()
22      {
23        return age;
24      }
25      public void setAge(int age)
26      {
27        this.age = age;
28      }
29  }
30  public class TestPerson
31  {
32      public static void main(String[] args)
33      {
34        // 声明并实例化一个 Person 对象 p
35        Person p = new Person();
36        // 给 p 中的属性赋值
37        p.setName("Yuhong");
38        // 在这里将 p 对象中的年龄属性赋值为 22 岁
39        p.setAge(22);
40        // 调用 Person 类中的 say() 方法
41        p.say();
42      }
43  }
```

保存并运行程序，结果如图 7-14 所示。

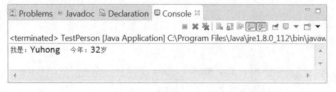

图 7-14

【代码详解】

第 09 ~ 第 12 行声明一个公有方法 say( )，此方法用于调用类内部的私有方法 talk( )。

第 41 行调用 Person 类中的公有方法 say( )，本质上，通过 say 方法调用了 Person 类中的私有方法 talk( )。如果某些方法不方便公开，就可以通过这种二次包装的模式来屏蔽不希望公开的实现细节（如本例的 talk() 方法），这在某些应用背景下是有需求的。

# 7.7 static 方法

## 7.7.1 自定义 static 方法

通过前面的章节我们知道，可以用 static 声明一个静态属性变量。其实，也可以用 static 来声明方法，用它声明的方法有时也称为“类方法”。使用 static 定义的方法可以由类名称直接调用。

【范例 7-12】静态方法的声明（StaticMethod.java）

```
class Person
{
    String name;                        // 定义 name 属性
    private static String nation = " 中国 ";        // 定义静态属性 nation
    int age;                        // 定义 age 属性
    public Person(String name, int age)    // 声明一个有参数的构造方法
    {
        this.name = name;
        this.age = age;
    }
    public String talk( )               // 声明了一个 talk( ) 方法
    {
        return " 我是：" + this.name + "，今年：" + this.age + " 岁，来自：" + nation;
    }
    public static void setNation (String n)// 声明一个静态方法
    {
        Person.nation = nation;
    }
}
public class StaticMethod
{
    public static void main(String[] args)
    {
        Person p1 = new Person(" 张三 ", 25);
        Person p2 = new Person(" 李四 ", 30);
        Person p3 = new Person(" 王五 ", 35);
        System.out.println(" 修改之前信息：" + p1.talk( ));
        System.out.println(" 修改之前信息：" + p2.talk( ));
        System.out.println(" 修改之前信息：" + p3.talk( ));
        System.out.println("    ************** 修改之后信息 **************");
        // 修改后的信息
        Person. setNation(" 美国 ");
        System.out.println(" 修改之后信息：" + p1.talk( ));
```

```
34        System.out.println(" 修改之后信息:" + p2.talk( ));
35        System.out.println(" 修改之后信息:" + p3.talk( ));
36   }
37 }
```

保存并运行程序,结果如图 7-15 所示。

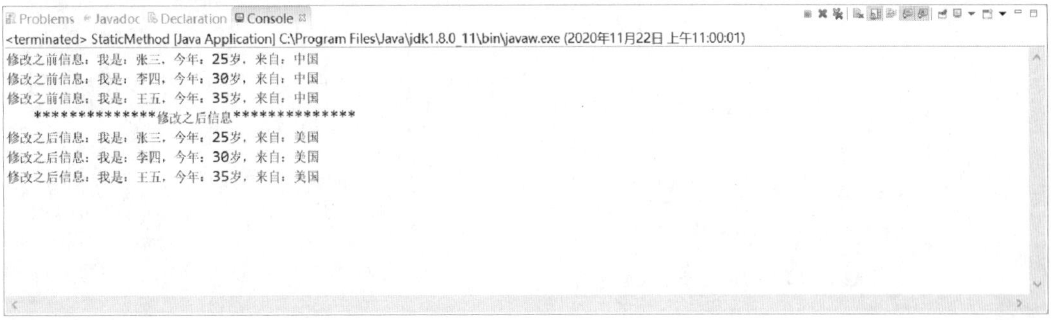

图 7-15

## 【代码详解】

第 01 ~ 第 19 行声明了一个名为 Person 的类,类中含有一个 static 类型的变量 setNation,并进行了封装。

第 15 ~ 第 18 行声明了一个 static 类型的方法,此方法也可以用类名直接调用,用于修改 nation 属性的内容。

第 32 行由 Person 调用 setNation 方法,对 nation 的内容进行修改。

## 【范例分析】

在使用 static 类型声明的方法时,需要注意的是:如果在类中声明了一个 static 类型的属性,则此属性既可以在非 static 类型的方法中使用,也可以在 static 类型的方法中使用。但如果用 static 类型的方法调用非 static 类型的属性,则会出现错误。

### 7.7.2  static 主方法（main）

在前面的章节中,我们已经提到,如果一个类要被 Java 解释器直接装载运行,那么这个类中必须有 main() 方法。有了前面所学的知识,现在读者可以理解 main() 方法的含义了。

由于 Java 虚拟机需要调用类的 main() 方法,所以该方法的访问权限必须是 public,又因为 Java 虚拟机在执行 main() 方法时不必创建对象,所以该方法必须是 static 的,该方法接收一个 String 类型的数组参数,该数组中保存执行 Java 命令时传递给所运行的类的参数。

向 Java 中传递参数可以使用如下的命令。

java 类名称 参数 1 参数 2 参数 3

可通过运行程序 TestMain.java 来了解如何向类中传递参数,以及程序是如何取得这些参数的。

【范例 7-13】向主方法中传递参数（TestMain.java）

```
01   public class TestMain
```

```
02   {
03     /*
04      * public：表示公共方法
05      * static：表示此方法为一静态方法，可以由类名直接调用
06      * void：表示此方法无返回值 main，系统定义的方法名称
07      * String args[]：接收运行时参数
08      */
09     public static void main(String[] args)
10     {
11         // 取得输入参数的长度
12         int len = args.length;
13         System.out.println(" 输入参数个数： " + len);
14
15         if (len < 2)
16         {
17             System.out.println(" 输入参数个数有错误！ ");
18             // 退出程序
19             System.exit(1);
20         }
21         for (int i = 0; i < args.length; i++)
22         {
23             System.out.println( args[ i ] );
24         }
25     }
26 }
```

保存并运行程序，结果如图 7-16 所示。

```
YHMacBookPro:Desktop yhilly$ javac TestMain.java
YHMacBookPro:Desktop yhilly$ java TestMain
输入参数个数： 0
输入参数个数有错误！
YHMacBookPro:Desktop yhilly$ java TestMain 123 Hello World!
输入参数个数： 3           ①    ②    ③
123
Hello
World!
```

图 7-16

【代码详解】

第 09 行，对 main 方法有如下修饰符：public 表示公共方法；static 表示此方法为一个静态方法，可以由类名直接调用；void 表示此方法无返回值。main 是系统定义的方法名称，为程序执行的入口，名称不能修改。在这个 main 方法中，定义了 String 字符串数组 args，用以接收运行时命令行参数。

在第 12 行中，由于 args 是一个数组，而数组在 Java 中是一个对象，这个对象有一个很好用的属性 length，可以直接被采用，表示数组的长度，即数组元素的数量。

第 15 ~ 第 20 行，判断输入参数的数量是否为两个，如果不是，则退出程序。

第 21 ~ 第 24 行，由于所有接收的参数都已经被存放在 args[ ] 字符串数组之中，所以用 for 循环输出全部内容。输入的参数以空格分开，通常，我们更习惯参数的计数从 1 开始，但是对于数组而言，其下标却是从 0 开始的，因此，args[0]、args[1] 和 args[2] 的值分别是"123""Hello"和"World！"。在运行结果图里，在命令行模式，java 是解析器，TestMain 是可执行程序（实际上是一个编译好的类），后面空格分隔开的才是所谓的命令行参数。

# 7.8 综合应用——多种数据的加法

【范例 7-14】多种数据的加法（MethodOverload.java）

```
01   public class MethodOverload
02   {
03     // 计算 2 个整数之和
04     public int add( int a, int b )
05     {
06       return a + b;
07     }
08
09     // 计算 2 个单精度浮点数之和
10     public float add( float a, float b )
11     {
12       return a + b;
13     }
14
15     // 计算 3 个整数之和
16     public int add( int a, int b, int c )
17     {
18       return a + b + c;
19     }
20
21     public static void main( String[] args )
22     {
23       int result;
24       float result_f;
25       MethodOverload test = new MethodOverload();
26
27       // 调用计算 2 个整数之和 add 函数
28       result = test.add( 1, 2 );
```

```
29          System.out.println( "add 计算 1+2 的和：" + result );
30
31          // 调用计算 2 个单精度之和 add 函数
32          result_f = test.add( 1.2f, 2.3f );
33          System.out.println( "add 计算 1.2+2.3 的和：" + result_f );
34
35          // 调用计算 3 个整数之和 add 函数
36          result = test.add( 1, 2, 3 );
37          System.out.println( "add 计算 1+2+3 的和：" + result );
38      }
39
40  }
```

保存并运行程序，结果如图 7-17 所示。

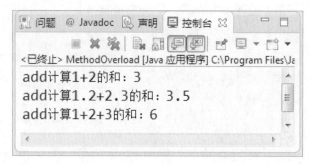

图 7-17

【代码详解】

第 04 ~ 第 07 行，定义了方法 add，其参数列表类型为 "int, int "，用于计算 2 个 int 类型数之和。第 10 ~ 第 13 行，定义了方法 add，其参数列表类型为 "float, float "，用于计算 2 个 float 类型数之和。第 16 ~ 第 19 行，定义了 1 个同名方法 add，其参数列表类型为 "int, int, int"，用于计算 3 个 int 类型数之和。这 3 个同名的 add 方法，由于参数列表不同而构成方法重载。

第 25 行，实例化 1 个本类对象。

第 28 行，调用第 1 个 add 方法，计算 2 个整型数 1 和 2 之和。

第 32 行，调用第 2 个同名 add 方法，计算 2 个浮点数 float 类型数 1.2 和 2.3 之和。

第 36 行，调用第 3 个同名 add 方法，计算 3 个整型数 1、2、3 的和，并在下一行输出计算结果。

【范例分析】

Java 方法重载，是通过方法的参数列表的不同来加以区分实现的。虽然方法名称相同，都叫 add，但是对于 add( int a, int b )、add( float a, float b ) 及 add( int a, int b, int c ) 这 3 个方法，由于它们的方法签名不同（方法签名包括函数名及参数列表），在本质上，对于编译器而言，它们是完全不同的方法，所以可被编译器无二义性地加以区分。本例仅仅给出了 3 个重载方法，事实上，add( int a, float b )、add( float a, int b )、add( double a, double b ) 等，与范例中的 add 方法彼此之间都是重载的方法。

需要注意的是，方法的签名仅包括方法名称和参数，因此方法重载不能根据方法的不同返回值来区分不同方法，因为返回值不属于方法签名的一部分。例如，int add(int, int) 和 void add(int, int)

的方法签名是相同的，编译器会"认为"这两个方法完全相同而无法区分，因此它们无法达到重载的目的。

方法重载是在 Java 中随处可见的特性，本例中演示的是该特性的常见用法。与之类似的还有"方法覆盖"，该特性是基于"继承"的。

# 7.9　本章小结

(1) 程序模块化和可重用性是软件工程的中心目标之一。Java 提供了很多有助于完成这一目标的有效结构。方法就是一个这样的结构。

(2) 方法头指定方法的修饰符、返回值类型、方法名称和参数。方法可以返回一个值。返回值类型是方法要返回的值的数据类型。如果方法不返回值，则返回值类型就是关键字 void。

(3) 参数列表是指方法中参数的类型、顺序和数量。参数是可选的，也就是说，一个方法可以不包含参数。

(4) return 语句也可以用在 void 方法中，用来终止方法并返回到方法的调用者。在方法中，有时用于改变正常流程控制是很有用的。

(5) 传递给方法的实际参数应该与方法签名中的形式参数具有相同的数量、类型和顺序。

# 7.10　疑难解答

问：方法封装的目的和作用是什么？

答：构造方法，在本质上，实现了对象初始化流程的封装。方法封装了操作对象的流程。此外，在 Java 类的设计中，还可使用 private 封装私有数据成员。封装的目的就是隐藏对象细节，把对象当作黑箱来进行操作。

问：构造方法有哪些？什么情况下使用构造方法会重载？

答：如果在定义类的时候，程序员没有主动撰写任何构造方法，编译器会这个类配备一个无参、内容为空的构造方法，称为默认构造方法，类中的数据成员被初始化为默认值。如果定义多个构造方法，只要参数类型或数量不同，形成不同的方法签名，就形成重载构造方法。

# 7.11　实战练习

(1) 使用下面的方法头编写两个方法：

public static int reverse(int number)

public static boolean isPalindrome(int number)

使用 reverse 方法实现 isPalindrome。如果一个数字的反向倒置数和它的顺向数一样，这个数就称作回文数。编写一个测试程序，提示用户输入一个整数值，然后报告这个整数是否是回文数。

(2) 定义一个 book 类，包括属性 title（书名）、price（价格）及 pub（出版社），pub 的默认值为是"天天精彩出版社"，并在该类中定义方法 getInfo() 来获取这 3 个属性。再定义一个公共类 BookPress，其内包括主方法。在主方法中，定义 3 个 book 类的实例 b1、b2 和 b3，分别调用各个对象的 getInfo() 方法，如果"天天精彩出版社"改名为"每日精彩出版社"，请在程序中实现实例 b1、b2 和 b3 的 pub 改名操作。完成功能后，请读者思考，如果 book 类的实例众多，有没有办法优化这样的批量改名操作？

(3) 设计一个名为 Fan 的类来表示一个风扇。这个类包括：

3 个名为 SLOW、MEDIUM 和 FAST 而值为 1、2 和 3 的常量，表示风扇的速度；一个名为 speed 的 int 类型私有数据域，表示风扇的速度（默认值为 SLOW）；一个名为 on 的 boolean 类型私有数据域，表示风扇是否打开（默认值为 false）；一个名为 radius 的 double 类型私有数据域，表示风扇的半径（默认值为 S）；一个名为 color 的 string 类型数据域，表示风扇的颜色（默认值为 blue）。这 4 个数据域的 get 和 set 方法。创建一个默认风扇的无参构造方法。一个名为 toString () 的方法用于返回描述风扇的字符串。如果风扇是打开的，那么该方法在一个组合的字符串中返回风扇的速度、颜色和半径；如果风扇没有打开，该方法就返回一个由"fan is off"和风扇颜色及半径组合成的字符串。

(4) 设计一个名为 Account 的类，它包括：一个名为 id 的 int 类型私有数据域（默认值为 0），一个名为 balance 的 double 类型私有数据域（默认值为 0），一个名为 annualInterestRate 的 double 类型私有数据域存储当前利率（默认值为 0）。假设所有的用户都有相同的利率。一个名为 dateCreated 的 Date 类型的私有数据域，存储账户的开户日期。一个用于创建默认账户的无参构造方法。对象和类一个用于创建带特定 id 和初始余额的账户的构造方法。id、balance 和 annualInterstRate 的访问器和修改器，dateCreated 的访问器。名为 getMonthlyInterestRate() 的方法，返回月利率。名为 withDraw 的方法，从账户提取特定数额。名为 deposit 的方法向账户存储特定数额。

(5) 设计一个名为 Square 的类，该类包括：一个名为 side 的 double 型私有数据域存储边的长度，默认值为 1；一个名为 x 的 double 型私有数据域定义正方形中点的 c 坐标，默认值为 0；一个名为 y 的 double 型私有数据域定义正方形中点的 c 坐标，默认值为 0。创建带默认值的正多边形的无参构造方法。创建带指定边数和边长度、中心在 (0,0) 的正方形的构造方法。创建带指定边数和边长度、中心在 (x，y) 的正多边形的构造方法。创建所有数据域的访问器和修改器。创建一个返回多边形周长的方法 getPerimeter ()。创建一个返回多边形面积的方法 getArea ()。

# 第8章
# 类的封装、继承与多态

**本章导读**

    类的封装、继承和多态是面向对象程序的 3 大特性。类的封装相当于一个黑匣子，放在黑匣子中的东西什么也看不到。继承是类的另一个重要特性，可以从一个简单的类继承出相对复杂高级的类，通过代码重用，可使程序编写的工作量大大减小。多态通过单一接口操作多种数据类型的对象，可动态地对对象进行调用，使对象之间变得相对独立。本章讲解类的封装、继承和多态 3 大特性。

**本章课时：理论 3 学时 + 上机 2 学时**

### 学习目标

    ▶ 封装

    ▶ 继承

    ▶ 覆写

    ▶ 多态

# 8.1 封装

下面先具体讨论面向对象的第一大特性——封装性。

封装（Encapsulation）是将描述某类事物的数据与处理这些数据的函数封装在一起，形成一个有机整体，称为类。类所具有的封装性可使程序模块具有良好的独立性与可维护性，这对大型程序的开发是特别重要的。

类中的私有数据在类的外部不能直接使用，外部只能通过类的公共接口方法（函数）来处理类中的数据，从而使数据的安全性得到保证。封装的目的是增强安全性和简化编程，使用者不必了解具体的实现细节，而仅需要通过外部接口特定的访问权限来使用类的成员。

一旦设计好类，就可以实例化该类的对象。我们在形成一个对象的同时，也界定了对象与外界的内外界限。至于对象的属性、行为等实现的细节，则被封装在对象的内部。外部的使用者和其他的对象只能经由原先规划好的接口和对象交互。

我们可用一个鸡蛋的三重构造来比拟一个对象，如图 8-1 所示。

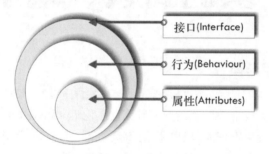

图 8-1

（1）属性好比蛋黄，它隐藏于中心，不能直接接触，它代表对象的状态（State）。

（2）行为好比蛋白，它可以经由接口与外界交互而改变内部的属性值，并把这种改变通过接口呈现出来。

（3）接口好比蛋壳，它可以与外界直接接触。外部也只能通过公开的接口方法来改变对象内部的属性（数据）值，从而使类中数据的安全性得到保证。

## 8.1.1 Java 访问权限修饰符

在讲解 Java 面向对象的 3 大特性之前，有必要介绍关于 Java 访问权限修饰符的知识。在 Java 中有：公有（public）、私有（private）、保护（protected）、默认（default）4 种访问权限。但访问权限修饰符只有 3 种，因为默认访问权限没有访问权限修饰符。默认访问权限是包访问权限，即在没有任何修饰符的情况下定义的类，属性和方法在一个包内都是可访问的。具体访问权限的规定如表 8-1 所示。

表 8-1

| | 私有（private） | 默认（default） | 保护（protected） | 公有（public） |
|---|---|---|---|---|
| 类 | 只有内部类允许私有，只能在当前类中被访问 | 可以被当前包中的所有类访问 | 只有内部类可以设为保护权限，相同包中的类和其子类可以访问 | 可以被所有类访问 |

|  | 私有（private） | 默认（default） | 保护（protected） | 公有（public） |
|---|---|---|---|---|
| 属性 | 只能被当前类访问 | 可以被相同包中的类访问 | 可以被相同包中的类和当前类的子类访问 | 可以被所有的类访问 |
| 方法 | 只能被当前类访问 | 可以被相同包中的类访问 | 可以被相同包中的类和当前类的子类访问 | 可以被所有的类访问 |

### 8.1.2 封装问题引例

在 8.1.1 节中，我们给出了类封装性的本质，但对读者来说，这个概念可能还是比较抽象。我们要"透过现象看本质"，现在本质给出了，如果还不能理解，其实是我们还没有落实"透过现象"这个流程。下面我们给出一个实例（现象）来说明上面论述的本质。

假设我们把对象的属性（数据）暴露出来，外界可以任意接触到它甚至能改变它。读者可以先看下面的范例，看看会产生什么问题。

【范例 8-1】类的封装性使用引例——一只品质不可控的猫（TestCat.Java）

```
01   public class TestCat
02   {
03       public static void main(String[] args)
04       {
05           MyCat aCat = new MyCat();
06           aCat.weight = -10f;        // 设置 MyCat 的属性值
07
08           float temp = aCat.weight;    // 获取 MyCat 的属性值
09           System.out.println("The weight of a cat is : " + temp);
10       }
11   }
12
13   class MyCat
14   {
15       public float weight;  // 通过 public 修饰符，开放 MyCat 的属性给外界
16       MyCat()
17       {
18
19       }
20   }
```

保存并运行程序，结果如图 8-2 所示。

图 8-2

**【代码详解】**

首先我们来分析 MyCat 类。第 15 行，通过 public 修饰符，开放 MyCat 的属性（weight）给外界，这意味着外界可以通过"对象名 . 属性名"的方式来访问（读或写）这个属性。第 16 行声明一个无参数构造方法，在本例中无明显含义。

第 05 行，定义一个对象 aCat。第 08 行通过点运算符获得这个对象的值。第 09 行输出这个对象的属性值。我们需要重点关注第 06 行，它通过点运算符设置这个对象的值（-10.0 f）。一般意义上，"-10.0f"是一个普通的合法的单精度浮点数，因此此纯语法上，它给 weight 赋值没有任何问题。

但是对于一个真正的对象（猫）来说，这是完全不能接受的，一个猫的重量（weight）怎么可能为负值呢？这明显是"一只不合格的猫"，但是由于 weight 这个属性开放给外界，"猫的体重值"无法做到"独立自主"，因为它的值可被任何外界的行为所影响。那么如何来改善这种状况呢？这时，类的封装就可以取得很好的作用。请继续看下节的案例。

### 8.1.3 类的封装实例

读者可以看到，前面列举的程序都是用对象直接访问类中的属性，在面向对象编程法则里，这是不允许的。所以为了避免发生这样类似的错误，通常要将类中的属性封装，用关键字 private 声明为私有，从而保护起来。对范例 TestCat.Java 进行相应的修改后，就可构成【范例 8-2】。

**【范例 8-2】类的封装实例——一只难以访问的猫（TestCat.Java）**

```
01  public class TestCat
02  {
03      public static void main(String[] args)
04      {
05          MyCat aCat = new MyCat();
06          aCat.weight = -10.0f;        // 设置 MyCat 的属性值
07
08          int temp = aCat.weight;      // 获取 MyCat 的属性值
09          System.out.println("The weight of a cat is : " + temp);
10      }
11  }
12
13  class MyCat
14  {
15      private float weight;        // 通过 private 修饰符，封装属性
16      MyCat()
```

```
17   {
18
19   }
20 }
```

【代码详解】

第 13 ~ 第 19 行声明了一个新的类 MyCat，类中有属性 weight。与前面范例不同的是，这里的属性在声明时，前面加上了访问控制修饰符 private。

【范例分析】

可以看到，本范例与【范例 8-1】相比，在声明属性 weight 前，多了个修饰符 private（私有）。但就是这一个小小的关键字，却使得下面同样的代码连编译都无法通过。

```
MyCat  aCat = new MyCat();
aCat.weight = -10;        // 设置 MyCat 的属性值，非法访问
int temp = aCat.weight;   // 获取 MyCat 的属性值，非法访问
```

其所提示的错误如图 8-3 所示。

图 8-3

这里的"字段"（Field）就是 Java 里的"数据属性"。由于 weight 为私有数据类型，所以对外界是不可见的（The field MyCat.weight is not visible），换句话说，对象不能通过点操作（.）直接访问这些私有属性，因此代码第 06 和第 08 行是无法通过编译的。

这样虽然可以通过封装，达到外界无法访问私有属性的目的，但如果的确需要给对象的属性赋值该怎么办呢？

问题的解决方案是，在类的设计时，程序设计人员都设计或存或取这些私有属性的公共接口，这些接口的外在表现形式都是公有（public）方法，而在这些方法里，我们可以对存或取属性的操作实施合理的检查，以达到保护属性数据的目的。

通常，对属性值设置的方法被命名为 SetXxx()，其中 Xxx 为任意有意义的名称，这类方法可统称为 Setter 方法。而对取属性值的方法通常被命名为 GetYyy，其中 Yyy 为任意有意义的名称，这类方法可统称为 Getter 方法。请看下面的范例。

【范例 8-3】类私有属性的 Setter 和 Getter 方法——一只品质可控的猫（TestCat.java）

```
01  public class TestCat
02  {
03    public static void main(String[] args)
```

```
04      {
05          MyCat aCat = new MyCat( );
06          aCat.SetWeight(-10f);        // 设置 MyCat 的属性值
07
08          float temp = aCat.GetWeight( );    // 获取 MyCat 的属性值
09          System.out.println("The weight of a cat is : " + temp);
10
11      }
12  }
13
14  class MyCat
15  {
16      private float weight;        // 通过 private 修饰符，封装 MyCat 的属性
17      public void SetWeight( float wt)
18      {
19          if (wt > 0)
20          {
21              weight = wt;
22          }
23          else
24          {
25              System.out.println("weight 设置非法（应该 >0). \n 采用默认值 ");
26              weight  = 10.0f;
27          }
28      }
29      public float GetWeight( )
30      {
31          return weight;
32      }
33  }
```

保存并运行程序，结果如图 8-4 所示。

图 8-4

【代码详解】

第 17 ~ 第 28 行添加了 SetWeight( float wt) 方法，第 29 ~ 第 32 行添加了 GetWeight() 方法，

这些方法都是公有类型的（public），外界可以通过这些公有的接口来设置和取得类中的私有属性 weight。

第 06 行调用了 SetWeight() 方法，同时传进了一个 "–10f " 的不合理体重值。

在 SetWeight( float wt) 方法中，在设置体重时，程序中加了些判断语句，如果传入的数值大于 0，则将值赋给 weight 属性，否则给出警告信息，并采用默认值。通过这个方法可以看出，经由公有接口来对属性值实施操作，我们可以在这些接口里对这些值实施"管控"，以更好地控制属性成员。

【范例分析】

可以看到在本范例中，由于 weight 传进了一个 "–10" 的不合理的数值 (–10 后面的 f 表示这个数是 float 类型)，这样在设置 MyCat 属性时，因不满足条件而不能被设置成功，所以 weight 的值采用自己的默认值（10）。这样在输出的时候可以看到，那些错误的数据并没有被赋到属性上去，而只输出了默认值。

由此可知，用 private 可将属性封装起来，当然也可用 private 把方法封装起来。封装的形式如下。

封装属性：private 属性类型属性名
封装方法：private 方法返回类型方法名称（参数）

下面的范例添加了一个 MakeSound() 方法，通过修饰符 private（私有）将其封装了起来。

【范例 8-4】方法的封装使用（TestCat.Java）

```
01    public class TestCat
02    {
03      public static void main(String[] args)
04      {
05        MyCat aCat = new MyCat();
06        aCat.SetWeight(-10f);          // 设置 MyCat 的属性值
07
08        float temp = aCat.GetWeight(); // 获取 MyCat 的属性值
09        System.out.println("The weight of a cat is : " + temp);
10        aCat.MakeSound();
11
12      }
13    }
14
15    class MyCat
16    {
17      private float weight;          // 通过 private 修饰符，封装 MyCat 的属性
18      public void SetWeight( float wt)
19      {
20        if (wt > 0)
21        {
```

```
22              weight = wt;
23          }
24          else
25          {
26              System.out.println("weight 设置非法 ( 应该 >0). \n 采用默认值 10");
27              weight  = 10.0f;
28          }
29      }
30      public float GetWeight()
31      {
32          return weight;
33      }
34
35      private void MakeSound()
36      {
37          System.out.println( "Meow meow, my weight is " + weight );
38      }
39  }
```

保存并运行程序，结果如图 8-5 所示。

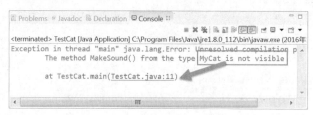

图 8-5

【代码详解】

第 35 行将 MakeSound() 方法用 private 来声明。第 10 行希望通过对象的点运算符 "." 来尝试调用这个私有方法。由于私有方法是不对外公开的，因此得到编译错误："The method MakeSound() from the type MyCat is not visible"（在类 MyCat 中的方法 MakeSound() 不可见）。

【范例分析】

一旦方法的访问权限被声明为 private（私有），那么这个方法就只能被类内部方法所调用。如果要让上述代码编译成功，其中一种方法是将第 10 行的代码删除，而在 GetWeight() 中添加调用 MakeSound() 方法的语句，如下所示。

```
public float GetWeight()
{
    MakeSound();    //方法内添加的方法调用
    return weight;
```

```
        }
```

访问权限控制符是对类外而言的，而在同一类中，所有的类成员属性及方法都是相互可见的，也就是说，它们之间是可以相互访问的。在改造 GetWeight() 后，程序成功运行的结果如图 8-6 所示。

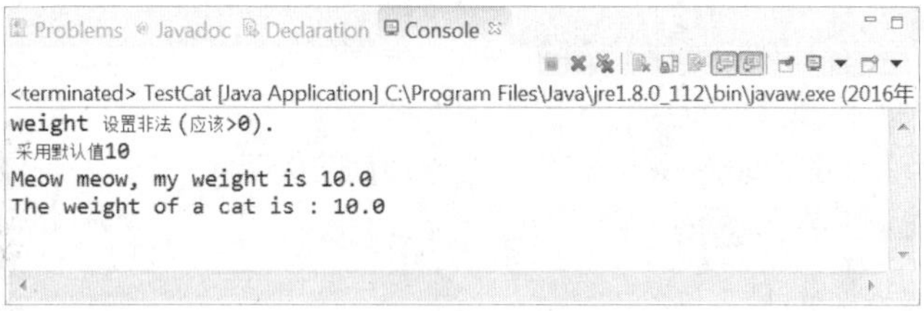

图 8-6

如果类中的某些数据在初始化后不希望再被外界修改，则可以使用构造方法配合私有化的 Setter 函数来实现该数据的封装，如【范例 8-5】所示。

**【范例 8-5】使用构造函数实现数据的封装（TestEncapsulation.Java）**

```java
01    class MyCat
02    {
03      // 创建私有化的属性 weight，height
04      private float weight;
05      private float height;
06      // 在构造函数中初始化私有变量
07      public MyCat( float height, float weight )
08      {
09        SetHeight( height );// 调用私有方法设置 height
10        SetWeight( weight );// 调用私有方法设置 weight
11      }
12
13      // 通过 private 修饰符，封装 MyCat 的 SetWeight 方法
14      private void SetWeight( float wt)
15      {
16        if (wt > 0) {   weight = wt;  }
17        else      {
18          System.out.println("weight 设置非法 ( 应该 >0). \n 采用默认值 10");
19          weight  = 10.0f;
20        }
21      }
22      // 通过 private 修饰符，封装 MyCat 的 SetWeight 方法
23      private void SetHeight(float ht)
24      {
25        if (ht > 0) {   height = ht;    }
26        else      {
```

```
27        System.out.println("height 设置非法 ( 应该 >0). \n 采用默认值 20");
28        height = 20.0f;
29      }
30    }
31    // 创建公有方法 GetWeight() 作为与外界通信的接口
32    public float GetWeight()    {      return weight;   }
33    // 创建公有方法 GetHeight() 作为与外界通信的接口
34    public float GetHeight()    {      return height;    }
35  }
36
37  public class TestEncapsulation
38  {
39    public static void main( String[] args )
40    {
41      MyCat aCat = new MyCat( 12, -5 ); // 通过公有接口设置属性值
42
43      float ht = aCat.GetHeight();      // 通过公有接口获取属性值 height
44      float wt = aCat.GetWeight();      // 通过公有接口获取属性值 weight
45      System.out.println("The height of cat is " + ht);
46      System.out.println("The weight of cat is " + wt);
47    }
48  }
```

保存并运行程序，结果如图 8-7 所示。

```
Problems  Javadoc  Declaration  Console ✕

<terminated> TestEncapsulation [Java Application] C:\Program Files\Java\jre1.8.0_112\bin\javaw.e
weight 设置非法 (应该>0).
采用默认值10
The height of cat is 12.0
The weight of cat is 10.0
```

图 8-7

【代码详解】

在第 07 ~ 第 11 行中的 MyCat 类的构造方法，通过调用私有化 SetHeight() 方法（在第 23 ~ 第 30 行定义）和私有化 SetWeight() 方法（在第 14 ~ 第 21 行定义）对 height 和 weight 进行初始化。

这样，类 MyCat 的对象 aCat 一经实例化（第 41 行），name 和 age 私有属性便不能再进行修改，这是因为构造方法只能在实例化对象时自动调用一次，而 SetHeight() 方法和 SetWeight() 方法的访问权限为私有类型，外界又不能调用，所以就达到了封装的目的。

【范例分析】

通过构造函数进行初始化类中的私有属性，能够达到一定的封装效果，但是也不能过度相信这

种封装，有些情况下即使这样做，私有属性也有可能被外界修改。例如，在 8.3 节就会讲到封装带来的问题。

# 8.2 继承

继承（Inheritance）是面向对象程序设计中软件复用的关键技术，通过继承，可以进一步扩充新的特性，适应新的需求。这种可复用、可扩充技术在很大程度上降低了大型软件的开发难度，从而提高软件的开发效率。

继承的目的在于实现代码重用，对已有的成熟的功能，子类从父类执行"拿来主义"。而派生的目的则在于，当出现新的问题，原有代码无法解决（或不能完全解决）时，需要对原有代码进行全部（或部分）改造。对于 Java 程序而言，设计孤立的类是比较容易的，难的是如何正确设计好的类层次结构，以达到代码高效重用的目的。

## 8.2.1 Java 中的继承

在 Java 中，通过继承可以简化类的定义，扩展类的功能。在 Java 中支持类的单继承和多层继承，但是不支持多继承，即一个类只能继承一个类而不能继承多个类。

实现继承的格式如下。

> class 子类名 extends 父类

extends 是 Java 中的关键字。Java 继承只能直接继承父类中的公有属性和公有方法，而隐含地（不可见地）继承了私有属性。

现在假设有一个 Person 类，里面有 name 与 age 两个属性，而另外一个 Student 类需要有 name、age、school 等 3 个属性，如图 8-8 所示。由于 Person 中已存在 name 和 age 两个属性，所以不希望在 Student 类中重新声明这两个属性，这时就需考虑是否可将 Person 类中的内容继续保留到 Student 类中，这就引出了接下来要介绍的类的继承概念。

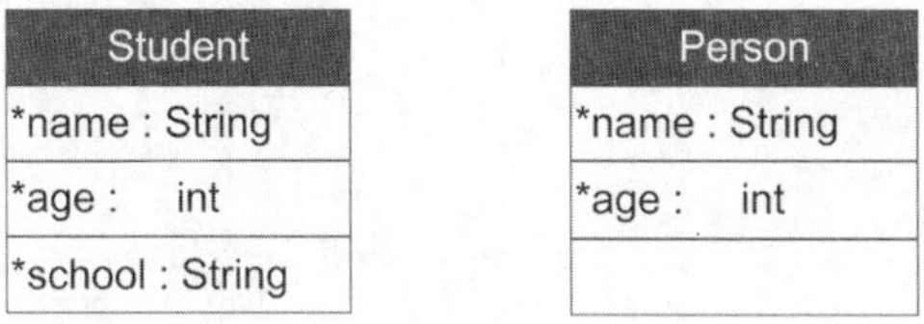

| Student | | Person |
|---|---|---|
| *name : String | | *name : String |
| *age :   int | | *age :   int |
| *school : String | | |

图 8-8

在这里希望 Student 类能够将 Person 类的内容继承下来后继续使用，可用图 8-9 表示，这样就可以达到代码复用的目的。

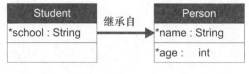

图 8-9

Java 类的继承可用下面的语法表示。

```
class 父类
{
    // 定义父类
}
class 子类 extends 父类
{
    // 用 extends 关键字实现类的继承
}
```

### 8.2.2 继承问题的引入

首先，我们观察下面的范例，其中包括 Person 和 Student 两个类。

【范例 8-6】继承的引出（LeadInherit.Java）

```
01    class Person {
02        String name;
03        int age;
04        Person( String name, int age ) {
05            this.name = name;
06            this.age = age;
07        }
08
09        void speak() {
10            System.out.println( "我的名字叫：" + name + " 我" + age + "岁" );
11        }
12    }
13
14    class Student {
15        String name;
16        int age;
17        String school;
18        Student( String name, int age, String school ) {
19            this.name = name;
20            this.age = age;
21            this.school = school;
22        }
23        void speak() {
24            System.out.println( "我的名字叫：" + name + " 我" + age + "岁" );
25        }
26        void study() {
27            System.out.println( "我在" + school + "读书" );
```

```
28        }
29    }
30
31    public class LeadInherit {
32        public static void main( String[] args ) {
33            // 实例化一个 Person 对象
34            Person person = new Person( "张三", 21 );
35            person.speak();
36            // 实例化一个 Student 对象
37            Student student = new Student( "李四", 20, "HAUT" );
38            student.speak();
39            student.study();
40        }
41    }
```

保存并运行程序，结果如图 8-10 所示。

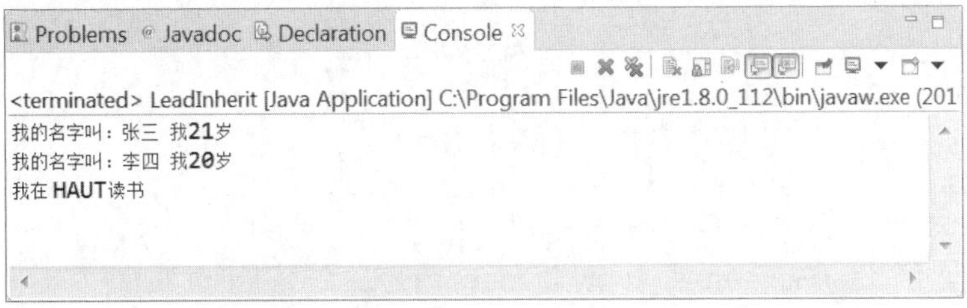

图 8-10

**【代码详解】**

上面代码的功能很简单，在第 01 ~ 第 12 行定义了 Person 类，其中第 04 ~ 第 07 行为 Person 类的构造方法。第 14 ~ 第 29 行定义了 Student 类，并分别定义了其属性和方法。第 34 行和第 37 行分别实例化 Person 类和 Student 类，定义了两个对象 person 和 student（首字母小写，别于类名）。

通过具体的代码编写，我们可以发现，这两个类中有很多的相同部分，例如两个类中都有 name、age 属性和 speak() 方法，这就造成了代码的雕肿。软件开发的目标是软件复用，尽量没有重复。因此，有必要对【范例 8-6】实施改造。

### 8.2.3   继承实现代码复用

为了简化【范例 8-6】，我们使用继承来完成相同的功能，请看【范例 8-7】。

**【范例 8-7】类的继承演示程序（InheritDemo.Java）**

```
01    class Person {
02        String name;
03        int age;
04        Person( String name, int age ){
05            this.name = name;
```

```
06        this.age = age;
07      }
08      void speak(){
09        System.out.println("我的名字叫：" + name + "，今年我" + age + "岁");
10      }
11  }
12
13  class Student extends Person {
14      String school;
15      Student( String name, int age, String school ){
16        super(name, age);
17        this.school = school;
18      }
19      void study(){
20        System.out.println("我在" + school + "读书");
21      }
22  }
23  public class InheritDemo
24  {
25          public static void main( String[] args )
26          {
27                  // 实例化一个 Student 对象
28                  Student  s = new Student("张三",25,"工业大学");
29                  s.speak();
30                  s.study();
31          }
32  }
```

保存并运行程序，结果如图 8-11 所示。

图 8-11

【代码详解】

第 01 ~ 第 11 行声明了一个名为 Person 的类，里面有 name 和 age 两个属性和 speak() 一个方法。其中，第 04 ~ 第 07 行定义了 Person 类的构造方法 Person()，用于初始化 name 和 age 两个属性。为了区分构造方法 Person() 中同名的形参和类中属性名，赋值运算符 "=" 左侧的 "this." 用以表明左侧的 name 和 age 是来自类中。

第 13 ~ 第 22 行声明了一个名为 Student 的类，并继承自 Person 类（使用了 extends 关键字）。

在 Student 类中，定义了 school 属性和 study() 方法。其中，第 15 ~ 第 18 行定义了 Student 类的构造方法 Student()。虽然在 Student 类中仅定义了 school 属性，但由于 Student 类直接继承自 Person 类，因此 Student 类继承了 Person 类中的所有属性，也就是说，此时在 Student 类中有 3 个属性成员，两个（name 和 age）来自父类，一个（school）来自当前子类，如图 8-12 所示。

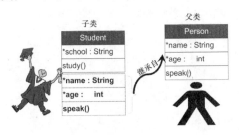

图 8-12

构造方法用于数据成员的初始化，但要"各司其职"，对来自父类的数据成员需要调用父类的构造方法，例如，在第 16 行，使用 super 关键字加上对应的参数，就是调用父类的构造方法。而在第 17 行，来自本类的 school 属性直接使用"this.school = school;"来实施本地初始化。

同样地，由于 Student 类直接继承自 Person 类，Student 类中"自动"拥有父类 Person 类中的方法 speak()，加上本身定义的 study() 方法和 Student() 构造方法，其内共有 3 个方法，而不是第 15 ~ 第 21 行表面看到的 2 个方法。

第 28 行声明并实例化了一个 Student 类的对象 s，第 29 行调用了继承自父类的 speak() 方法，第 30 行调用了 Student 类中自己添加的 study() 方法。

### 8.2.4　继承的限制

上述实现了继承的基本要求，但是对于继承性而言实际上也存在着若干限制。下面对这些限制进行说明。

(1) 限制 1：Java 之中不允许多重继承，但是可以使用多层继承。

所谓的多重继承指的是一个类同时继承多个父类的行为和特征功能。以下通过对比进行说明。

范例：错误的继承——多重继承

```
class A
{ }
class B
{ }
class C extends A,B          // 错误：多重继承
{ }
```

从代码中可以看到，类 C 同时继承了类 A 与类 B，也就是说 C 类同时继承了两个父类，这在 Java 中是不允许的，如图 8-13 所示。

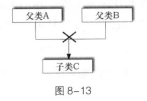

图 8-13

虽然上述语法有错误，但是在这种情况下，如果不考虑语法错误，以上做法的目的是：希望 C 类同时具备 A 和 B 类的功能，所以虽然无法实现多重继承，但是可以使用多层继承的方式来表示。所谓多层继承，是指一个类 B 可以继承自某一个类 A，而另外一个类 C 又继承自 B，这样在继承层次上单项继承多个类，如图 8-14 所示。

```
class A
{ }
class B extends A
{ }
class C extends B    // 正确：多层继承
{ }
```

图 8-14

从继承图及代码中可以看到，类 B 继承了类 A，而类 C 又继承了类 B，也就是说类 B 是类 A 的子类，而类 C 则是类 A 的孙子类。此时，C 类就将具备 A 和 B 两个类的功能。但是一般情况下，在我们编写代码时，多层继承的层数不宜超过 3 层。

（2）限制 2：从父类继承的私有成员，不能被子类直接使用。

子类在继承父类的时候会将父类之中的全部成员（包括属性及方法）继承下来，但是对于所有的非私有成员属于显式继承，而对于所有的私有成员则采用隐式继承（即对子类不可见）。子类无法直接操作这些私有属性，必须通过设置 Setter 和 Getter 方法间接操作。

（3）限制 3：子类在进行对象实例化时，从父类继承而来的数据成员需要先调用父类的构造方法来初始化，然后再用子类的构造方法来初始化本地的数据成员。

子类继承了父类的所有数据成员，同时子类也可以添加自己的数据成员。但是，需要注意的是，在调用构造方法实施数据成员初始化时，一定要"各司其职"，即来自父类的数据成员需要调用父类的构造方法来初始化，而来自子类的数据成员初始化要在本地构造方法中完成。在调用次序上，子类的构造方法要遵循"长辈优先"的原则：先调用父类的构造方法（生成父类对象），然后再调用子类的构造方法（生成子类对象）。也就是说，当实例化子类对象时，父类的对象会先"诞生"——这符合我们现实生活中对象存在的伦理。

（4）限制 4：被 final 修饰的方法不能被子类覆写实例，被 final 修饰的类不能再被继承。

Java 的继承性确实在某些时候提高了程序的灵活性和代码的简洁度，但是有时我们定义了一个类但是不希望让其被继承，即所有继承关系到此为止，那如何实现这一目的呢？为此，Java 提供了 final 关键字来实现这个功能。final 在 Java 中称为终结器（terminator）：①在基类的某个方法上加 final，那么在子类中该方法被禁止二次"改造"（即禁止被覆写）；②通过在类的前面添加 final 关键字，便可以阻止基类被继承。

【范例 8-8】final 标记的方法不能被子类覆写实例（TestFinalDemo.java）

```
01   class Person {
02       // 此方法声明为 final 不能被子类覆写
03       final public String talk(){
04           return "Person：talk()"；
05       }
06   }
07   class Student extends Person {
08       public String talk()
09       {
10           return "Student：talk()"；
11       }
12   }
13   public class TestFinalDemo {
14       public static void main(String args[]) {
15           Person S1 = new Student();
16           System.out.println(S1.talk());
17       }
18   }
```

保存并运行程序，程序并不能正确运行，会提示如图 8-15 所示错误信息。

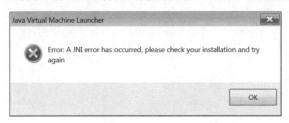

图 8-15

【代码详解】

第 03 行，在 Person 类定义了一个由 final 修饰的 talk( ) 方法。

第 07 ~ 第 12 行声明了一个 Student 类，该类使用关键字 extends 继承了 Person 类。在 Student 类中覆写了 talk( ) 方法。第 15 行新建一个对象，并在第 16 行调用该对象的 talk( ) 方法。

【范例分析】

在运行错误界面中，发生了 JNI 错误（A JNI has occurred），这里的 JNI 指的是 "Java Native Interface"（Java 本机接口），由于在第 03 行 talk( ) 方法用了 final 修饰，用它修饰的方法，在子类中是不允许覆写改动的，这里 final 有 "一锤定音" 的意味。而子类 Student 中，尝试推翻终局（final），改动由从父类中继承而来的 talk() 方法，于是 Java 虚拟机就 "罢工" 报错了。

【范例 8-9】用 final 继承的限制（InheritRestrict.java）

01   //定义被 final 修饰的父类

```
02   final class SuperClass
03   {
04      String name;
05      int age;
06   }
07   // 子类 SubClass 继承 SuperClass
08   class SubClass extends SuperClass
09   {
10      //do something
11   }
12   public class InheritRestrict
13   {
14      public static void main(String[] args)
15      {
16          SubClass subClass = new SubClass();
17      }
18   }
```

保存并编译程序，得到的编译错误信息如图 8-16 所示。

```
Problems  Javadoc  Declaration  Console
<terminated> InheritRestrict [Java Application] C:\Program Files\Java\jre1.8.0_112\bin\javaw.exe (2016年
Exception in thread "main" java.lang.Error: Unresolved compilation probl
    The type SubClass cannot subclass the final class SuperClass

    at SubClass.<init>(InheritRestrict.java:8)
    at InheritRestrict.main(InheritRestrict.java:16)
```

图 8-16

【代码详解】

由于在第 02 行创建的父类 SuperClass 前用了 final 修饰，所以它不能被子类 SubClass 继承。通过上面的编译信息结果也可以看出："The type SubClass cannot subclass the final class SuperClass"（类型 SubClass 不能成为终态类 SuperClass 的子类）。

# 8.3  覆写

## 8.3.1  属性的覆盖

所谓的属性覆盖（或称覆写），指的是子类定义了和父类之中名称相同的属性。观察如下代码。

【范例 8-10】属性（数据成员）的覆写（OverrideData.java）

```
01   class Book
02   {
03      String info = "Hello World." ;
```

```
04    }
05    class ComputerBook extends Book
06    {
07        int info = 100 ;    // 属性名称与父类相同
08        public void print()
09        {
10            System.out.println(info) ;
11            System.out.println(super.info) ;
12        }
13    }
14
15    public class OverrideData
16    {
17        public static void main(String args[])
18        {
19            ComputerBook cb = new ComputerBook() ; // 实例化子类对象
20            cb.print() ;
21        }
22    }
```

保存并运行程序，结果如图 8-17 所示。

图 8-17

【代码详解】

第 01 ~ 第 04 行，定义了类 Book，其中第 03 行定义了一个 String 类型的属性 info。

第 05 ~ 第 13 行，定义了类 ComputerBook，它继承于类 Book。在类 ComputerBook 中，定义了一个整型的变量 info，它的名称与从父类继承而来的 String 类型的属性 info 相同（第 07 行）。从运行结果可以看出，在默认情况下，在不加任何标识的情况下，第 10 行输出的 info 是子类中整型的 info，即 100。第 10 行代码等价于如下代码：

System.out.println(this.info) ;

由于在父类 Book 中，info 的访问权限为默认类型（即其前面没有任何修饰符），所以在子类 ComputerBook 中，从父类继承而来的字符串类型的 info，子类是可以感知到的，可以通过"super. 父类成员"的模式来处理，如第 11 行所示。

从开发角度来说，为了满足类的封装性，类中的属性一般需要使用 private 封装，一旦封装之后，子类压根就"看不见"父类的属性成员，子类定义的同名属性成员，其实就是一个"全新的"数据成员，所谓的覆写操作就完全没有意义了。

### 8.3.2 方法的覆写

"覆写"（Override）的概念与"重载"（Overload）有相似之处。所谓重载，即方法名称相同，方法的参数不同（包括类型不同、顺序不同和数量不同），也就是它们的方法签名（包括方法名＋参数列表）不同。重载以表面看起来一样的方式——方法名相同，却通过传递不同形式的参数来完成不同类型的工作，这样"一对多"的方式实现"静态多态"。

当一个子类继承一个父类，如果子类中的方法与父类中的方法的名称、参数数量及类型且返回值类型等都完全一致，就称子类中的这个方法"覆写"了父类中的方法。同理，如果子类中重复定义了父类中已有的属性，则称此子类中的属性覆写了父类中的属性。

```
class  Super        // 父类
{
    返回值类型  方法名（参数列表）
    {  }
}
class Sub extends Super  // 子类
{
    返回值  方法名（参数列表）// 与父类的方法同名，覆写父类中的方法
    {  }
}
```

【范例 8-11】子类覆写父类的实现（Override.Java）

```
01   class Person
02   {
03      String name;
04      int age;
05      public String talk()
06      {
07         return "I am ：" + this.name + ", I am " + this.age + " years old";
08      }
09   }
10   class Student extends Person
11   {
12      String school;
13      public Student( String name, int age, String school )
14      {
15         // 分别为属性赋值
16         this.name = name;   //super.name = name;
17         this.age = age;     //super.age = age;
18         this.school = school;
19      }
```

```
20
21        // 此处覆写 Person 中的 talk() 方法
22        public String talk()
23        {
24            return "I am from " + this.school ;
25        }
26    }
27
28    public class Override
29    {
30        public static void main( String[] args )
31        {
32            Student s = new Student( "Jack ", 25, "HAUT" );
33            // 此时调用的是子类中的 talk() 方法
34            System.out.println( s.talk() );
35        }
36    }
```

保存并运行程序，结果如图 8-18 所示。

图 8-18

【代码详解】

第 01～第 09 行声明了一个名为 Person 的类，里面定义了 name 和 age 两个属性，并声明了一个 talk() 方法。

第 10～第 26 行声明了一个名为 Student 的类，此类继承自 Person 类，也就继承了 name 和 age 属性，同时声明了一个与父类中同名的 talk( ) 方法，此时 Student 类中的 talk( ) 方法覆写了 Person 类中的同名 talk( ) 方法。

第 32 行实例化了一个子类对象，并同时调用子类构造方法为属性赋初值。注意到 name 和 age 在父类 Person 中的访问权限是默认的（即没有访问权限的修饰符），因此它们在子类中是可视的，也就是说，在子类 Student 中，可以用 "this. 属性名" 的方式来访问这些来自父类继承的属性成员。如果要分得比较清楚，也可以用第 16 行和第 17 行注释部分的表示方式，即用 "super. 属性名" 的方式来访问。

第 34 行用子类对象调用 talk( ) 方法，但此时调用的是子类中的 talk( ) 方法。

从输出结果可以看到，在子类 Student 中覆写了父类 Person 中的 talk( ) 方法，所以子类对象在调用 talk() 方法时，实际上调用的是子类中定义的方法。另外可以看到，子类的 talk() 方法与父类的 talk() 方法在声明权限时，都声明为 public，也就是说这两个方法的访问权限是一样的。

从【范例 8-11】中可以看出，第 34 行调用 talk( ) 方法，实际上调用的只是子类的方法，那如果的确需要调用父类中的方法，又该如何实现呢？请看下面的范例，此范例修改自【范例 8-11】。

【范例 8-12】super 调用父类的方法（Override2.Java）

```
01    class Person
02    {
03        String name;
04        int age;
05        public String talk( )
06        {
07            return "I am " + this.name + ", I am " + this.age + " years old";
08        }
09    }
10    class Student extends Person
11    {
12        String school;
13        public Student( String name, int age, String school )
14        {
15            // 分别为属性赋值
16            this.name = name;    //super.name = name;
17            this.age = age;        //super.age = age;
18            this.school = school;
19        }
20
21        // 此处覆写 Person 中的 talk() 方法
22        public String talk( )
23        {
24            return super.talk( )+ ", I am from " + this.school ;
25        }
26    }
27
28    public class Override2
29    {
30        public static void main( String[ ] args )
31        {
32            Student s = new Student( "Jack ", 25, "HAUT" );
33            // 此时调用的是子类中的 talk( ) 方法
34            System.out.println( s.talk( ) );
35        }
36    }
```

保存并运行程序，结果如图8-19所示。

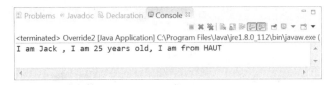

图 8-19

**【代码详解】**

第01～第09行声明了一个 Person 类，里面定义了 name 和 age 两个属性，并声明了一个 talk() 方法。第10～第26行声明了一个 Student 类，此类继承自 Person，因此也继承了来自 Person 类的 name 和 age 属性。其中第13～第19行定义了 Student 类的构造方法，并对数据成员实施了初始化。

由于声明了一个与父类中同名的 talk() 方法，因此 Student 类中的 talk() 方法覆写了 Person 类中的 talk() 方法，但在第24行通过 super.talk() 方式，调用了父类中的 talk() 方法。由于父类的 talk() 方法返回的是一个字符串，因此可以用连接符 "+" 连接来自子类的字符串 " ", I am from " + this. school"，这样拼接的结果一起又作为子类的 talk() 方法的返回值。

第32行实例化了一个子类对象，并同时调用子类构造方法为属性赋初值。

第34行用子类对象调用 talk() 方法，但此时调用的是子类中的 talk() 方法。由于子类的 talk() 方法返回的是一个字符串，因此可以作为 System.out.println() 的参数，将字符串输出到屏幕上。

从程序中可以看到，在子类中可以通过 super. 方法() 调用父类中被子类覆写的方法。

有时，我们可在方法覆写时增加上 "@Override" 注解。@Override 用在方法之上，就是显式告诉编译器，这个方法是用来覆写来自父类的同名方法，如果父类没有这个所谓的 "同名" 方法，就会发出警告信息。

# 8.4  多态

前面已经介绍了面向对象的封装性和继承性。下面来看面向对象中的第3个重要的特性——多态性。

## 8.4.1  多态的基本概念

多态（Polymorphisn），从字面上理解，就是一种类型表现出多种状态。这也是人类思维方式的一种直接模拟，可以利用多态的特征，用统一的标识来完成这些功能。在 Java 中，多态性分为两类。

(1) 方法多态性，体现在方法的重载与覆写上。

方法的重载是指同一个方法名称，根据其传入的参数类型、数量和顺序的不同，所调用的方法体也不同，即同一个方法名称在一个类中由不同的功能实现。

方法的覆写是指父类之中的一个方法名称，在不同的子类有不同的功能实现，而后依据实例化子类的不同，同一个方法可以完成不同的功能。

(2) 对象多态性，体现在父、子对象之间的转型上。

在这个层面上，多态性是允许将父对象设置成为与一个或更多的子对象相等的技术，通过赋值之后，父对象就可以根据当前被赋值的不同子对象，以子对象的特性加以运作。多态意味着相同的（父类）信息，发送给不同的（子）对象，每个子对象表现出不同的形态，如图 8-20 所示。

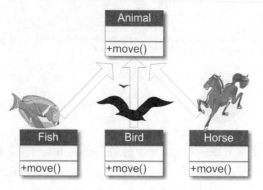

图 8-20

多态中的一个核心概念就是，子类（派生类）对象可以视为父类（基类）对象。这是容易理解的，如图 8-20 所示的继承关系中，鱼（Fish）类、鸟（Bird）类和马（Horse）类都继承于父类——动物（Animal），对于这些实例化对象，我们可以说，鱼（子类对象）是动物（父类对象），鸟（子类对象）是动物（父类对象）；同样地，马（子类对象）是动物（父类对象）。

在 Java 编程里，我们可以用图 8-21 来描述。

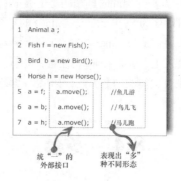

图 8-21

在上述代码中，第 1 ~ 第 4 行分别定义父类对象 a，并以子类对象 f、b 和 h 分别赋值给 a。由于 Fish 类、Bird 类和 Horse 类均继承于父类 Animal，所以子类均继承了父类的 move() 方法。由于父类 Animal 的 move() 过于抽象，不能反映 Fish、Bird 和 Horse 等子类中"个性化"的 move() 方法，这样势必需要在 Fish、Bird 和 Horse 等子类中重新定义 move() 方法，这样就"覆写"了父类的同名方法。在第 2 ~ 第 4 行完成定义后，我们自然可以做到：

```
f.move();    // 完成鱼类对象 f 的移动：鱼儿游
b.move();    // 完成鸟类对象 b 的移动：鸟儿飞
h.move();    // 完成马类对象 h 的移动：马儿跑
```

这并不是多态的表现，因为 3 种不同的对象，对应了 3 种不同的移动方式，"三对三"平均下来就是"一对一"，何"多"之有呢？当子对象很多时，这种描述方式非常烦琐。

我们希望达到如上述代码第 5 ~ 第 7 行所示的效果，统一用父类对象 a 来接收子类对象 f、b 和 h，然后用统一的接口"a.move()"展现出不同的形态。

当"a = f"时，"a.move()"表现出的是子类 Fish 的 move() 方法——鱼儿游，而非父类的

move() 方法。类似地，当 "a = b" 时，"a.move()" 表现出的是子类 Bird 的 move() 方法——鸟儿飞，而非父类的 move() 方法。当 "a = h" 时，"a.move()" 表现出的是子类 Horse 的 move() 方法——马儿跑，而非父类的 move() 方法。这样，就达到了 "一对多" 的效果——多态就在这里。

下面用一个范例简单地介绍多态的概念。

【范例 8-13】了解多态的基本概念（Poly.Java）

```java
01   class Person
02   {
03      public void fun1 ()
04      {
05          System.out.println( "*****--fun1() 我来自父类 Person" );
06      }
07
08      public void fun2( )
09      {
10          System.out.println( "*****--fun2() 我来自父类 Person" );
11      }
12   }
13
14   // Student 类扩展自 Person 类，也就继承了 Person 类中的 fun1()、fun2() 方法
15   class Student extends Person
16   {
17      // 在这里覆写了 Person 类中的 fun1() 方法
18      public void fun1( )
19      {
20          System.out.println( "#####--fun1() 我来自子类 Student" );
21      }
22
23      public void fun3( )
24      {
25          System.out.println( "#####--fun3() 我来自子类 Student" );
26      }
27   }
28
29   public class Poly
30   {
31      public static void main( String[] args )
32      {
33          // 此处，父类对象由子类实例化
34          Person p = new Student();
```

```
35        // 调用 fun1() 方法，观察此处调用的是哪个类里的 fun1() 方法
36        p.fun1();
37        p.fun2();
38    }
39  }
```

保存并运行程序，结果如图 8-22 所示。

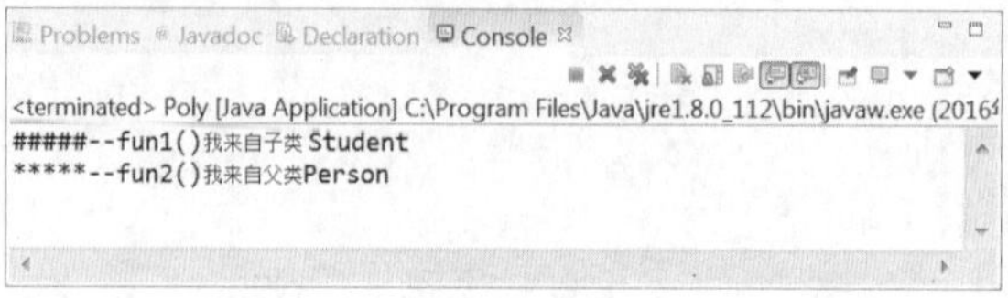

图 8-22

【代码详解】

第 01 ~ 第 12 行声明了一个 Person 类，此类中定义了 fun1()、fun2() 两个方法。

第 15 ~ 第 27 行声明了一个 Student 类，此类继承自 Person 类，也就继承了 Person 类中的 fun1()、fun2() 方法。在子类 Student 中重新定义了一个与父类同名的 fun1() 方法，这样就达到覆写父类 fun1() 的目的。

第 34 行声明了一个 Person 类（父类）的对象 p，之后由子类对象实例化此对象。

第 36 行由父类对象调用 fun1() 方法，第 37 行由父类对象调用 fun2() 方法。

从程序的输出结果中可以看到，p 是父类 Person 的对象，但调用 fun1() 方法的时候并没有调用 Person 的 fun1() 方法，而是调用了子类 Student 中被覆写了的 fun1() 方法。

对于第 34 行的语句 Person p = new Student()，分析如下：在赋值运算符 "=" 左侧，定义了父类 Person 对象 p，而在赋值运算符 "=" 右侧，用 "new Student()" 声明了一个子类无名对象，然后将该子类对象赋值为父类对象 p，事实上，这时发生了向上转型。本例中，展示的是一个父类仅有一个子类，这种 "一对一" 的继承模式，并没有体现出 "多" 态来。在后续章节的范例中，读者将慢慢体会到多态中的 "多" 从何而来。

### 8.4.2  方法多态性

在 Java 中，方法的多态性体现在方法的重载，在这里我们再用多态的眼光复习一下这部分内容，相信你会有更深入的理解。方法的多态即是通过传递不同的参数来令同一方法接口实现不同的功能。下面通过一个重载的例子来了解 Java 方法多态性的概念。

【范例 8-14】对象多态性的使用（FuncPoly.Java）

```
01  public class FuncPoly {
02      // 定义了两个方法名完全相同的方法，该方法实现求和的功能
03      void sum(int i ){
04          System.out.println(" 数字和为：" + i);
05      }
06      void sum(int i , int j){
07          System.out.println(" 数字和为：" + ( i + j));
```

```
08        }
09        public static void main(String[] args){
10                FuncPoly demo = new FuncPoly();
11                demo.sum(1);// 计算一个数的和
12                demo.sum(2, 3);// 计算两个数的和
13        }
14 }
```

保存并运行程序，结果如图 8-23 所示。

图 8-23

【代码详解】

在 FuncPoly 类中定义了两个名称完全一样的方法 sum( )（第 03 ~ 第 08 行），该接口是为了实现求和的功能，在第 11 行和第 12 行分别向其传递了一个和两个参数，让其计算并输出求和结果。同一个方法（方法名称是相同的）能够接收不同的参数，并完成多个不同类型的运算，因此体现了方法的多态性。

### 8.4.3 对象多态性

在讲解对象多态性之前首先需要了解向上转型和向下转型两个概念。

(1) 向上转型。父类对象通过子类对象实例化，实际上就是对象的向上转型。向上转型是不需要进行强制类型转换的，但是向上转型会丢失精度。

(2) 向下转型。与向上转型对应的一个概念就是"向下转型"。所谓向下转型，也就是说父类的对象可以转换为子类对象，但需要注意的是，这时必须进行强制的类型转换。

以上内容可以概括成下面的两句话。

(1) 向上转型可以自动完成。

(2) 向下转型必须进行强制类型转换。

# 8.5    综合应用——鸟会飞，鱼会游

【范例 8-15】鸟会飞，鱼会游

```
01   class Animal{
02     public void move(){
03         System.out.println(" 动物移动！ ");
04     }
05   }
```

```
06   class Fish extends Animal{
07       // 覆写了父类中的 move 方法
08       public void move(){
09           System.out.println(" 鱼儿游！ ");
10       }
11   }
12   class Bird extends Animal{
13       // 覆写了父类中的 move 方法
14       public void move(){
15           System.out.println(" 鸟儿飞！ ");
16       }
17   }
18   class Horse extends Animal{
19       // 覆写了父类中的 move 方法
20       public void move(){
21           System.out.println(" 马儿跑！ ");
22       }
23   }
24   public class ObjectPoly {
25       public static void main(String[] args){
26           Animal a;
27           Fish f = new Fish();
28           Bird b = new Bird ();
29           Horse h = new Horse();
30           a = f;    a.move(); // 调用 Fish 的 move() 方法，输出 " 鱼儿游！ "
31           a = b;    a.move();  // 调用 Bird 的 move() 方法，输出 " 鸟儿飞！ "
32           a = h;    a.move();  // 调用 Horse 的 move() 方法，输出 " 马儿跑！ "
33       }
34   }
```

保存并运行程序，结果如图 8-24 所示。

图 8-24

【代码详解】

第 01 ~ 第 05 行定义了 Animal 类，其中定义了动物的一个公有的行为 move（移动），子类
Fish、Bird、Horse 分别继承 Animal 类，并覆写了 Animal 类的 move 方法，实现各自独特的移动方式——
鱼儿游，鸟儿飞，马儿跑，如图 8-25 所示。

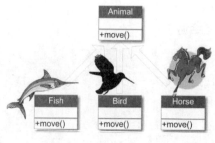

图 8-25

第26行声明了1个父类Animal的对象a，但没有真正实例化a。第27～第29行分别实例化了f、b和h共3个子类对象。

第30～第32行通过赋值操作，将这些子类对象向上类型转换为Animal类型，然后经过父类对象a调用其move方法。这时可以发现，实际调用的却是各个子类对象的move方法。

父类对象依据被赋值的每个子类对象的类型，做出恰当的响应（即与对象具体类别相适应的反应），这就是对象多态性的关键思想。同样的消息或接口（在本例中都是move）在发送给不同的对象时，会产生多种形式的结果，这就是多态性本质。利用对象多态性，我们可以设计和实现更具扩展性的软件系统。

简单来说，继承是子类使用父类的方法，而多态则是父类使用子类的方法。更确切地说，多态是父类使用被子类覆盖的同名方法，如果子类的方法是全新的，不存在与父类同名的方法，那么父类也不可能使用子类自己独有的"个性化"方法。

# 8.6 本章小结

(1) 可以从现有的类定义新的类，这称为类的继承。新类称为次类、子类或继承类，现有的类称为超类父类或基类。

为了重写一个方法，必须使用与它的父类中的方法相同的签名来定义子类中的方法。

(2) Java中的每个类都继承自java.lang.Object类。如果一个类在定义时没有指定继承关系，那么它的父类就是Object。

(3) 如果一个方法的参数类型是父类（例如Object)，可以向该方法的参数传递任何子类（例如Circle类或String类）的对象，这称为多态。

(4) 可以使用protected修饰符来防止方法和数据被不同包的非子类访问。

# 8.7 疑难解答

**问**：方法重载（Overload）和覆写（Override）的区别是什么？（本题为常见的Java面试题）

**答**：重载是指在相同类内定义名称相同但参数数量或类型或顺序不同的方法，而覆写是在子类当中定义名称、参数数量与类型均与父类相同的方法，具体的区别如表8-2所示。

表8-2

| 区别 | 重载 | 覆写 |
|---|---|---|
| 英文单词 | Overload | Override |
| 定义 | 方法名称相同，参数的类型及数量和顺序至少1个不同 | 方法名称、参数的类型及数量、返回值类型完全相同 |
| 范围 | 只发生在1个类之中 | 发生在类的继承关系中 |
| 权限 | 不受权限控制 | 被覆写的方法不能拥有比父类更严格的访问控制权限 |

在重载的关系之中，返回值类型可以不同，语法上没有错误，但是从实际的应用而言，建议返回值类型相同。

问：this 和 super 的区别是什么？（本题为常见的 Java 面试题）

答：如表 8-3 所示。

表 8-3

| 区别 | this | super |
|------|------|-------|
| 查找范围 | 先从本类找到属性或方法，本类找不到则再查找父类 | 不查询本类的属性及方法，直接由子类调用父类的指定属性及方法 |
| 调用构造 | this 调用的是本类构造方法 | 由子类调用父类构造 |
| 特殊 | 表示当前对象 | — |

由于 this 和 super 都可以调用构造方法，所以 this() 和 super() 语法不能同时出现，它们是二选一的关系。

# 8.8　实战练习

(1) 如何防止一个类被扩展？如何防止一个方法被重写？

(2) 描述方法匹配和方法绑定之间的不同。

(3) 建立一个人类（Person）和学生类（Student），功能要求如下：

① Person 中包含 4 个数据成员 name、addr、sex 和 age，分别表示姓名、地址、类别和年龄。设计一个输出方法 talk() 来显示这 4 种属性。

② Student 类继承 Person 类，并增加成员 math、english 存放数学与英语成绩。用一个 6 参数构造方法、一个 2 参数构造方法、一个无参数构造方法和覆写输出方法 talk() 显示 6 种属性。当构造方法参数数量不足以初始化 4 个数据成员时，在构造方法中采用自己指定默认值来实施初始化。

(4) 定义一个 Instrument（乐器）类，并定义其公有方法 play()，再分别定义其子类 Wind（管乐器），Percussion（打击乐器）、Stringed（弦乐器），覆写 play 方法，实现每种乐器独有 play 方式。最后在测试类中使用多态的方法执行每个子类的 play() 方法。

(5) 设计一个名为 Employee 类以及教员类 Faculty 和职员类 Staff 两个子类。每个人都有工号、姓名、电话号码、工资和受聘日期，教员有办公时间和级别，职员涉及办公室和职务称号。覆盖每个类中的 toString 方法，显示相应的类别信息。

# 第 9 章

# 抽象类与接口

**本章导读**

　　抽象类和接口为我们提供了一种将接口与实现分离的更加结构化的方法。正是由于这些机制的存在，才赋予 Java 强大的面向对象的能力。本章讲述抽象类的基本概念和具有多继承特性的接口。

**本章课时：理论 2 学时 + 上机 2 学时**

## 学习目标

▶ 抽象类

▶ 接口

9.1 抽象类

9.1.1 抽象类的定义

Java 中有一种类，派生出很多子类，而自身是不能用来生产对象的，这种类称为抽象类。抽象类的作用有点类似“模板”，其目的是要设计者依据它的格式来修改并创建新的子类。

抽象类实际上也是一个类，只是与之前的普通类相比，内部新增了抽象方法。

所谓抽象方法，就是只声明而未实现的方法。所有的抽象方法，必须使用 abstract 关键字声明，而包含抽象方法的类就是抽象类，也必须使用 abstract class 声明。

抽象类定义规则如下。

⑴ 抽象类和抽象方法都必须用 abstract 关键字来修饰。

⑵ 抽象类不能直接实例化，也就是不能直接用 new 关键字产生对象。

⑶ 在抽象类中，定义时抽象方法只需声明，而无需实现。

⑷ 含有抽象方法的类必须被声明为抽象类，抽象类的子类必须实现所有的抽象方法后，才能不叫抽象类，从而可以被实例化，否则这个子类还是抽象类。

```
abstract class 类名称                    // 定义抽象类
{
   声明数据成员；
   访问权限 返回值的数据类型 方法名称（参数…）
   {
      // 定义一般方法
   }
   abstract 返回值的数据类型 方法名称（参数…）；
   // 定义抽象方法，在抽象方法里没有定义方法体
}
```

例如：

```
abstract class Book                 // 定义一个抽象类
{
   private String title = "Java 开发 " ; // 属性
   public void print()
   {                      // 普通方法，用“{}”表示有方法体
      System.out.println(title) ;
   }
   public abstract void fun() ;    // 没有方法体，是一个抽象方法
}
```

由上例可知，抽象类的定义，就是比普通类多了一些抽象方法的定义而已。虽然定义了抽象类，但是抽象类却不能直接使用。

```
Book book = new Book() ;    // 错误 : Book 是抽象的, 无法实例化
```

### 9.1.2　抽象类的使用

如果一个类可以实例化对象, 那么这个对象就可以调用类中的属性或方法, 但是抽象类中的抽象方法没有方法体, 没有方法体的方法无法使用。

所以, 对于抽象类的使用原则如下。

⑴ 抽象类必须有子类, 子类使用 extends 继承抽象类, 一个子类只能够继承一个抽象类。

⑵ 生产对象的子类, 则必须实现抽象类之中的全部抽象方法。也就是说, 只有所有抽象方法不再抽象了, 才能依据类(图纸)生产对象(具体的产品)。

⑶ 如果要实例化抽象类的对象, 则可以通过子类进行对象的向上转型来完成。

【范例 9-1】抽象类的用法案例(AbstractClassDemo.java)

```
01  abstract class Person        //定义一抽象类 Person
02  {
03      String name ;
04      int age;
05      String occupation ;
06      public abstract String talk( ) ; // 声明一抽象方法 talk( )
07  }
08  class Student extends Person    // Student 类继承自 Person 类
09  {
10      public Student(String name,int age,String occupation)
11      {
12       this.name = name ;
13       this.age = age ;
14       this.occupation = occupation ;
15      }
16
17
18      public String talk( )  // 实现 talk( ) 方法
19      {
20       return "学生——> 姓名 : " + name+", 年龄 : " + age+", 职业 : " + occupation ;
21      }
22  }
23  class Worker extends Person    // Worker 类继承自 Person 类
24  {
25      public Worker(String name,int age,String occupation)
26      {
27       this.name = name ;
28       this.age = age ;
```

```
29        this.occupation = occupation ;
30    }
31    public String talk()    // 实现 talk( ) 方法
32    {
33        return " 工人——> 姓名： " + name + "，年龄： " + age + "，职业 :" + occupation ;
34    }
35 }
36 public class AbstractClassDemo
37 {
38    public static void main(String[] args)
39    {
40        Student s = new Student(" 张三 ",20," 学生 "); // 创建 Student 类对象 s
41        Worker w = new Worker(" 李四 ",30," 工人 "); // 创建 Worker 类对象 w
42        System.out.println(s.talk( )) ;        // 调用被实现的方法
43        System.out.println(w.talk( )) ;
44    }
45 }
```

程序运行结果如图 9–1 所示。

图 9–1

【代码详解】

第 01 ~ 第 07 行声明了一个名为 Person 的抽象类，在 Person 中声明了 3 个属性和一个抽象方法——talk( )。

第 08 ~ 第 22 行声明了一个 Student 类，此类继承自 Person 类，因为此类不为抽象类，所以需要"实现" Person 类中的抽象方法——talk( )。

类似地，第 23 ~ 第 35 行声明了一个 Worker 类，此类继承自 Person 类，因为此类不为抽象类，所以需要"实现" Person 类中的抽象方法——talk( )。

第 40 行和第 41 行分别实例化 Student 类与 Worker 类的对象，并调用各自的构造方法初始化类属性。由于 Student 类与 Worker 类继承自 Person 类，所以 Person 类的数据成员 name、age 和 occupation 也会自动继承到 Student 类与 Worker 类。因此这两个类的构造方法需要初始化这 3 个数据成员。

第 42 行和第 43 行分别调用各自类中被实现的 talk( ) 方法。

【范例分析】

可以看到两个子类 Student、Worker 都分别按各自的要求，在子类实现了 talk( ) 方法。上面的程序可由图 9–2 表示。

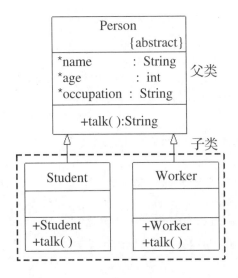

图 9-2

抽象类的特征如下。

　　与一般类相同，抽象类也可以拥有构造方法，但是这些构造方法必须在子类中被调用，并且子类实例化对象的时候依然满足类继承的关系，先默认调用父类的构造方法，而后再调用子类的构造方法，毕竟抽象类之中还是存在属性的，但抽象类的构造方法无法被外部类实例化对象调用。

【范例 9-2】抽象类中构造方法的定义使用（AbstractConstructor.java）

```
01  abstract class Person            // 定义一抽象类 Person
02  {
03    String name ;
04    int age ;
05    String occupation ;
06    public Person(String name,int age,String occupation)  // 定义构造函数
07    {
08      this.name = name ;
09      this.age = age ;
10      this.occupation = occupation ;
11    }
12    public abstract String talk();  // 声明一个抽象方法
13  }
14  class Student extends Person     // 声明抽象类的子类
15  {
16    public Student(String name,int age,String occupation)
17    { // 在这里必须明确调用抽象类中的构造方法
18      super(name,age,occupation);
```

```
19    }
20    public String talk()          // 实现 talk() 方法
21    {
22    return "学生——> 姓名："+ name +"，年龄："+ age +"，职业："+ occupation;
23    }
24 }
25 public class AbstractConstructor
26 {
27    public static void main(String[] args)
28    {
29       Student s = new Student("张三",18,"学生"); // 创建对象 s
30       System.out.println(s.talk()); // 调用实现的方法
31    }
32 }
```

保存并运行程序，结果如图 9-3 所示。

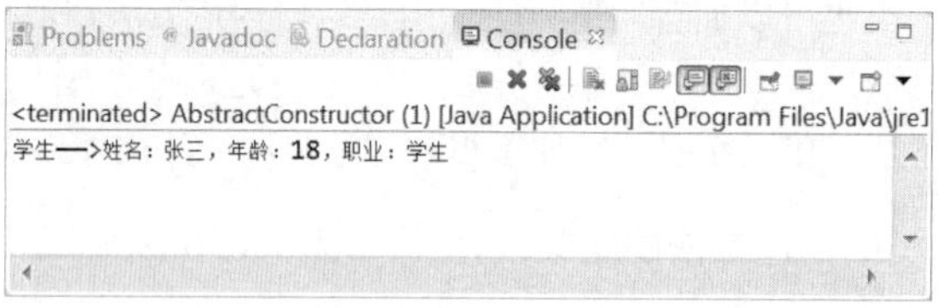

图 9-3

【代码详解】

第 01 ~ 第 13 行声明了 1 个名为 Person 的抽象类，在 Person 中声明了 3 个属性、1 个构造函数和 1 个抽象方法——talk( )。

第 14 ~ 第 24 行声明了 1 个 Student 类，此类继承自 Person 类，因为此类不为抽象类，所以需要在子类中实现 Person 类中的抽象方法——talk( )。

第 18 行使用 super( ) 方法，显式调用抽象类中的构造方法。

第 29 行实例化 Student 类，建立对象 s，并调用父类的构造方法初始化类属性。

第 30 行调用子类中实现的 talk( ) 方法。

【范例分析】

从程序中可以看到，抽象类也可以像普通类一样，有构造方法、一般方法和属性，更重要的是还可以有一些抽象方法，需要子类去实现，而且在抽象类中声明构造方法后，在子类中必须明确调用。

抽象类不能够使用 final 定义，因为使用 final 定义的类不能有子类，而抽象类使用的时候必须有子类，这是一个矛盾的问题，所以抽象类上不能出现 final 定义。

抽象类之中可以没有抽象方法，但即便没有抽象方法的抽象类，其"抽象"的本质也是不会发生变化的，所以也不能直接在外部通过关键字 new 实例化。

# 9.2 接口

### 9.2.1 接口的基本概念

在 Java 中，提供了一种机制，把对数据的通用操作（也就是方法），汇集在一起（the collections of common operation），形成一个接口（interface），以形成对算法的复用。

接口的一个关键特征是，它既不包含方法的实现，也不包含数据。换句话说，接口内定义的所有方法，都默认为 abstract，即都是"抽象方法"。

所以，当我们在一个接口定义一个变量时，系统会自动把"public static final"这 3 个关键字添加在变量前面，如下代码所示。

```
public interface faceA
{
    int NORTH = 1;
}
```

上面的代码等效为：

```
public interface faceA
{
    public static final int NORTH = 1;
}
```

接口的设计宗旨在于，定义由多个继承类共同遵守的"契约"。所以接口中所有成员的访问类型都必须为 public，否则不能被继承，从而失去"契约"内涵。

### 9.2.2 使用接口的原则

使用接口时，应注意遵守如下原则。

(1) 接口必须有子类，子类依靠 implements 关键字可以同时实现多个接口。

(2) 接口的子类（如果不是抽象类）必须实现接口之中的全部抽象方法，才能实例化对象。

(3) 利用子类实现对象的实例化，接口可以实现多态性。

接口与一般类一样，本身也拥有数据成员与方法,但数据成员一定要赋初值，且此值不能再更改，方法也必须是"抽象方法"或 default 方法。也正因为接口内的方法除 default 方法外必须是抽象方法，而没有其他一般的方法，所以在接口定义格式中，声明抽象方法的关键字 abstract 是可以省略的。

同理，因接口的数据成员必须赋初值，且此值不能再被更改，所以声明数据成员的关键字 final 也可省略。简写的接口定义如下。

```
interface A  // 定义一个接口
{
    public static String INFO = "Hello World ." ;  // 全局常量
    public void print() ;                          // 抽象方法
    default public void otherprint()
```

```
                              // 带方法体的默认方法
        System.out.println("default methods!");
      }
    }
```

在 Java 中，由于禁止多继承，而接口做了一点变通，一个子类可以"实现"多个接口实际上，这是"间接"实现多继承的一种机制，也是 Java 设计中的一个重要环节。

接口没有办法像一般类一样，用来创建对象。利用接口创建新类的过程，称为接口的实现（implementation）。

以下为接口实现的语法。

```
class 子类名称 implements 接口 A, 接口 B…    // 接口的实现
{
    …
}
```

【范例 9-3】带 default 方法接口的实现（Interfacedefault.java）

```
01  interface InterfaceA                    // 定义一个接口
02  {
03    public static String INFO = "static final." ; // 全局常量
04    public void print( ) ;                // 抽象方法
05
06    default public void otherprint( )        // 带方法体的默认方法
07    {
08        System.out.println("print default1 methods InterfaceA!");
09    }
10  }
11
12  class subClass implements InterfaceA     // 子类 InterfaceA 实现接口 InterfaceA
13  {
14    public void print( )             // 实现接口中的抽象方法 print( )
15    {
16        System.out.println("print abstract methods InterfaceA!");
17        System.out.println(INFO);
18    }
19  }
20  public class Interfacedefault
21  {
22    public static void main(String[ ] args)
23    {
24        subClass subObj = new subClass( );     // 实例化子类对象
```

```
25         subObj.print( );              // 调用"实现"过的抽象方法
26         subObj.otherprint( );          // 调用接口中的默认方法
27         System.out.println(InterfaceA.INFO);    // 输出接口中的常量
28     }
29 }
```

保存并运行程序，结果如图 9-4 所示。

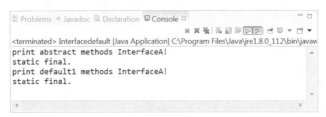

图 9-4

【代码详解】

第 01 ~ 第 10 行定义接口 InterfaceA，其中定义了全局静态变量 INFO、抽象方法 print() 及默认方法 otherprint()。

第 12 ~ 第 19 行定义子类 subClass，实现接口 InterfaceA，"实现"从接口 InterfaceA 继承而来的方法 print()。

第 24 行实例化子类对象，并调用在子类实现的抽象方法（第 25 行）和默认方法（第 26 行），输出接口 InterfaceA 的常量 INFO（第 27 行）。

【范例分析】

范例中定义了一个接口，接口中定义了常量 INFO，省略了关键词 final，定义了抽象方法 print()，也省略了 abstract，定义了带方法体的默认方法。

第 17 行和第 27 行分别引用接口中的常量。

在 Java 8 中，允许在一个接口中只定义默认方法，而没有一个抽象方法，下面举例说明。

【范例 9-4】仅有 default 方法接口的使用（Interfacedefaultonly.java）

```
01   interface InterfaceA            // 定义一个接口
02   {
03     default public void otherprint( )    // 带方法体的默认方法
04     {
05       System.out.println("print default1 methods only in InterfaceA!");
06     }
07   }
08   class subClass implements InterfaceA     // 子类 subClass 实现接口 InterfaceA
09   {
10     //do nothing
11   }
```

```
12  public class InterfaceDefaultOnly
13  {
14      public static void main(String[ ] args)
15      {
16          subClass subObj = new subClass( );  // 实例化子类对象
17          subObj.otherprint();                // 调用接口中的默认方法
18      }
19  }
```

保存并运行程序，结果如图 9-5 所示。

```
Problems  Javadoc  Declaration  Console

<terminated> InterfaceDefaultOnly [Java Application] C:\Program Files\Java\jre1.8.0_112\bin\
print default1 methods only in InterfaceA!
```

图 9-5

【代码详解】

第 01 ～ 第 07 行定义接口 InterfaceA，其中定义了默认方法 otherprint()。

第 08 ～ 第 10 行定义子类 subClass 实现接口 InterfaceA。

第 16 ～ 第 17 行实例化子类对象 subObj，并调用由接口 InterfaceA 继承而来的默认方法 otherprint()。

【范例分析】

由于接口 InterfaceA 中并无抽象方法，因此无抽象方法需要在子类中"实现"，所以子类 subClass 的主体部分什么也没有做，但这部分的工作是必需的，因为接口是不能（通过 new 操作）实例化对象的，即使子类 subClass 什么也没有做，其实也实现了一个功能，即由 subClass 可以实例化对象。

接口与抽象类相比，主要区别在于子类上，子类的继承体系中，永远只有一个父类，但子类却可以同时实现多个接口，变相完成"多继承"，如【范例 9-5】所示。

【范例 9-5】子类继承多个接口的应用（InterfaceDemo.java）

```
01  interface faceA    //定义一个接口
02  {
03      public static final String INFO = "Hello World!" ; // 全局常量
04      public abstract void print( ) ; //抽象方法
05  }
06  interface faceB    //定义一个接口
07  {
08      public abstract void get( ) ;
09  }
```

```
10   class subClass implements faceA,faceB
11   {   // 一个子类同时实现了两个接口
12       public void print( )
13       {
14           System.out.println( INFO ) ;
15       }
16       public void get( )
17       {
18           System.out.println(" 你好！ ") ;
19       }
20   }
21   public class InterfaceDemo
22   {
23       public static void main(String args[])
24       {
25           subClass subObj = new subClass() ; // 实例化子类对象
26
27           faceA fa = subObj ;   // 为父接口实例化
28           fa.print() ;
29
30           faceB fb = subObj ;   // 为父接口实例化
31           fb.get() ;
32       }
33   }
```

保存并运行程序，结果如图 9-6 所示。

图 9-6

【代码详解】

第 01 ~ 第 05 行定义接口 faceA，其中定义了全局变量 INFO 和抽象方法 print( )。

第 06 ~ 第 09 行定义接口 faceB，并定义了抽象方法 get( )。

第 10 ~ 第 20 行定义子类 subClass，同时实现接口 faceA 和 faceB，并分别对接口 faceA 和 faceB 中的抽象方法进行实现。

【范例分析】

由该范例可以发现，接口与抽象类相比，主要区别就在于子类上，子类可以同时实现多个接口。

但在 Java 8 中，如果一个类实现两个或多个接口，即"变相"继承，但是若其中两个接口中都包含一个名为 DefaultMethod() 的方法，如【范例 9-6】中的 faceA、faceB，但方法体不同，保存程序并运行，编译并不能通过，如图 9-7 所示。

【范例 9-6】同时实现含有两个相同默认方法名的接口（Interfacsamedefaults.java）

```
01  interface faceA              // 定义接口 faceA
02  {
03      void someMethod( );
04      default public void DefaultMethod( )// 定义接口中默认方法
05      {
06          System.out.println("Default method in the interface A");
07      }
08  }
09  interface faceB              // 定义接口 faceB
10  {
11      default public void DefaultMethod( )// 定义接口 faceB 中同名的默认方法
12      {
13          System.out.println("Default method in the interface B");
14      }
15  }
16  class DefaultMethodClass implements faceA,faceB  // 子类同时实现接口 faceA、faceB
17  {
18      public void someMethod( )              // 实现接口 faceA 的抽象方法
19          {
20          System.out.println("Some method in the subclass");
21      }
22  }
23  public class Interfacsamedefaults
24  {
25      public static void main(String[] args)
26      {
27          DefaultMethodClass def = new DefaultMethodClass( );
28          def.someMethod();        // 调用抽象方法
29          def.DefaultMethod();       // 调用默认方法
30      }
31  }
```

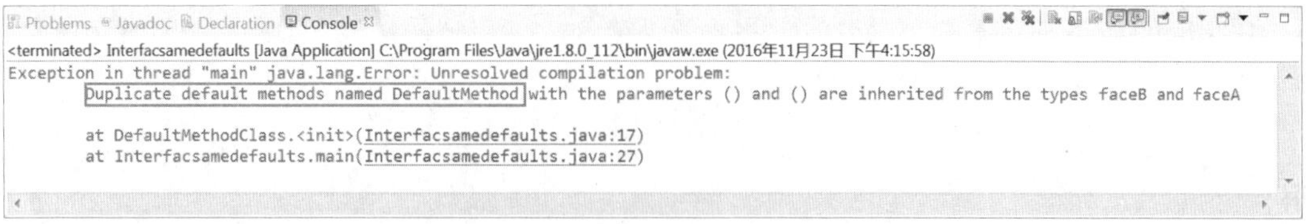

图 9-7

**【代码详解】**

第 01 ~ 第 08 行定义一个接口 faceA，其中定义了抽象方法 someMethod( ) 和默认方法 DefaultMethod( )。请注意，someMethod( ) 前面的 public 和 abstract 关键词可以省略，这是因为在接口内的所有方法（除了默认类型方法）都是"共有的"和"抽象的"，所以这两个关键词即使省略了，"智能"的编译器也会替我们把这两个关键词加上。

第 09 ~ 第 15 行定义了另外一个接口 faceB，其中定义了一个和接口 faceA 同名的默认方法 DefaultMethod( )，其实这两个默认方法的实现部分并不相同。

第 16 ~ 第 22 行定义了子类 DefaultMethodClass，同时实现接口 faceA 和 faceB，并对接口 faceA 中的抽象方法 someMethod( ) 给予实现。

代码第 27 行实例化子类 DefaultMethodClass 的对象。

**【范例分析】**

如果编译以上代码，编译器会报错，因为在实例化子类 DefaultMethodClass 的对象时，编译器不知道应该在两个同名的 default 方法 DefaultMethod 中选择哪一个（Duplicate default methods named DefaultMethod），产生了二义性。因此，一个类实现多个接口时，若接口中有默认方法，不能出现同名默认方法。

事实上，Java 之所以禁止多继承，就是希望避免类似的二义性。但在接口中允许实现默认方法，似乎又重新开启了"二义性"的灾难之门。

在"变相"实现的多继承中，如果说在一个子类中既要实现接口又要继承抽象类，则应该按照先继承后实现的顺序完成。

# 9.3  综合应用——我从哪里来

**【范例 9-7】** 我从哪里来——子类同时继承抽象类并实现接口（ExtendsInterface.java）

```
01  interface faceA
02  {   // 定义一个接口
03      String INFO = "Hello World." ;
04      void print( ) ; // 抽象方法
05  }
06  interface faceB
```

从零开始 | Java程序设计基础教程（云课版）

```
07    {  //定义一个接口
08       public abstract void get( ) ;
09    }
10    abstract class abstractC
11    {  //抽象类
12       public abstract void fun( ) ;    //抽象方法
13    }
14    class subClass extends abstractC implements faceA,faceB
15    {  //先继承后实现
16       public void print( )
17       {
18          System.out.println(INFO) ;
19       }
20       public void get( )
21       {
22          System.out.println(" 你好!   ") ;
23       }
24       public void fun( )
25       {
26          System.out.println(" 你好!   JAVA") ;
27       }
28    }
29    public class ExtendsInterface
30    {
31       public static void main(String args[])
32       {
33          subClass subObj = new subClass( ) ; //实例化子类对象
34          faceA fa = subObj ;   // 为父接口实例化
35          faceB fb = subObj ;   // 为父接口实例化
36          abstractC ac = subObj ;   // 为抽象类实例化
37
38          fa.print() ;
39          fb.get() ;
40          ac.fun();
41       }
42    }
```

保存并运行程序，结果如图 9-8 所示。

图 9-8

【代码详解】

第 01 ~ 第 05 行声明了一个接口 faceA，并在里面声明了 1 个常量 INFO 且赋初值 "Hello World."，同时定义了一个抽象方法 print( )。

第 06 ~ 第 09 行声明了一个接口 faceB，在其内定义了一个抽象方法 get( )。

第 10 ~ 第 13 行声明抽象类 abstractC，在其内定义了抽象方法 fun( )。

第 14 ~ 第 28 行声明子类 subClass，它先继承（extends）抽象类 B，随后实现（implements）接口 faceA 和 faceB。

第 33 行实例化了子类 subClass 的对象 subObj。

第 34 ~ 第 35 行实现父接口实例化。

第 36 行实现抽象类实例化。

【范例分析】

如果我们非要"调皮地"把第 14 行代码从原来的"继承在先，实现在后"，如下所示。

```
class subClass extends abstractC implements faceA,faceB
```

改成"实现在先，继承在后"，如下所示。

```
class subClass implements faceA,faceB extends abstractC
```

编译器是不会"答应"的，它会报错，如图 9-9 所示。

图 9-9

# 9.4　本章小结

(1) 抽象类和常规类一样，都有数据和方法，但是不能用 new 操作符创建抽象类的实例。

(2) 非抽象类中不能包含抽象方法。如果抽象类的子类没有实现所有被继承的父类抽象方法，就必须将该子类也定义为抽象类。

(3) 包含抽象方法的类必须是抽象类。但是，抽象类可以不包含抽象的方法。

(4) 即使父类是具体的，子类也可以是抽象的。

(5) 接口是一种与类相似的结构，只包含常量和抽象方法。接口在许多方面与抽象类很相近，但抽象类除了包含常量和抽象方法外，还可以包含变量和具体方法。

(6) 一个类仅能继承一个父类，但一个类却可以实现一个或多个接口。

(7) 一个接口可以继承一个或多个接口。

# 9.5　疑难解答

问：继承一个抽象类和继承一个普通类的主要区别是什么？（Java 面试题）

答：(1) 在普通类之中所有的方法都是有方法体的，如果说有一些方法希望由子类实现的时候，子类即使不实现，也不会出现错误。而如果重写了父类的同名方法，就构成了覆写。

(2) 如果使用抽象类，则抽象类之中的抽象方法在语法规则上就必须要求子类给予实现，这样就可以强制子类进行一些固定操作。

# 9.6　实战练习

(1) 设计一个限制子类的访问的抽象类实例，要求输出如下结果。

教师——> 姓名：刘三，年龄：50，职业：教师

工人——> 姓名：赵四，年龄：30，职业：工人

(2) 利用接口及抽象类设计实现：

① 定义接口圆形 CircleShape()，其中定义常量 PI，默认方法 area 计算圆面积；

② 定义圆形类 Circle 实现接口 CircleShape，包含构造方法和求圆周长方法；

③ 定义圆柱继承 Circle 实现接口 CircleShape，包含构造方法、圆柱表面积、体积；

④ 测试该程序。

(3) 复数包含实部和虚部，编写 Complex 类，实现两个复数的加减法，并实现 Comparable 接口，测试该程序。

(4) 将第 2 题的 Circle 类实现 Cloneable 接口。

(5) 将第 2 题的圆柱类实现 Comparable 接口。

# 第 10 章
# 异常的捕获与处理

**本章导读**

    不管是使用哪种计算机语言进行程序设计，都会产生各种各样的错误。Java 提供有强大的异常处理机制。在 Java 中，所有的异常都被封装到一个类中，程序出错时会将异常抛出。本章讲解 Java 中异常的基本概念、对异常的处理、异常的抛出，以及怎样编写自己的异常类。

**本章课时：理论 2 学时 + 上机 2 学时**

## 学习目标

▶ 异常的基本概念

▶ 异常类的处理流程

▶ throws 关键字

▶ throw 关键字

# 10.1　异常的基本概念

所谓异常（Exception），是指所有可能造成计算机无法正常处理的情况，如果事先没有做出妥善安排，严重时会使计算机宕机。

异常处理，是一种特定的程序错误处理机制，它提供了一种标准的方法，用以处理错误，发现可预知及不可预知的问题，以及允许开发者识别、查出和修改错漏之处。

处理错误的方法有如下几个特点。

(1) 不需要打乱原有的程序设计结构，如果没有任何错误产生，那么程序的运行不受任何影响。

(2) 不依靠方法的返回值来报告错误是否产生。

(3) 采用集中的方式处理错误，能够根据错误种类的不同进行对应的错误处理操作。

下面列出的是 Java 中几个常见的异常，括号内所注的英文是对应的异常处理类名称。

算术异常（ArithmeticException）：当算术运算中出现了除以零这样的运算时就会出现这样的异常。

空指针异常（NullPointerException）：没有给对象开辟内存空间却使用该对象时会出现空指针异常。

文件未找到异常（FileNotFoundException）：当程序试图打开一个不存在的文件进行读写时将会引发该异常。该异常经常是由于文件名错读，或者要存储的磁盘、CD-ROM 等被移走或没有放入等原因造成。

数组下标越界异常（ArrayIndexOutOfBoundsException）：对于一个给定大小的数组，如果数组的索引超过上限或低于下限都造成越界。

内存不足异常（OutOfMemoryException）：当可用内存不足以让 Java 虚拟机分配给一个对象时抛出该错误。

Java 通过面向对象的方法来处理异常。在一个方法的运行过程中，如果发生了异常，这个方法就会生成代表这异常的一个对象，并把它交给运行时系统，由运行时系统（Runtime System）再寻找一段合适的代码来处理这一异常。

我们把生成异常对象并把它提交给运行时系统的过程，称为异常的抛出（throw）。运行时系统在方法的调用栈中查找，并从生成异常的方法开始进行回溯，直到找到包含相应异常处理的方法为止，这一过程称为异常的捕获（catch）。

## 10.1.1　简单的异常范例

Java 本身已有较为完善的机制来处理异常的发生。下面我们先来"牛刀小试"，看看 Java 是如何处理异常的。下面所示的 TestException 是一个错误的程序，它在访问数组时，下标值已超过了数组下标所容许的最大值，因此会有异常发生。

【范例 10-1】数组越界异常范例（TestException.java）

```
01  public class TestException
02  {
03    public static void main( String args[] )
04    {
05      int[] arr = new int[5];        // 容许 5 个元素
06      arr[10] = 7;          // 下标值超出所容许的范围
```

```
07          System.out.println( "end of main() method !!" );
08      }
09  }
```

**【代码详解】**

在编译的时候，这个程序不会发生任何错误。但是，在执行到第 06 行时，因为它访问的数组的下标为 10，超过了 arr 数组所能允许的最大下标值 4（数组下标从 0 开始计数）。于是，就会产生如图 10-1 所示的错误信息。

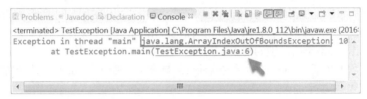

图 10-1

异常产生的原因在于数组的下标值超出了最大允许的范围。Java 虚拟机在检测到这个异常之后，便由系统抛出 "ArrayIndexOutOfBoundsException"，用来表示错误的原因，并停止运行程序。如果没有编写相应的处理异常的程序代码，Java 的默认异常处理机制会先抛出异常，然后停止运行程序。

需要读者注意的是，所谓的异常，都是发生在运行时的。凡是能运行的，自然都是没有语法错误的。比如说，"100/0"，即使是除数为 0，但这个语句本身也是没有语法错误的，因此在编译阶段不会出错。但是到了运行阶段，Java 虚拟机就报错，它会抛出异常。

### 10.1.2　异常的处理

在【范例 10-1】的异常发生后，Java 便把这个异常抛了出来，可是抛出来之后，并没有相应的程序代码去捕捉它，所以程序到第 06 行便结束，因此第 07 行根本就没有机会执行。

如果加上捕捉异常的代码，则可针对不同的异常，做出妥善的处理，这种处理的方式称为异常处理。

异常处理是由 try、catch 与 finally 等 3 个关键字所组成的程序块，其语法如下（方括号内的部分是可选部分）。

```
try{
    要检查的程序语句    ;
    …
}
catch( 异常类 对象名称 ){
    异常发生时的处理语句；
}
[
catch( 异常类 对象名称 ){
    异常发生时的处理语句；
}
catch( 异常类 对象名称 ){
    异常发生时的处理语句；
```

```
}
……
]
[ finally{
    一定会运行到的程序代码；
}]
```

Java 提供了 try（尝试）、catch（捕捉）及 finally（最终）这 3 个关键词来处理异常。这 3 个动作描述了异常处理的 3 个流程。

（1）我们把所有可能发生异常的语句，都放到一个 try 之后由花括号 { } 所形成的区块，称为 "try 区块"（try block）。程序通过 try{ } 区块准备捕捉异常。try 程序块若有异常发生，则中断程序的正常运行，并抛出 "异常类所产生的对象"。

（2）抛出的对象如果属于 catch() 括号内欲捕获的异常类，则这个 catch 块就会捕捉此异常，然后进入 catch 的块里继续运行。

（3）无论 try｛｝程序块是否捕捉到异常，或者捕捉到的异常是否与 catch() 括号里的异常相同，最终一定会运行 finally｛｝块里的程序代码。这是一个可选项。finally 代码块运行结束后，程序能再次回到 try-catch-finally 块之后的代码，继续执行。

由上述的过程可知，在异常捕捉的过程中至少做了两个判断：第 1 个是 try 程序块是否有异常产生，第 2 个是产生的异常是否和 catch() 括号内欲捕捉的异常相同。

值得一提的是，finally 块是可以省略的。如果省略了 finally 块，则在 catch() 块运行结束后，程序将跳到 try-catch 块之后继续执行。

根据这些基本概念与运行的步骤，可绘制出如图 10-2 所示的流程。

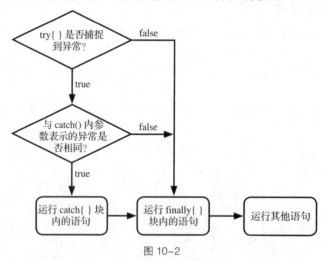

图 10-2

从上面的流程图可以看出，异常处理格式可以分为 3 类。

try｛｝…catch｛｝
try｛｝…catch｛｝…finally｛｝
try｛｝…finally｛｝

处理各种异常，需要用到对应的 "异常类"。"异常类" 指的是由程序抛出的对象所属的类。这个异常类如果是通用的，则会由 Java 系统提供；如果是非常个性化的，则需要程序员自己提供。例如，【范例 10-1】中出现的 "ArrayIndexOutOfBoundsException（数组索引越界异常）" 就是众多异常类中的一种，是由 Java 提供的异常处理类。

【范例 10-2】是对【范例 10-1】的改善，其中加入了 try 与 catch，使得程序本身具有了捕捉异常与处理异常的能力，因此，当程序发生数组越界异常时，也能保证程序以可控的方式运行。

【范例 10-2】异常处理的使用（DealException.java）

```
01    public class DealException
02    {
03        public static void main( String[] args )
04        {
05            try
06            // 检查这个程序块的代码
07            {
08                int arr[] = new int[5];
09                arr[10] = 7;    // 在这里会出现异常
10            }
11            catch( ArrayIndexOutOfBoundsException  ex )
12            {
13                System.out.println( "数组超出绑定范围！" );
14            }
15            finally
16            // 这个块的程序代码一定会执行
17            {
18                System.out.println( "这里一定会被执行！" );
19            }
20
21            System.out.println( "main() 方法结束！" );
22        }
23    }
```

保存并运行程序，结果如图 10-3 所示。

图 10-3

【代码详解】

第 08 行声明了一个名为 arr 的数组，并开辟了一个包含 5 个整型数据的内存空间。由于数组的下标是从 0 开始计数的，显然，数组 arr 能允许的最大合法下标为 4。

第 09 行尝试为数组中的下标为 10 的元素赋值。此时，这个下标值已经超出了该数组所能控制的范围，所以在运行时会发生数组越界异常。发生异常之后，程序语句转到 catch 语句中去处理，最后程序通过 finally 代码块统一结束。

【范例分析】

程序的第 05 ~ 第 10 行的 try 块是用来检查花括号 {} 内是否会有异常发生的。若有异常发生，且抛出的异常是属于 ArrayIndexOutOfBoundsException 类型，则会运行第 11 ~ 第 14 行的代码块。因为第 09 行所抛出的异常正是 ArrayIndexOutOfBoundsException 类，因此第 13 行会输出"数组超出绑定范围！"字符串。由本范例可看出，通过异常处理机制，即使程序运行时发生问题，只要能捕捉到异常，程序便能顺利地运行到最后，而且能适时地加入对错误信息的提示。

在【范例 10-2】的第 11 行，如果程序捕捉到了异常，则在 catch 括号内的异常类 ArrayIndexOutOfBoundsException 之后生成一个对象 ex，利用此对象可以得到异常的相关信息。【范例 10-3】说明了异常类对象 ex 的应用。

【范例 10-3】异常类对象 ex 的使用（excepObject.java）

```
01  public class excepObject
02  {
03    public static void main( String args[] )
04    {
05      try
06      {
07        int[] arr = new int[5];
08        arr[10] = 7;
09      }
10      catch( ArrayIndexOutOfBoundsException  ex ){
11        System.out.println( " 数组超出绑定范围！ " );
12        System.out.println( " 异常： " + ex ); // 显示异常对象 ex 的内容
13      }
14      System.out.println( "main() 方法结束！ " );
15    }
16  }
```

保存并运行程序，结果如图 10-4 所示。

图 10-4

【代码详解】

本例代码基本上和【范例 10-2】类似，所不同的是，在第 12 行输出了所捕获的异常对象 ex。

在第 10 行中，可以把 catch() 视为一个专门捕获异常的方法，括号中的内容可视为方法的参数，而 ex 就是 ArrayIndexOutOfBoundsException 类所实例化的对象。

对象 ex 接收到由异常类所产生的对象之后，就进到第 11 行，输出"数组超出绑定范围！"这一字符串，然后在第 12 行输出异常所属的种类——java.lang.ArrayIndexOutOfBoundsException，其中 java.lang 是 ArrayIndexOutOfBoundsException 类所属的包。

值得注意的是，如果要得到详细的异常信息，则需要使用异常对象的 printStackTrace() 方法。例如，如果我们在第 12 行后增加如下代码：

```
ex.printStackTrace();
```

则运行的结果如图 10-5 所示。

图 10-5

由运行结果可以看出，printStackTrace() 方法给出了更为详细的异常信息，不仅包括异常的类型，而且包括异常发生在哪个所属包、哪个所属类、哪个所属方法以及发生异常的行号。

【范例分析】

需要说明的是，finally { } 代码块的本意是，无论是否发生异常，这段代码最终（finally）都是要执行的。注意，在本例中，由于逻辑简单，finally{ } 代码块属于非必需的，所以省略了这部分代码块。

但在一些特殊情况下，这样做是危险的。比如，假设某个程序前面的代码申请了系统资源，在运行过程中发生异常，然后整个程序都跳转去执行异常处理的代码，异常处理完毕后，就终止程序，这样就会导致一种非常不好的后果，即后面释放系统资源的代码就没有机会执行，于是就发生"资源泄露"（即占据资源却没有使用，而且其他进程也没有机会使用，就好像资源减少了一样）。例如，

```
01   PrintWriter out = new PrintWriter(filename);
02   writeData(out);
03   out.close();        // 可能永远都无法执行这里
```

在上述代码中，第 01 行首先开辟一个有关文件的打印输出流（这是需要系统资源的），第 02 行，开始向这个文件写入数据，假设在这个过程中发生异常，整个程序被异常处理器接管，那么第 03 行可能永远都没有机会去执行，系统的资源也就没有办法释放。解决这个问题的方法就是使用 finally 块。

```
01   PrintWriter out = new PrintWriter(filename);
02   try
03   {
04       writeData(out); // 输出文件信息
05   }
06   finally
07   {
08       out.close(); // 关闭输出文件流
09   }
```

这样一来，即使 try{ } 语句块发生异常（如第 04 行），异常处理照样去做，但 finally{ } 中的代码也必须执行完毕。

【范例 10-3】示范的是如何操作一个异常处理，而事实上，在一个 try 语句之后可以跟上多个异常处理 catch 语句来处理多种不同类型的异常。请观察下面的范例。

【范例 10-4】通过初始化参数传递操作数字，使用多个 catch 捕获异常（arrayException.java）

```
01    public class arrayException
02    {
03        public static void main(String args[])
04        {
05            System.out.println("-----A、计算开始之前 ") ;
06            try {
07                int arr[] = new int[5];
08                arr[0] = 3;
09                arr[1] = 6;
10                //arr[1] = 0; // 除数为 0，有异常
11                //arr[10] = 7; // 数组下标越界，有异常
12                int result = arr[0] / arr[1] ;
13                System.out.println("------B、除法计算结果：" + result) ;
14            } catch (ArithmeticException  ex)
15            {
16                ex.printStackTrace() ;
17            } catch (ArrayIndexOutOfBoundsException  ex)
18            {
19                ex.printStackTrace() ;
20            } finally {
21                System.out.println("----- 此处不管是否出错，都会执行！！！ ") ;
22            }
23            System.out.println("-----C、计算结束之后。") ;
24        }
25    }
```

保存并运行程序，结果如图 10-6 所示。

图 10-6

【代码详解】

第 14 ~ 第 20 行使用了两个 catch 块来捕捉算术运算异常和数组越界异常，并使用异常对象的 printStackTrace() 将对异常的堆栈跟踪信息全部显示出来，这对调试程序非常有帮助，也是常见的编程语言的集成开发环境（如 Eclipse 等）常用的手段。

一开始，我们将导致异常的两行语句注释起来（第 10 行和第 11 行），这样程序运行起来就没有任何问题，运行结果如图 10-6 所示。但是我们也可看到，即使没有任何异常，finally 块内的语句还是照样运行了，其实这并非必需的模块。这就告诉我们，要有取舍地决定是否使用 finally 块。

如果我们取消第 10 行开始处的单行注释符号"//"，然后重新运行这个程序，其运行结果如图 10-7 所示。

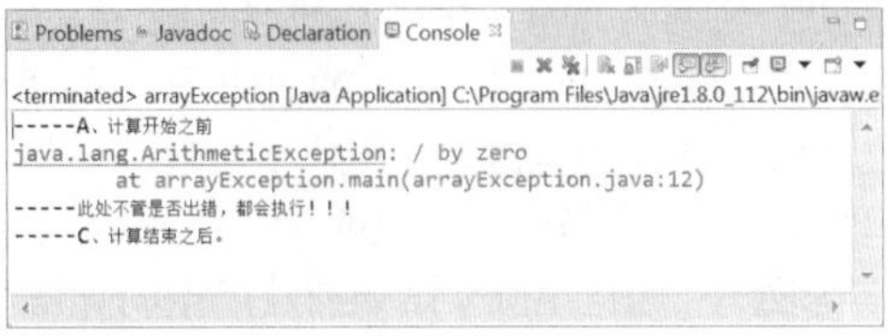

图 10-7

运行结果表明，如果令 arr[1] = 0，那么第 12 行就会产生"除数为 0"的异常，但即使出现了异常，从第 23 行输出结果可以看到，程序仍能正常全部运行。如果没有异常处理程序，程序运行到第 12 行就会终止，第 12 行前运行的中间结果就不得不全部抛弃（如果读者把第 12 行想象成第 120 行、第 1200 行……就更能理解在某些情况下，这种被迫放弃中间计算结果可能是一种浪费）。

如果注释第 10 行，而取消第 11 行开始处的单行注释符号"//"，然后重新运行这个程序，其运行结果如图 10-8 所示。

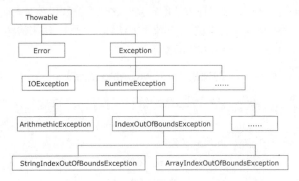

图 10-8

运行结果表明，如果令 arr[10] = 7，10 超过了数组的下标上限(4)，因此也发生异常，但程序还能正确运行完毕。由此，我们可以看到，范例程序使用了多个 catch，根据不同的异常分类，有的放矢地处理它们。

# 10.2　异常类的处理流程

在 Java 中，异常可分为 java.lang.Exception 类与 java.lang.Error 类两大类。这两个类均继承自 java.lang.Throwable 类。图 10-9 为 Throwable 类的继承关系图。

图 10-9

习惯上将 Error 类与 Exception 类统称为异常类，但二者在本质上还是有不同的。Error 类通常指的是 Java 虚拟机（JVM）出错，用户在程序里无法处理这种错误。

不同于 Error 类的是，Exception 类包含了一般性的异常，这些异常通常在捕捉到之后便可做妥善的处理，以确保程序继续运行。如【范例 10-2】所示的 "ArrayIndexOutOfBoundsException" 就是属于这种异常。在日后进行异常处理的操作之中，默认是针对 Exception 进行处理，而对于 Error 而言，无需普通用户关注。为了更好地说明 Java 之中异常处理的操作特点，下面给出异常处理的流程。

(1) 如果程序之中产生了异常，那么会自动地由 JVM 根据异常的类型，实例化一个指定异常类的对象；如果这个时候程序之中没有任何的异常处理操作，则这个异常类的实例化对象将交给 JVM 进行处理，而 JVM 的默认处理方式就是进行异常信息的输出，而后中断程序执行。

(2) 如果程序之中存在了异常处理，则会由 try 语句捕获产生的异常类对象；然后将该对象与 try 之后的 catch 进行匹配，如果匹配成功，则使用指定的 catch 进行处理，如果没有匹配成功，则向后面的 catch 继续匹配，如果没有任何的 catch 匹配成功，则这个时候将交给 JVM 执行默认处理。

(3) 不管是否有异常都会执行 finally 程序，如果此时没有异常，执行完 finally 则会继续执行程序之中的其他代码，如果此时有异常没有能够处理（没有一个 catch 可以满足），那么也会执行 finally，但是执行完 finally 之后，将默认交给 JVM 进行异常的信息输出，并且程序中断。

# 10.3　throws 关键字

在 Java 标准库的方法中，通常没有异常处理，而是交由使用者自行处理，如判断整数数据格式是否合法的 Integer.parseInt() 方法，就会抛出 NumberFormatException 异常。这是怎么做到的呢？看一下 API 文档中的方法原型。

```
public static int parseInt(String  s)
              throws NumberFormatException
```

就是这个 "throws" 关键字，如果字符串 s 中没有包含可解析的整数，就会 "抛出" 异常。使用 throws 声明的方法，表示此方法不处理异常，而由系统自动将所捕获的异常信息 "抛给" 上级调用方法。throws 使用格式如下。

```
访问权限 返回值类型 方法名称（参数列表）throws 异常类
{
   // 方法体;
}
```

上面的格式包括两个部分：一个普通方法的定义，这个部分和以前学习到的方法定义在模式上没有任何区别；方法后紧跟 "throws 异常类"，它位于方法体 { 之前，用来检测当前方法是否有异常，若有，则将该异常提交给直接使用这个方法的方法。

【范例 10-5】关键字 throws 的使用（throwsDemo.java）

```
01    public class throwsDemo
02    {
03        public static void main( String[] args )
04        {
05            int[ ] arr = new int[5];
```

```
06        try{
07          setZero( arr, 10 );
08        }
09        catch( ArrayIndexOutOfBoundsException e ){
10          System.out.println( " 数组超出绑定范围！" );
11          System.out.println( " 异常：" + e ); // 显示异常对象 e 的内容
12        }
13        System.out.println( "main() 方法结束！  " );
14    }
15    private static void setZero( int[ ] arr, int index )
16    throws ArrayIndexOutOfBoundsException
17    {
18        arr[ index ] = 0;
19    }
20  }
```

保存并运行程序，结果如图 10-10 所示。

图 10-10

【范例分析】

第 15 ~ 第 19 行定义了私有化的静态方法 setZero()，用于将数组的指定索引赋值为 0，由于没有检查下标是否越界（当然，并不建议这样做，这里只是显示一个抛出方法异常的例子），所以使用 throws 关键字抛出异常，"ArrayIndexOutOfBoundsException" 表明 setZero() 方法可能存在的异常类型。

一旦方法出现异常，setZero() 方法自己并不处理，而是将异常提交给它的上级调用者 main() 方法。而在 main 方法中，有一套完善的 try-catch 机制来处理异常。第 07 行中，调用 setZero() 方法，并有意使下标越界，用来验证异常检测与处理模块的运行情况。

# 10.4  throw 关键字

到现在为止，所有异常类对象全部是由 JVM 自动实例化的，但在某些特定的情况下，用户希望能亲自进行异常类对象的实例化操作，自己手工抛出异常，那么此时就需依靠 throw 关键字来完成了。

与 throws 不同的是，throw 可直接抛出异常类的实例化对象。throw 语句的格式如下。

throw 异常类型的实例；

执行这条语句时，将会 "引发" 一个指定类型的异常，也就是抛出异常。

【范例 10-6】关键字 throw 的使用（throwDemo.java）

```
01    public class throwDemo
```

```
02  {
03      public static void main( String[] args )
04      {
05        try{
06            // 抛出异常的实例化对象
07            throw new ArrayIndexOutOfBoundsException( "\n 我是个性化的异常信息：\n 数
组下标越界 " );
08        }
09        catch( ArrayIndexOutOfBoundsException ex )
10        {
11            System.out.println( ex );
12        }
13      }
14  }
```

保存并运行程序，结果如图 10-11 所示。

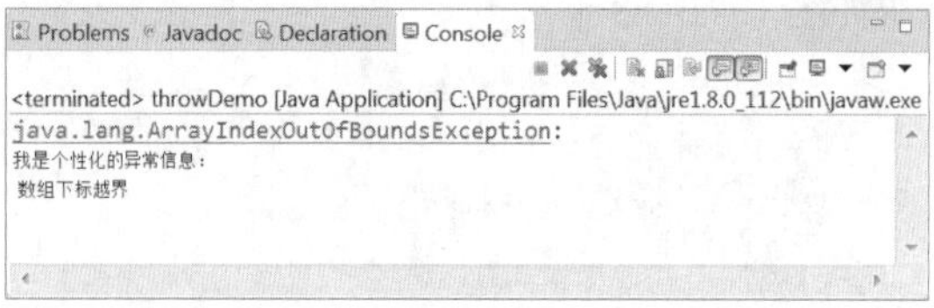

图 10-11

【范例分析】

第 07 行，通过 new 关键字，创建一个匿名的 ArrayIndexOutOfBoundsException 类型的异常对象，并使用 throw 关键字抛出。引发运行期异常，用户可以给出自己个性化的提示信息。

第 09 ～第 12 行，捕获产生的异常对象，并输出异常信息。

这里首先要说明的是，throw 关键字的使用完全符合异常的处理机制。但是，一般来讲，用户都在避免异常的发生，所以不会手工抛出一个新的异常类型的实例，而往往会抛出程序中已经产生的异常类实例。

# 10.5  综合应用——配合最重要

通过上面的学习，我们可以看到 throw 和 throws 虽然都是抛出异常，但是有差别的。

throw 语句用在方法体内部，表示抛出异常对象，由方法体内的 catch 语句来处理异常对象。

对比而言，throws 语句用在方法声明的后面，表示一旦抛出异常，由调用这个方法的上一级方法中的语句来处理。throw 抛出异常，内部消化；throws 抛出异常，领导（调用者）解决。

实际上，try…catch…finally、throw 及 throws 经常联合使用。例如，要设计一个将数组指定下标的元素置零的方法，同时要求在方法的开始和结束处都输出相应信息。

【范例 10-7】关键字 throws 与 throw 的配合使用（throwDemo02.java）

```
01   public class throwDemo02
02   {
```

```
03    public static void main( String[] args )
04    {
05        int[] arr = new int[5];
06        try{
07            setZero( arr, 10 );
08        }
09        catch( ArrayIndexOutOfBoundsException e ){
10            System.out.println( "异常:" + e ); // 显示异常对象 e 的内容
11        }
12
13        System.out.println( "main() 方法结束!" );
14    }
15
16    private static void setZero( int[] arr, int index )
17                    throws ArrayIndexOutOfBoundsException
18    {
19        System.out.println( "------- 方法 setZero 开始 -------" );
20
21        try{
22            arr[index] = 0;
23        }
24        catch( ArrayIndexOutOfBoundsException  ex ){
25            throw ex;
26        }
27        finally{
28            System.out.println( "------- 方法 setZero 结束 -------" );
29        }
30    }
31 }
```

保存并运行程序，结果如图 10-12 所示。

图 10-12

【范例分析】

第 16 ~ 第 30 行定义了私有化的静态方法 setZero()，定义为静态方法的原因在于这个方法可以不用生成对象即可调用，这样是为了简化代码，更清楚地说明当前问题。在第 17 行使用 throws 关键字，将 setZero() 方法中的异常，传递给它的"上级"——调用者 main() 方法，由 main() 方法提供解决异常的方案。事实上，从 main 方法中的第 09 行开始，的确就有一个专门的异常处理模块。

第 25 行使用 throw 抛出异常。throw 总是出现在方法体中，一旦它抛出一个异常，程序会在 throw 语句后立即终止，后面的语句就没有机会再接着执行，然后在包含它的所有 try 块中（也可能在上层调用方法中）从里向外寻找含有与其异常类型匹配的 catch 块，并加以处理。

第 19 行和第 28 行分别输出方法开始和方法结束。

# 10.6　本章小结

(1) 当声明一个方法时，如果这个方法可能抛出一个必检异常，则必须进行声明，从而告诉编译器可能会出现什么错误。

(2) 声明异常的关键字是 throws，而抛出异常的关键字是 throw。

(3) 在 catch 块中，异常的指定顺序是非常重要的。如果在指定一个类的异常对象之前指定了这个异常类的父类的异常对象，就会导致一个编译错误。

(4) 当方法中发生异常时，如果异常没有被捕获，方法将立刻退出。如果要在方法退出前执行一些任务，可以在方法中捕获这个异常，然后重新抛给它的调用者。

(5) 任何情况下都会执行 finally 块中的代码，不管 try 块中是否出现了异常，或者出现异常后是否捕获了该异常。

# 10.7　疑难解答

问：异常类型的继承关系如何？

答：异常类型的最大父类是 Throwable 类，其分为两个子类，分别为 Exception、Error。Exception 表示程序可处理的异常，而 Error 表示 JVM 错误，一般无需程序开发人员自己处理。

问：RuntimeException 和 Exception 的区别是什么？

答：RuntimeException 类是 Exception 类的子类，Exception 定义的异常必须处理，而RuntimeException 定义的异常，可以有选择性地进行处理。

# 10.8　实战练习

(1) 编写应用程序，从命令行输入两个整数参数，求它们的商。要求程序中捕获可能发生的异常。

(2) 创建一个由 100 个随机选取的整数构成的数组。提示用户输入数组的下标，然后显示对应的元素值。如果指定的下标越界，就显示消息 Out of Bounds。

(3) 捕获除数为 0 时异常 ArithmeticException 并输出。

(4) 设计一个实例，捕获 NullPointerException。

(5) 创建一个自定义异常类，并写出测试程序捕获这个异常。

# 第 11 章

# 多线程

**本章导读**

  在 Java 中，采用多线程机制可以使计算机资源得到更充分的使用，多线程可以使程序在同一时间内完成很多操作。本章讲解进程与线程的共同点和区别、实现多线程的方法、线程的状态、对线程操作的方法、多线程的同步、线程间的通信以及线程生命周期的控制等内容。

**本章课时：理论 2 学时 + 上机 2 学时**

**学习目标**

  ▶ 感知多线程

  ▶ 体验多线程

  ▶ 线程的状态

  ▶ 线程操作的一些方法

# 11.1　感知多线程

任何抽象的理论（本质）都离不开具体的现象。通过现象比较容易看清楚本质，在讲解 Java 的多线程概念之前，我们先从现实生活中体会一下"多线程"。

在高速公路收费匝道上，经常会看到排成长龙的车队。如果让你来缓解这一拥塞的交通状况，你的方案是什么呢？很自然地，你会想到多增加几个收费匝道，这样便能同时通过更多的车辆。如果把进程比作一个高速公路的收费站，那么这个地点的多个收费匝道就可以比作线程。

再举一个例子。在一个行政收费大厅里，如果只有一个办事窗口，等待办事的客户很多，如果排队序列中前面的一个客户没有办完事情，后面的客户再着急也无济于事。一个较好的方案就是在行政大厅里多开放几个窗口，更一般的情况是，每个窗口可以办理不同的事情，这样客户可以根据自己的需求来选择服务的窗口。如果把行政大厅比作一个进程，那么每一个办事窗口就都是一个线程。

由此我们可以发现，多线程技术就在我们身边，且占据着非常重要的地位。多线程是实现并发机制的一种有效手段，其应用范围很广。Java 的多线程是一项非常基本和重要的技术，在偏底层和偏技术的 Java 程序中不可避免地要使用到它，因此，我们有必要学习好这一技术。

# 11.2　体验多线程

在传统的编程语言里，运行的顺序总是顺着程序的流程走，遇到 if 语句就加以判断，遇到 for 等循环就会反复执行几次，最后程序还是按着一定的流程走，且一次只能执行一个程序块。

Java 中的多线程打破了这种传统的束缚。所谓的线程（Thread），是指程序的运行流程，可以看作进程的一个执行路径。多线程的机制则是指，可以同时运行多个程序块（进程的多条路径），可克服传统程序语言所无法解决的问题。例如，有些循环可能运行的时间比较长，此时便可让一个线程来做这个循环，另一个线程做其他事情，比如与用户交互。

【范例 11-1】单一线程的运行流程（ThreadDemo_1.java）

```
01    public class ThreadDemo_1
02    {
03      public static void main( String args[] )
04      {
05        new TestThread().run();
06        // 循环输出
07        for( int i = 0; i < 5; ++i )
08        {
09          System.out.println( "main 线程在运行 " );
10        }
11      }
```

```
12    }
13
14  class TestThread
15  {
16     public void run()
17     {
18        for( int i = 0; i < 5; ++i )
19        {
20           System.out.println( "TestThread 在运行" );
21        }
22     }
23  }
```

保存并运行程序，结果如图 11-1 所示。

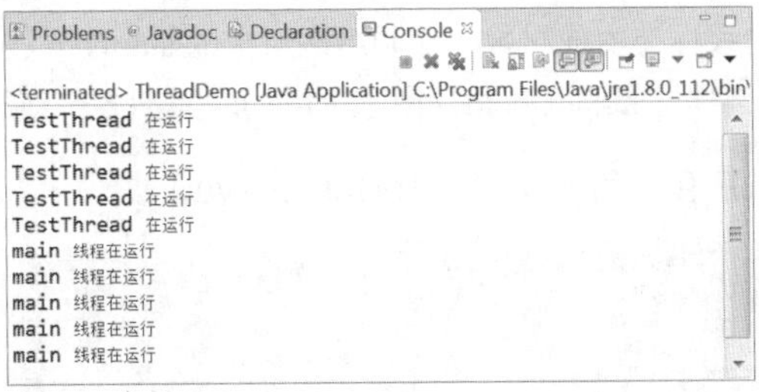

图 11-1

【代码详解】

第 16 ~ 第 22 行定义了 run() 方法，用于循环输出 5 个连续的字符串。

在第 05 行中，使用 new 关键字创建了一个 TestThread 类的无名对象，之后这个类名通过点操作符 "." 调用这个无名对象的 run() 方法，输出 "TestThread 在运行"，最后执行 main 方法中的循环，输出 "main 线程在运行"。

【范例分析】

从本范例中可看出，要运行 main 方法中的 for 循环（第 06 ~ 第 10 行），必须等 TestThread 类中的 run() 方法执行完，假设 run() 方法不是一个简单的 for 循环，而是一个运行时间很长的方法，那么即使后面的代码块（例如 main 方法后面的 for 循环块）不依赖于前面代码块的计算结果，它也"无可奈何"地必须等待。这便是单一线程的缺陷。

在 Java 里，是否可以并发运行第 09 和第 20 行的语句，使得字符串 "main 线程在运行" 和 "TestThread 在运行" 交替输出呢？答案是肯定的，其方法是在 Java 里激活多个线程。下面我们就开始学习 Java 中如何激活多个线程。

### 11.2.1  通过继承 Thread 类实现多线程

Thread 类存放于 java.lang 类库里。java.lang 包中提供常用的类、接口、一般异常、系统等编程语言的核心内容，如基本数据类型、基本数学函数、字符串处理、线程、异常处理类等，正因为这个类库非常常用，所以 Java 系统默认加载（import）这个包，我们可以直接使用 Thread 类，而无需显式加载。

由于在 Thread 类中已经定义了 run() 方法，因此用户要实现多线程，必须定义自己的子类，该子类继承于 Thread 类，同时要覆写 Thread 类的 run 方法。也就是说，要使一个类可激活线程，必须按照下面的语法来编写。

```
class 类名称 extends Thread // 从 Thread 类扩展出子类
{
    属性…
    方法…
    修饰符 run()// 覆写 Thread 类里的 run() 方法
    {
        程序代码；// 激活的线程，将从 run 方法开始执行
    }
}
```

然后使用用户自定义的线程类生成对象，并调用该对象的 start() 方法，从而激活一个新的线程。下面我们按照上述语法重新编写 ThreadDemo，使它可以同时激活多个线程。

【范例 11-2】同时激活多个线程（ThreadDemo.java）

```
01   public class ThreadDemo
02   {
03     public static void main( String args[] )
04     {
05       new TestThread().start();   // 激活一个线程
06       // 循环输出
07       for( int i = 0; i < 5; ++i )
08       {
09         System.out.println( "main 线程在运行" );
10         try {
11           Thread.sleep(1000);             // 睡眠 1 秒
12         } catch( InterruptedException e ) {
13           e.printStackTrace( );
14         }
15       }
16     }
17   }
18   class TestThread extends Thread
19   {
20     public void run( )
21     {
22       for( int i = 0; i < 5; ++i )
```

```
23      {
24          System.out.println( "TestThread 在运行 " );
25          try {
26              Thread.sleep(1000);              // 睡眠 1 秒
27          } catch( InterruptedException e ) {
28              e.printStackTrace( );
29          }
30      }
31   }
32 }
```

保存并运行程序，结果如图 11-2 所示。

图 11-2

【代码详解】

第 18 ~ 第 32 行定义了 TestThread 类，它继承自父类 Thread，并覆写了父类的 run( ) 方法（第 20 行）。因此，可以使用这个类创建一个新线程对象。在 run( ) 方法中，使用了 try-catch 模块用来捕获可能产生的异常。

第 27 行中的 InterruptedException 表示中断异常类，Thread.sleep() 和 Object.wait() 都可能抛出这类中断异常。一旦发生异常，printStackTrace( ) 方法会输出详细的异常信息。

第 05 行创建了一个 TestThread 类的匿名对象，并调用 start( ) 方法创建了一个新的线程。

第 11 行和第 26 行使用 Thread.sleep (1000) 方法使两个线程休眠 1000 毫秒，以模拟其他的耗时操作。如果省略这两条语句，这个程序的运行结果可能和【范例 11-1】一样（类似），具体的原因将在 11.3 节中讲解。

需要注意的是，读者运行本例程的结果，可能和书中提供的运行结果不一样，这是容易理解的，因为多线程的执行顺序存在不确定性。

### 11.2.2 通过实现 Runnable 接口实现多线程

从前面的章节中我们已经学习到，在 Java 中不允许多继承，即一个子类只能有一个父类，因此如果一个类已经继承了其他类，那么这个类就不能再继承 Thread 类。此时，如果一个其他类的子类又希望采用多线程技术，那么就要用到 Runnable 接口来创建线程。我们知道，一个类是可以继承多个接口的，而这就间接实现了多继承。

通过实现 Runnable 接口，实现多线程的语法如下。

```
class 类名称 implements Runnable              // 实现 Runnable 接口
```

```
{
    属性…
    方法…
    public void run()   // 实现 Runnable 接口里的 run 方法
    {       // 激活的线程将从 run 方法开始运行
        程序代码…
    }
}
```

需要注意的是，激活一个新线程需要使用 Thread 类的 start( ) 方法。

【范例 11-3】用 Runnable 接口实现多线程使用实例（RunnableThread.java）

```
01   public class RunnableThread
02   {
03      public static void main( String args[] )
04      {
05          TestThread newTh = new TestThread( );
06          new Thread( newTh ).start( );    // 使用 Thread 类的 start 方法启动线程
07          for( int i = 0; i < 5; i++ )
08          {
09              System.out.println( "main 线程在运行" );
10              try {
11                  Thread.sleep(1000);    // 睡眠 1 秒
12              } catch( InterruptedException e ) {
13                  e.printStackTrace( );
14              }
15          }
16      }
17   }
18   class TestThread implements Runnable
19   {
20      public void run( ) // 覆写 Runnable 接口中的 run( ) 方法
21      {
22          for( int i = 0; i < 5; i++ )
23          {
24              System.out.println( "TestThread 在运行" );
25              try
26              {
27                  Thread.sleep(1000);    // 睡眠 1 秒
28              }
```

```
29          catch( InterruptedException e )
30          {
31              e.printStackTrace( );
32          }
33      }
34  }
35  }
```

保存并运行程序，结果如图 11-3 所示。

图 11-3

【代码详解】

第 18 行中的 TestThread 类实现了 Runnable 接口，同时覆写了 Runnable 接口之中的 run( ) 方法（第 20 ~ 第 34 行），也就是说，TestThread 类是一个多线程 Runnable 接口的实现类。

第 05 行实例化了一个 TestThread 类的对象 newTh。

第 06 行实例化一个 Thread 类的匿名对象，然后将 TestThread 类的对象 newTh 作为 Thread 类构造方法的参数，之后再调用这个匿名 Thread 类对象的 start( ) 方法启动多线程。

【范例分析】

可能读者会不理解，为什么 TestThread 类已经实现了 Runnable 接口，还需要调用 Thread 类中的 start( ) 方法，才能启动多线程呢？查找 Java 开发文档就可以发现，在 Runnable 接口内，只有一个 run 方法，如表 11-1 所示。

表 11-1

| 方法摘要 | |
| --- | --- |
| void run() | 实现 Runnable 接口的具体类，它定义一个线程对象时，通过线程的 start() 方法启动线程，运行的线程内容是在 run() 方法定义的 |

也就是说，在 Runnable 接口中，run( ) 方法代表的是算法，它是程序员希望让某个线程执行的功能，并不是现在就让线程运行起来，读者千万不要被这个单词本身的含义迷惑。

正在让线程运行起来，进入 CPU 队列中执行，则需要调用 Thread 类的 start( ) 方法。对于这一点，我们通过查找 JDK 文档中的 Thread 类可以看到，在 Thread 类之中有如下的一个构造方法。

public Thread( Runnable  target )

由此构造方法可以看到，可以将一个 Runnable 接口（或其子类）进行实例化。可以这么理解，Runnable（严格来说，是 Runnable 的实现子类）只负责线程的功能设计，从 "Runnable" 的字面意思来看，它表示 "可运行的" 部分，这还仅仅是一个 "算法" 层面的设计。如果要让它运行起来，还必须把算法以参数的形式传递给 Thread 类。在这里，Thread 更像一个提供运行环境的舞台，而 Runnable 是登台表演的大戏。大戏的设计主要在 Runnable 中的 run( ) 方法里完成。

### 11.2.3　两种多线程实现机制的比较

从前面的分析得知，不管实现了 Runnable 接口还是继承了 Thread 类，其结果都是一样的，那么这二者之间到底有什么关系呢？

通过查阅 JDK 文档可知，Runnable 接口和 Thread 类之间的联系如图 11-4 所示。

图 11-4

由图 11-4 可知，Thread 类实现了 Runnable 接口。即在本质上，Thread 类是 Runnable 接口众多的实现子类中的一个，它的地位其实和我们自己写一个 Runnable 接口的实现类没有多大区别。所不同的是，Thread 不过是 Java 官方提供的设计而已。

通过前面章节的学习可以知道，接口是功能的集合，也就是说，只要实现了 Runnable 接口，就具备了可执行的功能，其中 run() 方法的实现就是可执行的表现。

Thread 类和 Runnable 接口都可以实现多线程，那么二者之间除了上面这些联系之外，还有什么区别呢？下面通过编写一个应用程序来比较分析。范例是一个模拟铁路售票系统，实现 4 个售票点发售某日某次列车的车票 5 张，一个售票点用一个线程来模拟，每卖出一张票，总票数减 1。我们首先用继承 Thread 类来实现上述功能。

【范例 11-4】使用 Thread 实现多线程模拟铁路售票系统（ThreadDemo.java）

```
01   public class ThreadDemo
02   {
03     public static void main( String[] args )
04     {
05       TestThread newTh = new TestThread( );
06       // 一个线程对象只能启动一次
07       newTh.start( );
08       newTh.start( );
09       newTh.start( );
10       newTh.start( );
11     }
12   }
13   class TestThread extends Thread
14   {
15     private int tickets = 5;
```

```
16      public void run( )
17      {
18        while( tickets > 0 )
19        {
20          System.out.println( Thread.currentThread().getName( ) + " 出售票 " + tickets );
21          tickets -= 1;
22        }
23      }
24    }
```

保存并运行程序，结果如图 11–5 所示。

图 11–5

【代码详解】

第 05 行创建了一个 TestThread 类的实例化对象 newTh，之后调用了 4 个此对象的 start() 方法（第 07 ~ 第 10 行）。但从运行结果可以看到，程序运行时出现了"异常"（Exception），之后却只有一个线程在运行。这说明一个类继承了 Thread 类之后，这个类的实例化对象（如本例中的 newTh），无论调用多少次 start( ) 方法，结果都只有一个线程在运行。

另外，在第 20 行可以看到 "Thread.currentThread().getName()"，此语句表示取得当前运行的线程名称（在本例中为 "Thread–0"），此方法还会在后面讲解，此处仅作了解即可。

下面修改【范例 11–4】程序，让 main 方法这个进程产生 4 个线程。

【范例 11–5】修改【范例 11–4】，使 main 方法里产生 4 个线程（ThreadDemo.java）

```
01    public class ThreadDemo
02    {
03      public static void main(String[]args)
04      {
05        // 启动了 4 个线程，分别执行各自的操作
06        new TestThread( ).start( );
07        new TestThread( ).start( );
08        new TestThread( ).start( );
09        new TestThread( ).start( );
10      }
11    }
```

```
12   class TestThread extends Thread
13   {
14       private int tickets = 5;
15       public void run( )
16       {
17           while (tickets > 0)
18           {
19               System.out.println(Thread.currentThread().getName() + " 出售票 " + tickets);
20               tickets -= 1;
21           }
22       }
23   }
```

保存并运行程序，结果如图 11-6 所示。

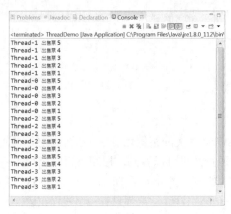

图 11-6

【代码详解】

第 06 ~ 第 09 行，使用 4 次 new TestThread()，创建 4 个 TestThread 匿名对象，然后分别调用这 4 个匿名对象的 start()，成功创建 4 个线程对象。

从输出结果可以看到，这 4 个线程对象各自占有自己的资源。例如，这 4 个线程的每个线程都有自己的私有数据 tickets（第 14 行）。但我们的本意是，车站一共有 5 张票（即这 4 个线程的共享变量 tickets），每个线程模拟一个售票窗口，它们相互协作把这 5 张票卖完。

但从运行结果可以看出，每个线程都卖了 5 张票（tickets 成为每个线程的私有变量），这样就共卖出了 4×5=20 张票，这不是我们所需要的。因此，用线程的私有变量难以达到资源共享的目的。变通的方法是，把私有变量 tickets 变成静态（static）成员变量，即可达到资源共享。

那么如果我们实现 Runnable 接口会如何呢？下面的范例也是修改自【范例 11-4】，读者可以观察输出的结果。

【范例 11-6】使用 Runnable 接口实现多线程，并实现资源共享（RunnableDemo.java）

```
01   public class RunnableDemo
```

```
02  {
03    public static void main( String[] args )
04    {
05      TestThread newTh = new TestThread( );
06      // 启动了 4 个线程，并实现了资源共享的目的
07      new Thread( newTh ).start( );
08      new Thread( newTh ).start( );
09      new Thread( newTh ).start( );
10      new Thread( newTh ).start( );
11    }
12  }
13  class TestThread implements Runnable
14  {
15    private int tickets = 5;
16    public void run( )
17    {
18      while( tickets > 0 )
19      {
20        System.out.println( Thread.currentThread().getName() + " 出售票 "+ tickets );
21        tickets -= 1;
22      }
23    }
24  }
```

保存并运行程序，结果如图 11-7 所示。

图 11-7

【代码详解】

第 07 ~ 第 10 行启动了 4 个线程。从程序的输出结果来看，尽管启动了 4 个线程对象，但结果它们共同操纵同一个资源（即 tickets=5），也就是说，这 4 个线程协同把 5 张票卖完了，达到了资源共享的目的。

可见，实现 Runnable 接口相对于继承 Thread 类来说，有如下显著的优势。

(1) 避免了由于 Java 的单继承特性带来的局限。

(2) 可使多个线程共享相同的资源，以达到资源共享的目的。

【范例分析】

细心的读者如果多运行几次本程序就会发现，程序的运行结果不唯一。事实上，就是产生了与

时间有关的错误。这是"共享"付出的代价，比如在上面的运行结果中，第5张票就被线程0、线程2和线程3卖了3次，出现"一票多卖"的现象。这是当tickets=1时，线程0、线程2和线程3都同时看见了，满足条件tickets > 0，当第一个线程把票卖出去后，tickets理应减1（参见第21行），当它还没有来得及更新，当前线程的运行时间片就到了，必须退出CPU，让其他线程执行，而其他线程看到的tickets依然是旧状态（tickets=1），所以，依次也把那张已经卖出去的票再次"卖"出去了。

事实上，在多线程运行环境中，tickets属于典型的临界资源（Critical resource），而第13～第17行就属于临界区（Critical Section）。

### 11.2.4 Java 8 中运行线程的新方法

在Java 8中新引入了Lambda表达式，使得创建线程的形式亦有所变化。这里提到的Lambda表达式，相当于大多数动态语言中常见的闭包、匿名函数的概念。使用方法有点类似于C/C++语言中的一个函数指针，这个指针可以把一个函数名作为一个参数传递到另外一个函数中。

利用Lambda表达式，创建新线程的示范代码如下。

```
Thread  thread = new Thread(() -> {System.out.println("Java 8");}).start();
```

可以看到，这段代码比前面章节学习到的创建线程的代码精简多了，也有较好的可读性。下面对这个语句进行分析。

() -> {System.out.println("Java 8");} 就是Lambda表达式，这个语句等同于创建了Runnable()接口的一个匿名子类，并用new操作创建了这个子类的匿名对象，然后再把这个匿名对象当作Thread类的构造方法中的一个参数。

由此可见，Lambda表达式的结构可大体分为3部分。

⑴最前面的部分是一对括号，里面是参数，这里无参数，就是一对空括号。

⑵中间的是 ->，用来分割参数和主体部分。

⑶主体部分可以是一个表达式或者一个语句块，用花括号括起来。如果是一个表达式，表达式的值会被作为返回值返回；如果是语句块，需要用return语句指定返回值。

【范例11-7】利用Lambda表达式创建新线程（LambdaDemo.java）

```
01   public class LamdaDemo
02   {
03     public static void main( String[] args )
04     {
05       Runnable task = () -> {
06         String threadName = Thread.currentThread().getName();
07         System.out.println("Hello " + threadName);
08       };
09
10       task.run();
11       Thread thread = new Thread(task);
```

```
12          thread.start();
13
14          System.out.println("Done!");
15      }
16  }
```

保存并运行程序，结果如图 11-8 所示。

图 11-8

【代码详解】

第 05 ~ 第 08 行，用 Lambda 表达式实现了 Runnable，同时定义了 run( ) 方法，并定义了一个 Runnable 接口的对象 task。其中，用花括号 { } 括起来的第 06 行和第 07 行就是 run( ) 方法的内容。第 10 行，调用了这个 run( ) 方法。请读者注意的是，此时只有一个 main 线程在运行，在第 10 行调用 run( ) 方法和调用其他对象的方法没有任何区别，它的作用就是显示"Hello"加上当前线程的名字，而当前的线程就是 main。

第 11 行是 Runnable 的对象 task，以参数传递的形式，传递给一个 Thread 对象 thread。然后通过 start() 启动这个线程（第 12 行），从此刻开始，系统中有两个线程，一个是 main，一个就是刚刚创建的 thread，这个 thread 的功能就是由 task 决定的，确切来说，是由 task 的 run() 方法的功能决定的。而这个方法的作用就是显示"Hello"加上当前线程的名字，此时的当前线程就是新线程 thread，它的名字，如果用户不显式指定，就是"Thread-0"，如果再调用一次 start() 方法，这个新线程的名称就是"Thread-1"，以此类推。

第 14 行是主线程 main 输出"Done"。图 11-8 输出的结果可能不唯一，这取决于是 thread 线程还是 main 线程，哪个先运行完毕。事实上，我们可以在 11.4.4 节学习线程联合 join( ) 方法来控制线程的执行顺序。

# 11.3　线程的状态

每个 Java 程序都有一个默认的主线程，对于 Java 应用程序，主线程是 main 方法执行的线程。要实现多线程，必须在主线程中创建新的线程对象。

正如一条公路会有它的生命周期，例如规划、建造、使用、停用、拆毁等状态，而一个线程也有类似的这几种状态。线程具有创建、运行（包括就绪、运行）、等待（包括一般等待和超时等待）、阻塞、终止等 7 种状态。线程状态的转移与转移原因之间的关系如图 11-9 所示。

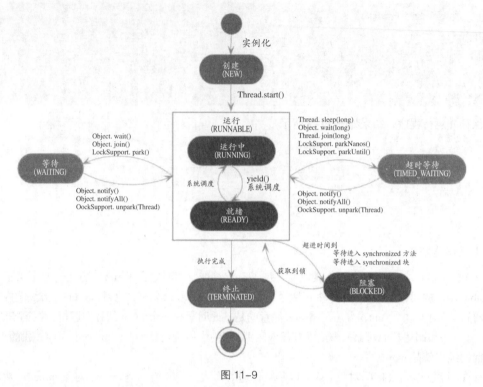

图 11-9

在给定时刻上，一个线程只能处于一种状态（详见 JDK 文档 Thread.State）。

(1) NEW（创建态）：初始状态，线程已经被构建，但尚未启动，即还没有被调用 start() 方法。

(2) RUNNABLE（运行态）：正在 Java 虚拟机中执行的线程处于这种状态。在 Java 的线程概念中，将操作系统中的"就绪（READY）"和"运行（RUNNING）"两种状态统称为"可运行态"（RUNNABLE）。

(3) BLOCKED（阻塞态）：受阻塞，并等待于某个监视锁。

(4) WAITING（无限等待态）：无限期地等待，表明当前线程需要等待其他线程执行某一个特定操作（如通知或中断等）。

(5) TIMED_WAITING（超时等待态）：与 WAITING 状态不同，它可以在指定的等待时间后自行返回。

(6) TERMINATED（终止态）：表示当前线程已经执行完毕。

# 11.4 线程操作的一些方法

在下面的内容中，我们介绍一些常用的线程处理方法。更多方法的使用细节，读者可以查阅 SDK 文档。

## 11.4.1 取得和设置线程的名称

在 Thread 类中，可以通过 getName() 方法取得线程的名称，还可以通过 setName() 方法设置线程的名称。线程的名称一般在启动线程前设置，但也允许为已经运行的线程设置名称。虽然也允许两个 Thread 对象有相同的名称，但为了清晰，应尽量避免这种情况的出现。如果程序并没有为线程制定名称,系统会自动为线程分配名称。此外,Thread 类中 currentThread() 也是个常用的方法,它是个静态方法,该方法的返回值是执行该方法的线程实例。

【范例 11-8】线程名称的操作(GetNameThreadDemo.java)

```
01   public class GetNameThreadDemo extends Thread{
02     public void run( ){
03       for( int i = 0; i < 3; ++i ){
04         printMsg();
05         try{
06           Thread.sleep(1000);      // 睡眠 1 秒
07         }catch( InterruptedException e ){
08           e.printStackTrace();
09         }
10       }
11     }
12
13     public void printMsg( ){
14       // 获得运行此代码的线程的引用
15       Thread  t = Thread.currentThread();
16       String name = t.getName();
17       System.out.println( "name = " + name );
18     }
19
20     public static void main( String[] args ){
21       GetNameThreadDemo t1 = new GetNameThreadDemo();
22       t1.start( );
23       for( int i = 0; i < 3; ++i ){
24         t1.printMsg();
25         try{
26           Thread.sleep(1000);      // 睡眠 1 秒
27         }catch( InterruptedException e ){
28           e.printStackTrace();
29         }
30       }
31     }
32   }
```

保存并运行程序,结果如图 11-10 所示。

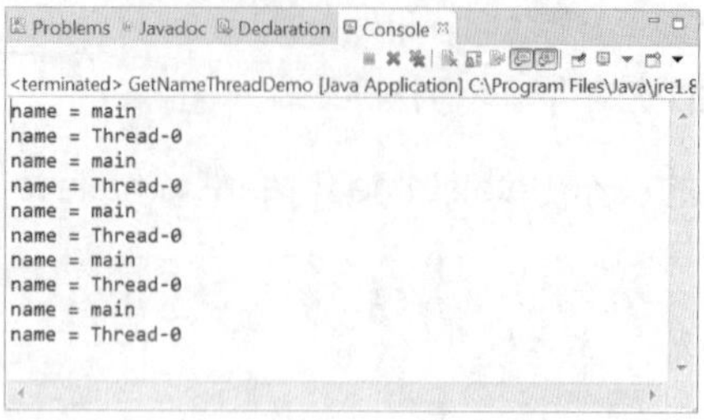

图 11-10

【代码详解】

第 01 行声明了一个 GetNameThreadDemo 类，此类继承自 Thread 类，之后第 02 ~ 第 11 行覆写（Override）了 Thread 类中的 run 方法。

第 13 ~ 第 18 行声明了一个 printMsg 方法，此方法用于取得当前线程的信息。第 15 行通过 Thread 类中的 currentThread( ) 方法，返回一个 Thread 类的实例化对象。由于 currentThread( ) 是静态方法，所以它的访问方式是"类名 . 方法名"，此方法返回当前正在运行的线程及正在调用此方法的线程。第 16 行通过 Thread 类中的 getName( ) 方法，返回当前运行线程的名称。

第 04 行和第 24 行分别调用了 printMsg( ) 方法，但第 04 行是从多线程的 run( ) 方法中调用的，而第 24 行则是从 main( ) 方法中调用的。

为了捕获可能发生的异常，在使用线程的 sleep( ) 方法时，要使用 try{ } 和 catch{ } 代码块。try{ } 块内包括的是可能发生异常的代码，而 catch{ } 代码块包括的是一旦发生异常捕获并处理这些异常的代码，其中 printStackTrace( ) 方法的用途是输出异常的详细信息。

有些读者可能不理解，为什么程序中输出的运行线程的名称中会有一个 main 呢？这是因为 main( ) 方法运行起来本身也是一个线程，实际上在命令行中运行 java 命令时，就启动了一个 JVM 的进程，默认情况下，此进程会产生多个线程，如 main 方法线程、垃圾回收线程等。下面我们看一下如何在线程中设置线程的名称。

【范例 11-9】设置与获取线程名（GetSetNameThreadDemo.java）

```
01    public class GetSetNameThreadDemo implements Runnable
02    {
03      public void run()
04      {
05        Thread temp = Thread.currentThread();    // 获取执行这条语句的线程实例
06        System.out.println(" 执行这条语句的线程名字 :" + temp.getName());
07      }
08    public static void main(String[] args)
09      {
10        Thread  t = new Thread(new GetSetNameThreadDemo());
11        t.setName(" 线程 _ 范例演示 ");
12        t.start();
13      }
14    }
```

保存并运行程序，结果如图 11-11 所示。

图 11-11

### 【代码详解】

第 01 行，声明了一个 GetSetNameThreadDemo 类，它实现了 Runnable 接口，同时覆写了 Runnable 接口之中的 run() 方法（第 03 ~ 第 07 行）。

第 10 行，用 new GetSetNameThreadDemo() 创建一个 GetSetNameThreadDemo 类的无名对象，然后这个无名对象作为 Thread 类的构造方法中的参数，创建一个新的线程对象 t。

第 11 行，使用了 setName() 方法，用以设置这个线程对象的名称为"线程 _ 范例演示"。

第 12 行，用 start() 方法开启了这个线程，新线程在运行状态时会自动执行 run() 方法。

### 【范例分析】

这里，应注意区分 Thread 中 start() 和 run() 方法的联系和不同。

(1) start() 方法。

它的作用是启动一个新线程，有了它的调用，才能真正实现多线程运行，这时无需等待 run 方法体代码执行完毕，而是直接继续执行 start() 后面的代码。读者可以这样理解，start() 的调用，使得主线程"兵分两路"——创建了一个新线程，并使得这个线程进入"就绪状态"。"就绪状态"其实就是"万事俱备，只欠 CPU"。读者可参见 11.3 节中的线程状态图。如果主线程执行完 start() 语句后，它的 CPU 时间片还没有用完，那么它就会很自然地接着运行 start() 后面的语句。

一旦新的线程获得到 CPU 时间片，就开始执行 run() 方法。这里 run() 方法称为线程体，它包含了这个线程要执行的内容，一旦 run() 方法运行结束，那么此线程随即终止。

此外，要注意 start() 不能被重复调用。例如，【范例 11-4】调用了多次 start()，除得到一个异常中断外，并没有多创建新的线程。

(2) run() 方法。

run() 方法只是类的一个普通方法而已，如果直接调用 run() 方法。程序中依然只有主线程这一个线程，其程序的执行路径依然只有一条，也就是说，一旦 run() 方法被调用，程序还要顺序执行，只有 run() 方法体执行完毕后，才可继续执行其后的代码，这样并没有达到多线程并发执行的目的。

由于 run() 方法和普通的成员方法一样，所以很自然地它可以被重复调用多次。每次单独调用 run()，就会在当前线程中执行 run()，而并不会启动新线程。

### 11.4.2 判断线程是否启动

在下面的范例中，我们可以通过 isAlive() 方法来测试线程是否已经启动以及是否仍然在运行。

### 【范例 11-10】判断线程是否启动（StartThreadDemo.java）

```
01    public class StartThreadDemo extends Thread{
02        public void run() {
```

```
03                  for( int i = 0; i < 5; ++i ){
04                      printMsg();
05                  }
06          }
07      public void printMsg()    {
08              // 获得运行此代码的线程的引用
09              Thread t = Thread.currentThread();
10              String name = t.getName();
11              System.out.println( "name = " + name );
12          }
13      public static void main( String[] args )     {
14              StartThreadDemo t = new StartThreadDemo();
15              t.setName( "test Thread" );
16              System.out.println( " 调用 start() 方法之前 , t.isAlive() = " + t.isAlive() );
17              t.start();
18              System.out.println( " 刚调用 start() 方法时 , t.isAlive() = " + t.isAlive() );
19              for( int i = 0; i < 5; ++i ){
20                  t.printMsg();
21              }
22              // 下面语句的输出结果是不固定的，有时输出 false，有时输出 true
23              System.out.println( "main() 方法结束时 , t.isAlive() = " + t.isAlive() );
24          }
25  }
```

保存并运行程序，结果如图 11-12 所示。

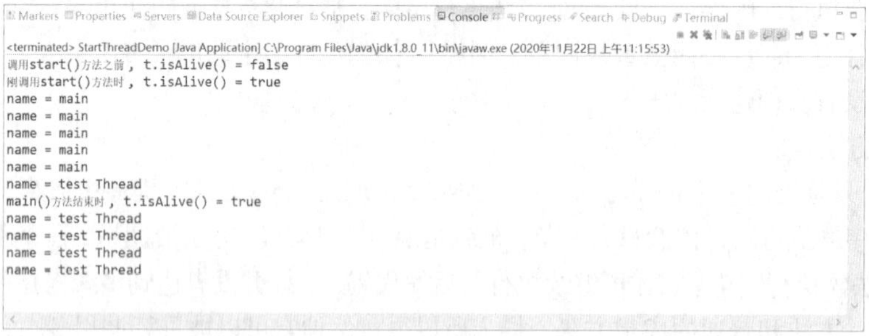

图 11-12

【代码详解】

第 16 行，在线程运行之前调用 isAlive() 方法，判断线程是否启动。此时线程并没有启动，所以返回 false。第 17 行，开启新线程。

第 18 行，在启动线程之后调用 isAlive() 方法。此时线程已经启动，所以返回 true。

第 23 行，在 main 方法快结束时调用 isAlive() 方法。此时的状态不再固定，有可能返回 true，也有可能返回 false。

### 11.4.3 守护线程与 setDaemon 方法

在 JVM 中，线程分为用户线程和守护线程两类。用户线程也称作前台线程（一般线程）。对 Java 程序来说，只要还有一个用户线程在运行，这个进程就不会结束。

守护线程（Daemon）也称为后台线程。顾名思义，守护线程就是守护其他线程的线程，通常运行在后台，为用户程序提供一种通用服务（如后台调度、通信检测）。例如，对于 JVM 来说，其中垃圾回收的线程就是一个守护线程。这类线程并不是用户线程不可或缺的部分，只是用于提供服务的"服务线程"。当线程中只剩下守护线程时，JVM 就会自动退出；反之，如果还有任何用户线程存在，JVM 都不会退出。

查看 Thread 源码可以知道这么一句话：

private boolean daemon = false;

这就意味着，默认创建的线程都属于普通的用户线程。只有调用 setDaemon(true) 之后，才能转成守护线程。下面看一下进程中只有后台线程在运行的情况。

【范例 11-11】setDaemon() 方法的使用（ThreadDaemon.java）

```
01   public class ThreadDaemon{
02        public static void main( String args[] )
03        {
04                ThreadTest t = new ThreadTest();
05                Thread tt = new Thread( t );
06                tt.setDaemon( true ); // 一定要在 start() 之前，设置为守护线程
07                tt.start();
08                try
09                {       // 睡眠 10 毫秒，避免可能出现没有输出的现象
10                        Thread.sleep( 1000 );
11                }catch( InterruptedException e ){
12                        e.printStackTrace();
13                }
14        }
15   }
16   class ThreadTest implements Runnable{
17        public void run(){
18                for( int i=0; true; ++i ){
19                        System.out.println( i + " " + Thread.currentThread().
getName()+ " is running." );
20                }
21        }
22   }
```

保存并运行程序，结果如图 11-13 所示。

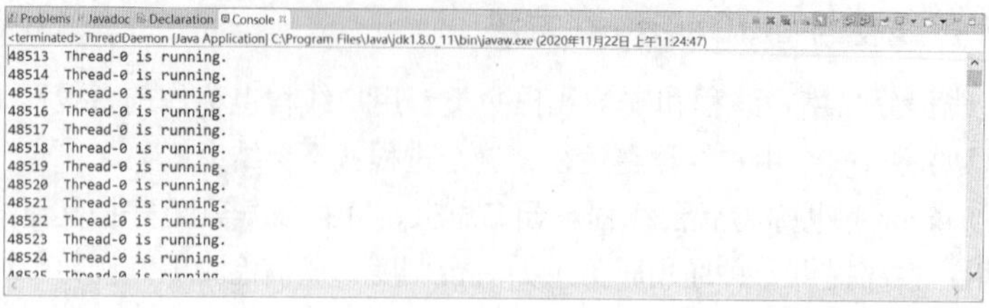

图 11-13

**【代码详解】**

第 06 行，一定要在 start( ) 之前将线程 tt 设置为守护线程。

从程序和运行结果图中可以看到，虽然创建了一个无限循环的线程（第 18 行将 for 循环退出的条件设置为 true，即永远都满足 for 循环条件），但因为它是守护线程，所以当整个进程在主线程 main 结束时，没有线程需要它的"守护"，使命结束，它也就自动随之终止运行了。这验证了前面的说法：进程中在只有守护线程运行时，进程就会结束。

这里需要读者注意的是，设置某个线程为守护线程时，一定要在 start( ) 方法调用之前设置，也就是说在一个线程启动之前，设置其属性（参见代码第 06 行和第 07 行）。

### 11.4.4 线程的联合

在 Java 中，线程控制提供了 join( ) 方法。该方法的功能是把指定的线程加入（join）到当前线程，从而实现将两个交替执行的线程合并为顺序执行的线程。比如说，在线程 A 中调用了线程 B 的 join() 方法，线程 A 就会立刻挂起（suspend），一直等下去，直到它所联合的线程 B 执行完毕为止，A 线程才重新排队等待 CPU 资源，以便恢复执行。这种策略，通常用在 main() 主线程内，用以等待其他线程完成后再结束 main( ) 主线程。

**【范例 11-12】演示线程的联合运行（ThreadJoin.java）**

```
01    public class ThreadJoin{
02      public static void main( String[] args ){
03        ThreadTest  t = new ThreadTest();
04        Thread  pp = new Thread( t );
05        pp.start();
06        int flag = 0;
07        for( int i = 0; i < 5; ++i ){
08          if(flag == 3 ){
09            try{
10              pp.join();       // 强制运行完 pp 线程后，再运行后面的程序
11            }
12            catch( Exception e ) // 会抛出 InterruptedException{
13              System.out.println( e.getMessage() );
14            }
15          }
16          System.out.println( "main Thread " + flag );
17          flag += 1;
```

```
18            }
19        }
20    }
21    class ThreadTest implements Runnable{
22        public void run(){
23            int i = 0;
24            for( int x = 0; x < 5; ++x ){
25                try{
26                    Thread.sleep( 1000 );
27                }
28                catch( InterruptedException e ){
29                    e.printStackTrace();
30                }
31                System.out.println( Thread.currentThread().getName() + " ---->> " + i );
32                i += 1;
33            }
34        }
35    }
```

保存并运行程序，结果如图 11-14 所示。

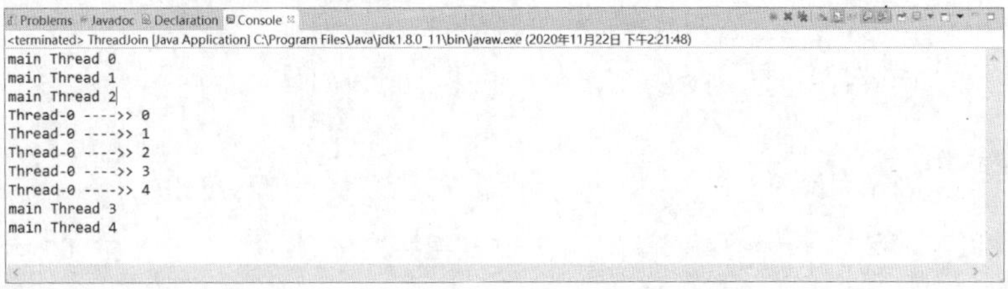

```
Problems  Javadoc  Declaration  Console
<terminated> ThreadJoin [Java Application] C:\Program Files\Java\jdk1.8.0_11\bin\javaw.exe (2020年11月22日 下午2:21:48)
main Thread 0
main Thread 1
main Thread 2
Thread-0 ---->> 0
Thread-0 ---->> 1
Thread-0 ---->> 2
Thread-0 ---->> 3
Thread-0 ---->> 4
main Thread 3
main Thread 4
```

图 11-14

**【代码详解】**

本程序启动了两个线程，一个是 main 线程，另一个是 pp 线程。

在 main 线程中，如果 for 循环中的变量 flag=3，则在第 10 行调用 pp 线程对象的 join() 方法，所以 main 线程暂停执行，直到 pp 线程执行完毕。所以输出结果和没有这句代码完全不一样。虽然 pp 线程需要运行 10 秒，但是它的输出结果还是在一起。也就是说 pp 线程没有运行完毕，main 线程是被挂起而不被执行的。由此可以看到，join 方法可以用来控制某一线程的运行。

**【范例分析】**

由此可见，pp 线程和 main 线程原本是交替执行的，执行 join 操作后（第 10 行），线程合并为顺序执行的线程，就好像 pp 和 main 是一个线程，也就是说 pp 线程中的代码不执行完，main 线程中的代码就只能一直等待。

查看 JDK 文档可以发现，除了无参数的 join 方法外，还有两个带参数的 join( ) 方法，分别是 join( long millis ) 和 join( long millis, int nanos )，它们的作用是指定最长等待时间，前者精确到毫秒，后者精确到纳秒，意思是如果超过了指定时间，合并的线程还没有结束，就直接分开。读者可以把上面的程序修改一下，再看看程序运行的结果。

# 11.5　综合应用——状态转换

【范例 11-13】演示线程的生命周期（ThreadStatus.java）

```
01  import java.util.concurrent.locks.Lock;
02  import java.util.concurrent.locks.ReentrantLock;
03  import java.util.concurrent.TimeUnit;
04  public class ThreadStatus
05  {
06      private static Lock lock = new ReentrantLock();
07      public static void main(String[] args)
08      {
09          new Thread(new TimeWaiting(), "TimeWaitingThread").start();
10          new Thread(new Waiting(), "WaitingThread").start();
11          // 使用两个 Blocked 线程，一个获取锁，另一个被阻塞
12          new Thread(new Blocked(), "BThread-1").start();
13          new Thread(new Blocked(), "BThread-2").start();
14          new Thread(new Sync(), "SyncThread-1").start();
15          new Thread(new Sync(), "SyncThread-2").start();
16      }
17          // 该线程不断地进入睡眠
18      static class TimeWaiting implements Runnable
19      {
20          public void run()
21          {
22              while (true)
23              {
24                  try {
25                      TimeUnit.SECONDS.sleep(100);
26                      System.out.println("I am TimeWaiting Thread: "+ Thread.currentThread().getName());
27                  } catch (InterruptedException e) { }
28              }
29          }
30      }
31          // 该线程在 Waiting.class 实例上等待
32      static class Waiting implements Runnable
33      {
```

```
34      public void run( )
35      {
36        while (true)
37        {
38           synchronized (Waiting.class)
39           {
40             try {
41               System.out.println("I am Waiting Thread: "+ Thread.currentThread().
getName());
42               Waiting.class.wait( );
43             } catch (InterruptedException e) {
44               e.printStackTrace( );
45             }
46           }
47        }
48      }
49    }
50      // 该线程在 Blocked.class 实例上加锁后，不会释放该锁
51    static class Blocked implements Runnable
52    {
53      public void run( )
54      {
55        synchronized (Blocked.class)
56        {
57          while (true)
58          {
59            try {
60              System.out.println("I am Blocked Thread: "+ Thread.currentThread().
getName());
61              TimeUnit.SECONDS.sleep(100);
62            } catch (InterruptedException e) {}
63          }
64        }
65      }
66    }
67    // 该线程用于同步锁
68    static class Sync implements Runnable
69    {
70      public void run( ) {
71        lock.lock( );
```

```
72              try {
73                  System.out.println("I am Sync Thread: "+ Thread.currentThread().getName());
74                  TimeUnit.SECONDS.sleep(100);
75              } catch (InterruptedException e) { }
76              finally {
77                  lock.unlock();
78              }
79          }
80      }
81  }
```

保存并运行程序，结果如图 11-15 所示。

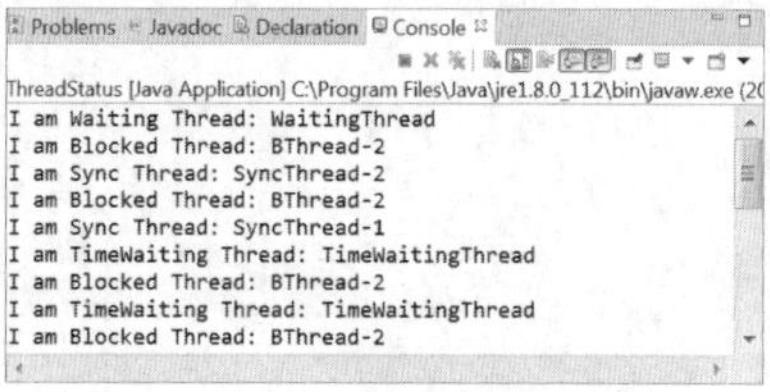

图 11-15

【代码详解】

第 01 ~ 第 03 行，导入 java.util 包下面的有关并发计时类和 ReentrantLock 锁类，如果希望"偷懒"，这 3 行代码可以用"import java.util.*"来代替，其中"*"通配符，表示 java.util 包下的所有类全部导入，对于这个小程序，这样做显然很"浪费"。

第 06 行，新建了一个 ReentrantLock 锁对象 lock。java.util.concurrent.lock 中的 Lock 框架是锁定的一个抽象，它允许把锁定的实现作为 Java 类。ReentrantLock 类实现了 Lock，它拥有与 synchronized 相同的并发性和内存语义，但是添加了类似锁投票、定时锁等候和可中断锁等候等一些特性。ReentrantLock 中的"reentrant"锁意味着什么呢？简单来说，它有一个与锁相关的获取计数器，如果拥有锁的某个线程再次得到锁，那么获取计数器就加 1，然后锁需要被释放两次才能获得真正释放。

第 09 ~ 第 15 行，创建了 6 个不同功能的新线程。这里使用的 Thread 的构造方法原型为：

public Thread(Runnable target, String name)
这种构造方法与 Thread(null, target, name) 具有相同的作用。
参数：target 表示 当线程开启后 run 方法调用的对象，name 表示新线程的名称。

其中，new TimeWaiting()（第 09 行）、new Waiting()（第 10 行）、new Blocked()（第 12 行和第 13 行）和 new Sync()（第 14 行和第 15 行）分别创建了"超时等待"线程对象、"等待"对象、"阻塞"对象、"同步"（本质上还是阻塞）对象，这些线程刚创建出来时都是匿名的，所以后面分别给它们赋予一个名称，如"WaitingThread""BThread-1"及"SyncThread-1"等。最后利用各自线程的 start() 方法开启这些线程。

随后的代码是分别实现不同功能的线程类，它们都是 ThreadStatus 类的内部类。例如，第 18 ~ 第 30 行定义了 TimeWaiting 线程类，第 32 ~ 第 49 行定义了 Waiting 线程类，第 51 ~ 第 66 行定义了Blocked线程类,第68~第80行定义了Sync线程类,这些线程类都是接口Runnable的实现类。

在这些线程类中,为了显示各类线程的存在,分别在第26行、第41行、第60行和第73行加入了输出信息,但在实际应用环境中,这些输出语句并不是必需的。

为了模拟线程的耗时或延迟,代码第25行、第61行和第74行分别使用了TimeUnit.SECONDS.sleep()方法,其实这个方法和前面范例用到的方法Thread.sleep()的核心功能是类似的,都是让线程进入休眠若干时间。前者是后者的二次封装,封装后的方法TimeUnit.SECONDS.sleep()多了时间单位转换和验证功能。

【范例分析】

从输出结果可以看出,线程创建以后(通过new操作)需要调用start()方法启动运行,当线程执行wait()方法,线程就进入等待状态。进入等待状态的线程需要依赖其他线程的通知,才能返回运行状态。相比而言,超时等待状态则相当于在等待状态的基础上又增加了超时限制,也就是说,超时时间达到后会重新返回运行状态。

当线程调用同步方法时,在没有获取到锁的情况下,线程会进入阻塞状态。当线程执行Runnable的run()方法后,运行完毕,就会进入到终止状态。

在命令行可以显示更多信息,在Linux或Mac操作系统下,我们可以借助jps和jstack命令看到更多的运行细节,如图11-16左图显示的是用javac编译并用所示java命令执行的界面,而图11-16右图显示的则是重新开启一个终端,用jps和jstack命令执行的结果。

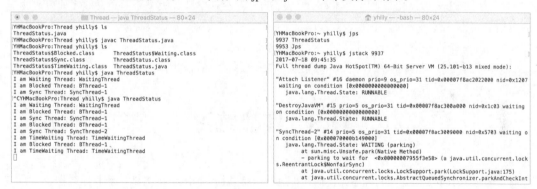

图11-16

下面对图11-16中的标号部分进行说明。

(1)由于诸如TimeWaiting、Waiting、Blocked和Sync等线程类都是ThreadStatus类的内部子类,所以编译通过后,会出现一堆带"$"符号的子类名称。

(2)用java来解释已经编译好的类ThreadStatus时不能用java来解释子类。

(3)重新开启另外一个命令行窗口,用jps命令查看Java相关的进程状态。jps(Java Virtual Machine Process Status Tool)是一个显示当前所有Java进程pid的命令,适用于在Linux/UNIX/Mac平台上简单查看当前Java进程的一些情况。由图中可以看出,目前除了jps本身这个进程外,ThreadStatus进程豁然在列,其进程号为9937。

(4)利用"jstack 9937"来跟踪编号为9937的Java进程内部运行情况。Jstack可以用于打印出给定的Java进程ID堆栈信息(包括线程状态、线程调用栈及线程当前锁住的资源等)。请读者注意,这里的9937是动态变化的,不同的运行环境,这个值是不同的,读者保证和自己在命令行键入jps得出的Java进程ID一致即可。

由上面的分析可见，线程在自身的生命周期中并不是固定处于某个状态，而是随着程序的不断执行在不同的状态之间进行切换。

# 11.6　本章小结

(1) 线程是程序执行流的最小单位，继承 Thread 或实现 Runnble 接口。

(2) 线程 thread 的常用方法：start(), stop(), run(), join(), sleep()。

(3) wait() 和 notify() 方法属于 Object 的方法，wait() 和 sleep() 的区别在于 wait() 会释放对象锁，而 sleep() 不会释放对象锁。

(4) 线程死锁是指两个或两个以上的线程在执行过程中，因争夺资源而造成的一种互相等待的现象，若无外力作用，它们都将无法推进下去。

(5) 当一个线程正在访问一个对象的 synchronized 方法时，其他线程不能访问该对象的其他 synchronized 方法，其他线程能访问该对象的非 synchronized 方法。

# 11.7　疑难解答

**问：线程的特点是什么？**

**答：** (1) 同步代码块和同步方法锁的是对象，而不是代码。即如果某个对象被同步代码块或同步方法锁住了，那么其他使用该对象的代码必须等待，直到该对象的锁被释放。

(2) 如果一个进程只有后台线程，则这个进程就会结束。

(3) 每一个已经被创建的线程在结束之前均会处于就绪、运行、阻塞状态之一。

# 11.8　实战练习

(1) 编写一个多线程处理的程序，其他线程运行 10 秒后，使用 main 方法中断其他线程。

(2) 生产者 (Productor) 将产品交给店员 (Clerk)，而消费者 (Customer) 从店员处取走产品，店员一次只能持有固定数量的产品 (比如 20)。如果生产者试图生产更多的产品，店员会叫生产者停一下，如果店中有空位放产品了再通知生产者继续生产；如果店中没有产品了，店员会告诉消费者等一下，如果店中有产品了再通知消费者来取走产品。

(3) 编写多线程应用程序，模拟多个人通过一个山洞。山洞每次能通过一个人，每个人通过山洞的时间是 5 秒，随机生成 10 个人，同时准备过此山洞，显示每次通过山洞人的姓名。

(4) 启动 3 个线程打印递增的数字，线程 1 先打印 1、2、3、4、5，然后是线程 2 打印 6、7、8、9、10，再是线程 3 打印 11、12、13、14、15，接着再由线程 1 打印 16、17、18、19、20……以此类推，直到打印到 75。

(5) 创建两个线程，其中一个输出 1 ~ 52，另外一个输出 A ~ Z。输出格式要求：12A 34B 56C 78D……

# 第 12 章
# 文件 I/O 操作

**本章导读**

    Java 提供的 I/O 操作可以把数据保存到多种类型的文件中或读取到内存中。本章讲解文件 I/O 操作的 File 类、各种流类、字符的编码以及对象序列化的相关知识。

**本章课时：理论 3 学时 + 实践 3 学时**

学习目标

▶ 输入 / 输出的重要性

▶ 读写文本文件

▶ 文本的输入和输出

▶ 命令行参数的使用

# 12.1 输入／输出的重要性

绝大多数的应用程序由输入数据（Input）、计算数据（Compute）和输出数据（Output）3 大逻辑块构成。所以，利用输入／输出（I/O）进行数据交换，基本上是所有程序不可或缺的功能之一。

在 Java 中，I/O 机制都是基于数据"流"方式进行输入输出。这些"数据流"可视为流动数据序列，如同水管里的水流一样，在水管的一端一点一滴地供水，而在水管的另一端看到的则是一股连续不断的水流。

Java 把这些不同来源和目标的数据统一抽象为"数据流"。当 Java 程序需要读取数据时，就会开启一个通向数据源的流，这个数据源可以是文件、内存，也可以是网络连接。当 Java 程序需要写入数据时，也会开启一个通向目的地的流。这时，数据就可以想象为管道中"按需流动的水"。流为操作各种物理设备提供了一致的接口。通过打开操作将流关联到文件，通过关闭流操作将流和文件解除关联。

I/O 流的优势在于简单易用，缺点是效率较低。Java 的 I/O 流提供了读写数据的标准方法。Java 语言中定义了许多类专门负责各种方式的输入输出，这些类都被放在 java.io 包中。在 Java 类库中，有关 I/O 操作的内容非常庞大，包括标准输入／输出、文件的操作、网络上的数据流、字符串流和对象流。

# 12.2 读写文本文件

## 12.2.1 File 文件类

尽管在 java.io 包这个大家族中，大多数类是针对数据实施流式操作的，但 File 类是个例外，它仅仅用于处理文件和文件系统，是唯一与文件本身有关的操作类。也就是说，File 类没有指定数据怎样从文件读取或如何把数据存储到文件之中，而是仅仅描述了文件本身的属性。

File 类定义了一些与平台无关的方法来操作文件，通过调用 File 类提供的各种方法，能够完成创建、删除文件，重命名文件，判断文件的读写权限及文件是否存在，设置和查询文件创建时间、权限等操作。File 类除了对文件操作外，还可以将目录当作文件进行处理——把 Java 中的目录当成 File 对象对待。

要使用 File 类进行操作，就必须设置一个操作文件的路径。下面的 3 个构造方法都可以用来生成 File 对象。

```
File(String directoryPath)              // 创建指定文件或目录路径的 File 对象
File(String directoryPath,String filename) // 创建指定文件夹路径和文件名的 File 对象
File(File dirObj, String filename)       // 创建指定文件夹对象和文件名称的 File 对象
```

在这里，directoryPath 表示的是文件的路径名，filename 是文件名，而 dirObj 是一个指定目录的 File 对象。

Java 能正确处理 UNIX 和 Windows/DOS 约定的路径分隔符。如果在 Windows 版本的 Java 下用斜线(/)，路径处理依然正确。请注意：如果要在 Windows 系统下使用反斜线(\)来作为路径分隔符，则需要在字符串内使用它的转义序列（即两个反斜线"\\"）。Java 约定是用 UNIX 和 URL 风格的

斜线 "/" 来作为路径分隔符。

  File 类中定义了很多获取 File 对象标准属性的方法。例如 getName( ) 用于返回文件名，getParent( ) 用于返回父目录名；exists( ) 方法在文件存在的情况下返回 true，反之返回 false。但 File 类的方法是不对称的，意思是说虽然存在可以验证一个简单文件对象属性的很多方法，但是没有相应的方法来改变这些属性。

  下面的范例演示了 File 类的几个方法的使用。

【范例 12-1】File 类中方法的使用（FileDemo.java）

```
01  import java.io.File ;
02  import java.util.Date;
03  public class FileDemo
04  {
05      public static void main(String[] args)
06      {
07          File f = new File("C:\\Users\\Yuhong\\Desktop\\1.txt") ;
08          if (f.exists() == false)
09          {
10              try
11              {
12                  f.createNewFile() ;
13              }
14              catch (Exception e)
15              {
16                  System.out.println(e.getMessage()) ;
17              }
18          }
19          // getName() 方法，取得文件名
20          System.out.println(" 文件名: " + f.getName()) ;
21          // getPath() 方法，取得文件路径
22          System.out.println(" 文件路径: " + f.getPath()) ;
23          // getAbsolutePath() 方法，得到绝对路径名
24          System.out.println(" 绝对路径: " + f.getAbsolutePath()) ;
25          // getParent() 方法，得到父文件夹名
26          System.out.println(" 父文件夹名称: " + f.getParent()) ;
27          // exists()，判断文件是否存在
28          System.out.println(f.exists()? " 文件存在 " : " 文件不存在 ");
29          // canWrite()，判断文件是否可写
30          System.out.println(f.canWrite()? " 文件可写 " : " 文件不可写 ");
31          // canRead()，判断文件是否可读
32          System.out.println(f.canRead()? " 文件可读 " : " 文件不可读 ");
```

```
33        // isDirectory()，判断是否是目录
34        System.out.println(f.isDirectory() ? " 是 " : " 不是 " + " 目录 ");
35        // isFile()，判断是否是文件
36        System.out.println(f.isFile() ? " 是文件 " : " 不是文件 ");
37        // isAbsolute()，判断是否是绝对路径名称
38        System.out.println(f.isAbsolute() ? " 是绝对路径 " : " 不是绝对路径 ");
39        // lastModified()，文件最后的修改时间
40        long millisec = f.lastModified();
41        // date and time
42        Date dt = new Date(millisec);
43        System.out.println(" 文件最后修改时间：" + dt );
44        // length()，文件的长度
45        System.out.println(" 文件大小：" + f.length() + " Bytes");
46    }
47 }
```

保存并运行程序，结果如图 12-1 所示。

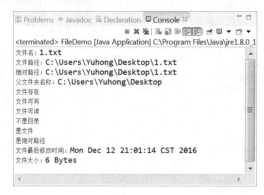

图 12-1

【代码详解】

第 07 行，调用 File 的构造方法来创建一个 File 类对象 f。其中路径的分隔符用两个 "\" 表示转义字符，这一句完全可用下面的语句代替：

File f = new File("c:/1.txt") ;

第 08 ~ 第 18 行，判断文件是否已经存在。如果不存在，则创建之。为了防止创建过程中发生意外，用了 try-catch 块来捕获异常。第 19 ~ 第 47 行，对文件的属性进行了操作，注释部分已经非常清楚地解释了。

需要特别注意的是，第 40 行的方法 lastModified() 返回的是文件最后一次被修改的时间值。但这个值并不是人类可读的（Human-readable），因为该值是用修改时间与历元（1970 年 1 月 1 日，00:00:00 GMT）的时间差来计算的（以毫秒为单位）。因此需要将该值用 Date 类来加工处理（第 42 行）。

在 File 类中还有许多的方法，读者没有必要死记这些用法，只要记住在需要的时候查 Java 的 API 手册即可。

File 类只能对文件进行一些简单操作，如读取文件的属性、创建、删除和更名等，但并不支持文件内容的读 / 写。如果要对文件进行读写操作，就必须通过输入 / 输出流来达到这一目的。

【范例分析】

以上的程序完成了文件的基本操作，但是在本操作之中可以发现如下的问题。

(1) 在进行操作的时候出现了延迟，因为文件的管理肯定还是由操作系统完成的，那么程序通过 JVM（Java 虚拟机）与操作系统进行操作，凭空多了一层操作，所以以势必会产生一定的延迟。

(2) 在 Windows 之中路径的分隔符使用"\"，在 Linux 中分隔符使用"/"，而现在 Java 程序如果要让其具备可移植性，就必须考虑分隔符的问题，所以为了解决这样的困难，在 File 类中提供了一个常量 public static final String separator。

```
File file = new File("c:" + File.separator + "1.txt"); // 要定义的操作文件路径
```

在开发之中，只要遇见路径分隔符的问题，都可用 separator 常量来解决，separator 会自动根据当前运行的系统确定使用何种路径分隔符，非常方便。

## 12.2.2  文本文件的操作

在 Java 中，读入文本的方便的机制莫过于使用 Scanner 类来完成。不过在前面的章节里，我们主要使用 Scanner 类来处理控制台的输入，比如说，使用 System.in 作为 Scanner 构建方法的参数。事实上，这种方法也可以适用于前面提及的 File 类对象。为了做到这一点，我们首先需要一个文件名（比如说 input.txt）来构造一个 File 文件对象。

```
File inputFile = new File("input.txt");
```

然后将这个文本文件当作参数，构建 Scanner 对象。

```
Scanner in = new Scanner(inputFile);
```

于是，Scanner 对象就可以把文件作为数据输入源，然后我们就可以使用 Scanner 的方法（比如 nextInt( )、nextDouble( ) 和 next( ) 等方法）。例如，如果我们要读入 input.txt 中的所有浮点数，可以使用如下模式。

```
while (in.hasNextDouble()) // 如果还有下一个 double 类型的值
{
    double value = in.nextDouble();  // 读入这个值
    // 处理这个数值
}
```

对于将数据输出到一个文件中，则有很多方法，其中使用 PrintWriter 类较为常见。例如：

```
PrintWriter out = new PrintWriter("output.txt");
```

这里 output.txt 就是这个输出文件的名称。如果这个文件已经存在，则会清空文件内容，再写入新内容；如果不存在，则创建一个名为 output.txt 的文件。

PrintWriter 是 PrintStream 的一个功能增强类，而 PrintStream 类其实我们并不陌生，因为前面章节大量使用的 System.out 和 System.in 都算是这个类的对象。我们熟悉的 print、println 和 printf 等方法，都适用于 PrintWriter 的对象，例如：

```
out.println("Hello Java!");
out.printf("value: %6.2f\n", value);
```

当处理完毕数据的输入和输出时，一定要关闭这两个对象，以免它们继续占据系统资源。

```
in.close();
out.close();
```

下面用一个完整的案例来说明对文本文件的操作。假设有一个文本文件 input.txt，其内有若干数据（说是数据，实际上是一个个以空格隔开的数字字符串），如图 12-2 所示。

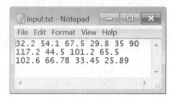

图 12-2

现在我们要做的工作是，将这些字符串数据以 double 类型的数据分别读取出来，然后求这批数据的总和及均值，并将这批数据一行一个地输出到文本文件 output.txt 当中，文件末端给出所求的总和及均值。【范例 12-2】示范了整个处理流程。

【范例 12-2】对文本的操作（InputOutputDemo.java）

```
01  import java.io.File;
02  import java.io.FileNotFoundException;
03  import java.io.PrintWriter;
04  import java.util.Scanner;
05  public class InputOutputDemo
06  {
07      public static void main(String[] args) throws FileNotFoundException
08      {
09          Scanner console = new Scanner(System.in);
10          System.out.print(" 输入文件名为 : ");
11          String inputFileName = console.next();
12          System.out.print(" 输出文件名为 : ");
13          String outputFileName = console.next();
14
15          // 创建 Scanner 对象和 PrintWriter 用以处理输入数据流和输出数据流
16          File inputFile = new File(inputFileName);
17          Scanner in = new Scanner(inputFile);
18          PrintWriter out = new PrintWriter(outputFileName);
19
20          int count = 0;
```

```
21        double value;
22        double total = 0.0;
23         while (in.hasNextDouble())
24        {
25           value = in.nextDouble();
26           out.printf("%6.2f\r\n", value);
27           total = total + value;
28           count++ ;
29        }
30        out.printf(" 总和为  : %8.2f\r\n", total);
31        out.printf(" 均值为  : %8.2f\r\n", total / count);
32        in.close();
33        out.close();
34     }
35 }
```

保存并运行程序，结果如图 12-3 所示。

图 12-3

【代码详解】

第 09 行依然用 System.in 作为 Scanner 的输入参数，代表输入的来源是键盘（控制台），这里用来读取用户的输入。

第 11 行用 Scanner 的 next( ) 方法，读取控制台输入的下一个字符串对象，这里表示输入文件名 inputFileName。

第 12 ~ 第 13 行完成与第 10 ~ 第 11 行类似的功能，读取输出的文件名。

第 16 行创建一个文件名为 inputFileName 的文件对象 inputFile。

第 17 行把 inputFile 作为输入对象，创建一个 Scanner 对象 in。之所以用 Scanner 创建对象，主要是 Scanner 能提供非常好用的方法，"Scanner" 本身含义就是 "扫描器"，它对输入的数据进行 "扫描" 或者说预处理，可以把字符串类型的数据变成数值型。比如说第 25 行的 nextDouble( ) 方法，就是把诸如 "32.2" 这个由 4 个字符构成的字符串转换成为双精度的数值 "32.20"。

第 18 行创建了一个 PrintWriter 类对象 out。这个对象支持格式化输出，也就是使用诸如 printf() 等方法，这里 "printf()" 中的字符 "f"，就是 "format（格式）" 的含义，这个方法的格式用百分号"%"加上对应的字母表示，比如"%6.2f"表示输出为浮点数，这个浮点数总宽度为 6 个字符，小数点后保留 2 位。而"%d"表示输出格式为整数。

这里特别需要注意的是向文件输出"换行符"的操作。如果是在 Windows 操作系统，换行符是由两个不同的字符"\r\n"组成的，其中"\r"表示回到（return）行首，"\n"表示换行（也就是回车符）。如果少了"\r"，在文件输出时，就达不到换行的目的。如果读者使用的是 Windows 操作系统，可以把第 26 行、第 30 行和第 31 行中的"\r"删除，再次运行，看看 output.txt 的输出效果是什么。

在 Mac 操作系统里，换行符号就是一个"\n"，也就是说，在第 26、第 30 和第 31 行中仅仅用"\n"就可以完成在文件中的换行，运行结果如图 12-4 所示。相比而言，在 Linux 系统里是"\r"，请读者注意这个细节，否则会困惑于为什么换行总是失败。

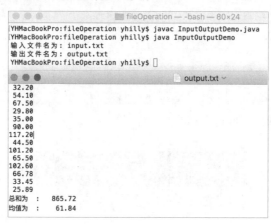

图 12-4

第 32 行和第 33 行分别关闭了 in 和 out 这两个对象，以免它们一直占据系统资源。

【范例分析】

需要说明的是，如果输入文件 input.txt 与 .class 文件不在同一个目录下，系统会抛出异常。或者在输入时，给出 input.txt 的绝对路径。

还需要注意的是，PrintWriter 类的输出对象 out 可以直接用文件名（比如说 output.txt）来构建，例如：

```
PrintWriter out = new PrintWriter("output.txt");    // 正确
```

但是用 Scanner 类构建的输入对象 in 则必须用文件 File 类的对象构建，例如，如下代码就是错误的。

```
Scanner in = new Scanner("input.txt");    // 语义错误
```

上面的代码在编译时是没有错误的，但是存在语义错误，也就是它并没有达到将一个文件名为 input.txt 的文件当作数据输入来源的目的，而是相当于利用 in.next( ) 方法简单地读入一个由"input.txt"这 9 个字符构成的字符串而已。如果希望简便操作，可以创建一个 File 类的匿名对象，把这个匿名对象当作 Scanner 类的构造方法的参数，如下所示。

```
Scanner in = new Scanner(new File("input.txt"));    // 正确
```

### 12.2.3 字符编码问题

我们人类能识别的都是字符，所以在输出设备上显示的或在输入设备输入的也都是人类可读的字符（比如说，英文字符"A"，中文字符的"中"，希腊字母"π"）等。但是，对于计算机来说，它能"感知"或存储的都是一个个二进制数。这里，就存在字符和二进制数一一对应的问题。

由于历史原因，计算机最早是在美国发明并慢慢普及的，当时美国人所能用到的字符，也就是目前普通键盘上的一些符号（比如说 A ~ Z，a ~ z，0 ~ 9 等）和少数几个特殊的符号（比如回车、换行等控制字符），如果一个字符用一个数字来表示，1 字节所能表示的数字范围内（0 ~ 255）足以容纳所有的字符，实际上表示这些字符的对应字节的最高位（bit）都为 0，也就是说这些数字都在 0 ~ 127 之间，如字符 a 对应数字 97、字符 b 对应数字 98 等，这种字符与数字对应的编码固定下来后，这套编码规则称为 ASCII 码（American Standard Code for Information Interchange，美国标准信息交换码），如图 12-5 所示。

| 字 符 | 二进制 | 十进制 |
|---|---|---|
| ... | ... | ... |
| a | 01100001 | 97 |
| b | 01100010 | 98 |
| ... | ... | ... |

图 12-5

但随着计算机在其他国家 / 地区的逐渐应用和普及，许多国家 / 地区把本地的字符集引入了计算机，这大大地扩展了计算机中字符的范围，1 字节所能表示的字符数量（仅仅 256 个字符）是远远不够的。比如，在中文中，仅《汉语大字典》（第 2 版）就收录了 60370 个字，这还不包括一些生僻字。

每一个中文字符都由 2 字节的数字来表示，这样在理论上可以表示 256×256=65536 个汉字。在这个编码机制里，原有的 ASCII 码字符的编码保持不变，仍用 1 字节表示。

为了将一个中文字符与两个 ASCII 码字符区分开，中文字符的每个字节的最高位（bit）都为 1，每一个中文字符都有一个对应的数字。由于 2 字节的最高位都被占用，所以 2 字节所能表示的汉字数量理论数为 27×27=16384（因此，有些生僻的汉字就没有被编码，从而计算机就无法显示和打印），这套编码规则称为 GBK（国标扩展码，GBK 就是"国标扩"的汉语拼音首字母），后来又在 GBK 的基础上对更多的中文字符（包括繁体）进行了编码，新的编码系统就是 GB 2312，而 GBK 则是 GB 2312 的子集（事实上，GB 2312 也仅仅收录 6763 个常用汉字，仅适用于简体中文字）。

使用中文的国家 / 地区很多，同样的一个字符，如"电子"的"子"字，在中国大部分地区的编码是十六进制的 D7D3，而在中国台湾地区的编码则是十六进制的 A46C。中国台湾地区对中文字符集的编码规则称为 BIG5（大五码），如图 12-6 所示。

| 字符 | GB2312 | BIG5 |
|---|---|---|
| ... | ... | ... |
| 电（電） | B5E7 | B971 |
| 子（子） | D7D3 | A46C |
| ... | ... | ... |

图 12-6

在一个本地化系统中出现的一个正常可见字符，通过电子邮件传送到另外一个国家 / 地区的本地化系统中，由于使用的编码机制不一样，对方看到的可能就是乱码。如果每个国家 / 地区都使用"各自为政"的本地化字符编码，那么就会严重制约国家 / 地区之间的计算机通信。

为了解决本地化字符编码带来的不便，人们很希望将全世界所有的符号进行统一编码。在 1987

年，这个编码被完成，称为 Unicode 编码。

在 Unicode 编码中，所有的字符不再区分国家 / 地区，都是人类共有的符号，如"中国"的"中"这个符号，在全世界的任何一个角落始终对应的都是一个十六进制的编码"4E2D"。这样一来，在中国大陆的本地化系统中显示的"中"这个符号，发送到德国的本地化系统中，显示的仍然是"中"这个符号，至于德国人能不能认识这个符号，那就不是计算机所要解决的问题了。Unicode 编码的字符都占用 2 字节的大小。Java 中的字符使用的都是 Unicode 编码，这就是 char 类型在 Java 中为什么占据 2 字节的原因。

利用 Unicode 编码，在理论上所能处理的字符个数不会超过 $2^{16}$（65536），很明显，这还是不够用的，但已经能处理绝大部分的常用字符。工程学不同于数学，数学追求完备性，而工程学追求实用性。Unicode 编码就是一个非常实用的工程问题。

但到目前为止，Unicode 一统天下的局面还没有形成。因此，在相当长的一段时期内，人们看到的局面是本地化字符编码与 Unicode 编码共存。

既然本地化字符编码与 Unicode 编码共存，那就少不了涉及二者之间的转换问题。

除了上面讲到的 GB 2312/GBK 和 Unicode 编码外，常见的编码方式还有以下几种。

（1）ISO 8859-1 编码：国际通用编码，单一字节编码，理论上可以表示出任意文字信息，但对双字节编码的中文表示，需要转码。

（2）UTF-8 编码：UTF 是 Unicode Transformation Format 的缩写，意为 Unicode 转换格式。它结合了 ISO 8859-1 和 Unicode 编码所产生的适合于现在网络传输的编码。考虑到 Unicode 编码不兼容 ISO 8859-1 编码，而且容易占用更多的空间（因为对于英文字母，Unicode 也需要 2 字节来表示），因此产生了 UTF 编码，这种编码首先兼容 ISO 8859-1 编码，同时也可以用来表示所有语言的字符，但 UTF 编码是不等长编码，每一个字符的长度从 1 ~ 6 字节不等。一般来说，英文字母还是用 1 字节表示，汉字则使用 3 字节。此外，UTF 编码还自带了简单的校验功能。

在清楚编码之后，就需要解释什么叫乱码了。所谓乱码，就是"编码和解码不统一"。如果要处理乱码，首先就需要知道在本机默认的编码是什么。通过下面的程序，来看一下到底什么是字符乱码问题。在这里使用 String 类中的 getBytes() 方法对字符进行编码转换。

【范例 12-3】字符编码使用范例（EncodingDemo.java）

```
01  import java.io.* ;
02  public class EncodingDemo
03  {
04    public static void main(String args[]) throws Exception
05    {
06      // 在这里将字符串通过 getBytes() 方法编码标准为 GB2312
07      byte b[] = " 大家一起来学 Java 语言 ".getBytes("GB2312") ;
08      OutputStream out = new FileOutputStream(new File("encoding.txt")) ;
09      out.write(b) ;
10      out.close() ;
11    }
12  }
```

保存并运行程序，打开 encoding.txt 文件，如图 12-7 所示。

图 12-7

【代码详解】

第 07 行使用 getBytes() 方法，将字符串转换成 byte 数组的时候，用到了"GB 2312"编码。这里，我们再次强调，在 Java 中，字符串是作为一个对象存在的，所以"大家一起来学 Java 语言"这个字符串是一个匿名对象，可以通过点运算符"."使用 String 类的方法 getBytes()。

第 08 行，如果要通过程序把字节流内容输出到文件之中，则需要使用 OutputStream 类定义对象。这个类的构造方法，也需要一个文件类对象作为其参数，所以这里用 new File("encoding.txt") 创建一个匿名 File 对象。

看到这里，读者可能还是无法体会到字符编码问题，那么现在修改一下 EncodingDemo 程序，将字符编码转换成 ISO 8859-1，形成【范例 12-4】。

【范例 12-4】字符编码使用范例（EncodingDemo.java）

```
01  import java.io.* ;
02  public class EncodingDemo
03  {
04    public static void main(String args[]) throws Exception
05    {
06      // 在这里将字符串通过 getBytes() 方法，编码成 ISO8859-1
07      byte b[] = "大家一起来学 Java 语言".getBytes("ISO8859-1") ;
08      OutputStream out = new FileOutputStream(new File("encoding.txt")) ;
09      out.write(b) ;
10      out.close() ;
11    }
12  }
```

保存并运行程序，打开 encoding.txt，如图 12-8 所示。

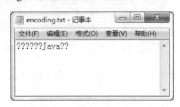

图 12-8

由图 12-8 可以看到，非英文部分的字符输出结果出现了乱码，这是为什么呢？这就是本节要讨论的字符编码问题。之所以会产生这样的问题，是因为 ISO 8859-1 编码规则属于单字节编码，所能表示的字符范围是 0 ~ 255，主要应用于西文字符系列，而对于双字节编码的汉字，当然就"解码"无力，因而出现中文字符乱码。

# 12.3　文本的输入和输出

在本节，我们主要学习如何处理复杂文本，包括读入文本单词，读入单个字符，判断字符是不是数字、是不是字母、是不是大小写等。

## 12.3.1　读入文本单词

这里的文本单词，仅仅是指用空格隔开的字符串。为了读取这些单词，比较简便的方法是使用 Scanner 的 next( ) 方法，它可以用来读取下一个字符串。在用这个方法前，建议用 hasNext( ) 判断是否还有下一个可读取的字符串，以免抛出异常。参见【范例 12-5】。

【范例 12-5】读取文本单词（InputWordsDemo）

```
01    import java.util.Scanner;
02    public class InputWordsDemo
03    {
04      public static void main(String[] args)
05      {
06        Scanner console = new Scanner(System.in); // console.useDelimiter("[A-Za-z]+");
07        while (console.hasNext())
08        {
09          String input = console.next();
10          System.out.println(input);
11        }
12        console.close();
13      }
14    }
```

保存并运行程序，再次打开 encoding.txt，如图 12-9 所示。

图 12-9

## 【代码详解】

第 01 行导入文件找到 Scanner 类所在的包。第 06 行用 System.in（控制台）作为数据来源。第

09 行读入下一个单词输入，第 10 行将这个单词输出。这里单词的分隔符是空格，由图 12-9 输入的参数可知，这对处理西方的文字来说没有太大问题，但是对于中文来说，中文没有明显的分词手段（比如说，将"我爱 Java！"当作一个单词输出了），所以这种方式存在一定的局限性。

【范例 12-5】的程序，还有一个小问题，那就是没有把紧跟单词后面的标点符号去掉，例如把"Java!"当作一个单词，其实我们仅仅是要"Java"。这时，就可以用到前面学到的正则表达式，比如说，我们可以在第 06 行之后使用分隔符方法 useDelimiter( )。Delimiter 英文意思为"分隔符"。useDelimiter( ) 方法默认以空格作为分隔符。现在我们将其修改为：

```
console.useDelimiter("[^A-Za-z]+");
```

这个语句的含义是，以所有非大小写字母组成的若干字符集（即反向字符集）作为分隔符。分词的结果，自然就不会有惊叹号了，但也把"无辜"的中文部分当成非英文字母过滤掉了（如图 12-10 所示），请读者思考如何解决这个问题。

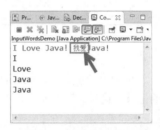

图 12-10

### 12.3.2 读入单个字符

在有些应用场景下，我们需要从文件中一次读入字符，而不是一次读入一个单词（以空格隔开的那种字符串），在这种情况下（比如说加密字符），我们该如何处理呢？这时，我们还是可以借助 useDelimiter( ) 方法，但是过滤参数是空字符串。

```
Scanner  in = new Scanner(…);  //Scanner 中的参数对象可以是控制台，也可以是文件
in.useDelimiter("");
```

现在，我们再调用 Scanner 类的 next() 方法，返回的字符串就是仅仅包含 1 个字符的字符串。请读者注意，包含 1 个字符的字符串也是一个对象，而不是一个普通的字符（char）类型的普通变量，可以用点（.）运算符，使用相应的方法，比如说，charAt(0)，就表示返回这个字符串的第 0 个字符，这里的"0"表示字符串从起始位置的偏移地址（offset），实际上就是这个字符串的第一个字符。

```
while (in.hasNext())
{
    char ch = in.next().charAt(0);
    // 加工处理 ch 变量
}
```

### 12.3.3 判断字符分类的方法

当我们从控制台或从文件中读取一个字符时，可能会希望知道某个字符串中的某个字符是哪一类字符，比如说是数字、字母还是空白字符（WhiteSpace，即空格、Tab 和回车），是大写字母还

是小写字母。这时，我们就需要用到 Character 类中的一些静态方法，这些方法中的参数就是一个普通的 char 类型字符，判断的结果返回一个 boolean，也就是 false 或 true。例如：

```
Character.isDigit(ch);
```

如果 ch 是数字 0 ~ 9 中间的一个，那么返回 true，否则就返回 false。这样的方法有 5 个，如表 12-1 所示。

表 12-1

| 方法名称 | 方法功能 | 返回为 true 的字符范例 |
|---|---|---|
| isDigit(char) | 判断指定的 char 值是否为数字 | 0，1，2，3，…，9 |
| isLetter(char) | 判断指定的 char 值是否为字母 | A，B，C，a，b，c |
| isUpperCase(char) | 判断指定的 char 值是否为字母 | A，B，C |
| isLowerCase(char) | 判断指定的 char 值是否为字母 | a，b，c |
| isWhiteSpace(char) | 判断指定的 char 值是否为空白字符 | 空格、Tab 和回车 |

### 12.3.4 读入一行文本

上面我们学习了如何每次读入一个单词或一个字符，但有时我们需要一次读入一行，因为在很多文件中，一行文字才是一条完整的记录。这时，我们就需要用到 nextLine( ) 方法，例如：

```
String line = in.nextLine(); // 这里的 in 表示事先定义好的处理控制台或文件输入的对象
```

为了确保每次都能读入一行，建议用 hasNextLine( ) 提前判断。当还能读入一行或多行字符时 hasNextLine( ) 方法返回 true，否则为 false，如下所示。

```
while (in.hasNextLine())
{
    String line = nextLine();
    // 处理这一行
}
```

假设某个文本文件中包含了某只股票的信息，如图 12-11 所示。

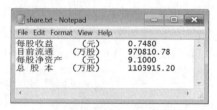

图 12-11

由于每一行的股票信息都不止一个单词（粗略空格分开），比如第一行的"每股收益　（元）"，为了使文本对齐，这中间就包括很多空格，之后才是相应的数字信息。现在问题是，如何把这些数字提取出来呢？这时我们就用表 8-1 中提及的方法找到第一个字符，代码如下。

```
int i = 0;
while (Character.isDigit(line.charAt(i)) == false)
{
```

```
    i++;
  }
```

在找到这个数字的真实位置后，就可以用处理字符串的方法来如下处理。

```
String shareName = line.substring(0, i); // 从 0 到 i（包括 i）的子字符串为股票信息
String shareValue = line.substring(i); // 从 i 开始到字符串结束的子字符串为股票信息的值
```

可以看到，股票的分项信息和它的值之间有若干空白字符（即空格、Tab 或回车），这个时候，我们就可以利用 trim( ) 方法把一个字符串的前面或最后面的空白字符"剪掉"。

```
shareName = shareName.trim();
shareValue = shareValue.trim();
```

### 12.3.5 将字符转换为数字

我们注意到，前面提及的 shareValue，即使它的值抽取出来，例如"0.7480"，实际上还是一个长度为 6 的字符串，这是不能进行运算的。所以，我们需要把字符串转换为一个对应的数值（比如说 double 类型的值）。这时，在前面学习到的基本数据类型的包装类 Integer、Double 和 Float 等就派上了用场。

使用 Integer.parseInt() 方法，就可以分析输入的字符是不是整型。如果是，就转换为对应的数值，例如：

```
int aIntValue = Integer.parseInt("123");// 将字符串"123"转换为整数 123
double  shareValue =Double.parseDouble("0.7480"); // 将字符串"0.7480"转换为浮点数 0.748
```

# 12.4   命令行参数的使用

### 12.4.1  System 类对 I/O 的支持

为了支持标准输入输出设备，Java 定义了 3 个特殊的流对象常量。

(1) 错误输出：public static final PrintStream err。

(2) 系统输出：public static final PrintStream out。

(3) 系统输入：public static final InputStream in。

System.in 通常对应键盘，属于 InputStream 类型，程序使用 System.in 可以读取从键盘上输入的数据。System.out 通常对应显示器，属于 PrintStream 类型，PrintStream 是 OutputStream 的一个子类，程序使用 System.out 可以将数据输出到显示器上。键盘可以被当作一个特殊的输入流，显示器可以被当作一个特殊的输出流。System.err 则是专门用于输出系统错误的对象，可视为特殊的 System.out。

按照 Java 原本的设计，System.err 输出的错误是不希望用户看见的，而 System.out 的输出则是希望用户看见的。

观察下面的程序段。

```
01   public class SystemTest
```

```
02  {
03      public static void main(String[] args) throws Exception {
04          try {
05              Integer.parseInt("abc");
06          } catch (Exception e) {
07              System.err.println(e);
08              System.out.println(e);
09          }
10      }
11  }
```

【代码分析】

由于第 05 行的 "abc" 是一个字符串，不是 Integer.parseInt() 方法的合法参数，因此会抛出异常，第 06 行是捕获这个异常，第 07 行和第 08 行则是输出这两个异常信息，用 Eclipse 调试，得到如图 12-12 所示的调试结果图。从图 12-12 中可以发现，第 07 行和第 08 行输出的结果是一样的。

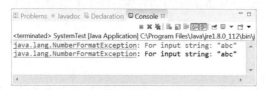

图 12-12

### 12.4.2   Java 命令行参数解析

根据操作系统和 Java 部署环境的不同，运行 Java 程序有多种方法，如可以用双击图标的方法启动程序，也有利用命令行运行程序。在后一种方法中（特别是在类 UNIX 系统中），不可避免地要利用命令行输入一些用户指定的参数，这时，如何解析用户的参数就不可避免了。例如：

    java  ProgramClass  -v  input.txt

这里，java 就是解释器，不能算是 Java 参数的一部分。ProgramClass 就是编译好的字节码（也就是 .class 文件，但在运行时不能带 .class），"-v" 代表可选项，是这个程序的第 1 个参数，"input.txt" 是第 2 个参数。

从控制台输入这些参数时，由程序的哪部分来接收它们呢？这就离不开我们常见的一句代码。

    public static void main(String[] args)

这些参数都分别存在 main 方法中的字符串数组 args 中。我们知道，args 作为数组，它的下标（也可以说是偏移量）是从 0 开始的，所以上述参数的存储布局为：

    args[0]:"-v"
    args[1]:"input.txt"

下面，我们考虑一个应用场景：2000 年的凯撒大帝，首次发明了密码，用于军队的消息传递。消息加密的办法是对消息明文中的所有字母都在字母表上向后（或向前）按照一个固定数目（用变量 n 表示）进行偏移后，被替换成密文。例如，当偏移量是 n=3 的时候，字母 A 将被替换成 D，B

变成 E，以此类推，X 将变成 A，Y 变成 B，Z 变成 C。解密过程就是加密过程的反操作。由此可见，位数 n 就是凯撒密码加密和解密的密钥。

我们现在的任务就是，利用 Java 完成凯撒密码的加密和解密。这个程序有如下几个命令行参数。

-d: 如果有这个可选项，表示启动解密（decryption），否则就是加密。

输入文件名。

输出文件名。

比如说：

```
java CaesarCode input.txt encrypt.txt
```

表示加密 input.txt 中的信息，并将加密结果输出到 encrypt.txt 文件中。

```
java CaesarCode -d encrypt.txt output.txt
```

表示将加密 encrypt.txt 中的信息解密出来并存放于 output.txt。假设需要加密的数据文本如图 12-13 所示。

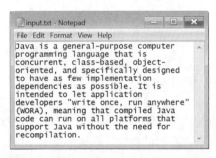

图 12-13

下面就是这个文本文件的加密和解密程序。解密还是加密，取决于是否有 "-d" 选项。

【范例 12-6】命令行参数的使用（CaesarCode.java）

```java
01   import java.io.File;
02   import java.io.FileNotFoundException;
03   import java.io.PrintWriter;
04   import java.util.Scanner;
05   public class CaesarCode
06   {
07     public static void main(String[] args) throws FileNotFoundException
08     {
09       final int DEFAULT_KEY = 3;
10       int key = DEFAULT_KEY;
11       String inFile = "";
12       String outFile = "";
13       int files = 0;
14       for(String arg : args)
15       {
```

```
16          if(arg.charAt(0) == '-') {        // 命令行可选项判断
17              if(arg.charAt(1) == 'd') {
18                  key = -key;
19              } else {
20                  usage();
21                  return;
22              }
23          } else {
24              files++;
25              if(files == 1){
26                  inFile = arg;
27              } else if(files == 2) {
28                  outFile = arg;
29              }
30          }
31      }
32      if(files == 1){
33          // 当只输入源文件参数时，自动生成默认输出文件名
34          String[] strs = inFile.split("\\.");            // 分隔字符设置为扩展名之前的 "."，但
"." 之前需要加 "\\"，否则系统理解为任意字符
35          if(strs.length == 1){
36              outFile = strs[0] + "_Caesar";
37          } else {
38              outFile = strs[0] + "_Caesar." + strs[1];
39          }
40      }
41      else if(files == 0) {
42          usage();
43          return;
44      }
45      Scanner in = new Scanner(new File(inFile));
46      in.useDelimiter("");  // 需要处理每一个字符，所以分隔符用空字符
47      PrintWriter out = new PrintWriter(outFile);
48      while(in.hasNext())
49      {
50          char from = in.next().charAt(0);
51          char to = encrypt(from, key);
52          out.print(to);
53      }
54      in.close();
```

```
55        out.close();
56    }
57
58    public static char encrypt(char ch, int key)
59    {
60       int base = 0;
61       if('A' <= ch && ch <= 'Z'){
62          base = 'A';
63       }
64       else if('a' <= ch && ch <= 'z'){
65          base = 'a';
66       } else {
67          return ch;
68       }
69       int offset = ch - base + key;
70       final int LETTERS = 26;
71       if(offset > LETTERS){
72          offset = offset - LETTERS;
73       }
74       else if(offset < 0)
75       {
76          offset = offset + LETTERS;
77       }
78       return (char) (base + offset);
79    }
80
81    public static void usage()
82    {
83       System.out.println("Usage: java CaesarCode [-d] infile outfile");
84    }
85 }
```

保存并运行程序，结果如图 12-14 所示。

图 12-14

加密与解密的文件如图 12-15 所示。

图 12-15

【代码详解】

第 09 行设定加密和解密的偏移量为 3。

第 14 ~ 第 44 行对命令行参数进行分析。其中第 17 行，读取第一个参数（事实上是 arg[0]）第 1 个字符（从 0 计数），看是否为字母"d"。如果是，说明是解密程序（key = –key）；如果不是，则说明是加密程序。

第 32 ~ 第 40 行，如果命令行文件个数仅为 1 个，就用扩展名分隔符"."分隔输入文件名，提取扩展名前面的子字符串。这里"."之前需要加两个反斜线"\"，否则系统会理解为任意字符。然后确定的默认的输出文件名为"原文件名 _Caesar.txt"。如果为 2 个，那么就采纳用户指定的文件名。

第 58 ~ 第 79 行定义了一个加密 encrypt() 方法，采用凯撒循环移位加密。由于加密和解密的密钥是一样的，所以可以共用一个程序。

# 12.5 综合应用——分析文本

【范例 12-7】分析读入文本文件的每一行（InputLineDemo.java）

```
01  import java.io.File;
02  import java.io.FileNotFoundException;
03  import java.util.Scanner;
04  public class InputLineDemo
05  {
06    public static void main(String[] args) throws FileNotFoundException
07    {
08      File inputFile = new File("share.txt");
09      Scanner in = new Scanner(inputFile);
10
11      while (in.hasNextLine())
12      {
13        String line = in.nextLine();
```

```
14          int i = 0;
15          while (Character.isDigit(line.charAt(i)) == false) i++;
16          String shareName = line.substring(0, i);
17          String shareValue = line.substring(i);
18          shareName = shareName.trim();
19          shareValue = shareValue.trim();
20          double  share =Double.parseDouble(shareValue);
21          System.out.printf("%s\t:\t%-10.4f\n", shareName, share);
22       }
23       in.close();
24    }
25  }
```

保存并运行程序，结果如图 12-16 所示。

图 12-16

【代码详解】

由于大部分知识点前面已经提及，这里不再赘言。这里需要读者注意的是第 21 行 System.out 对象中的 printf() 方法，其用法完全等同于 C 语言中 printf() 的用法。其中，作为格式化输出的指示符 "−10.4f"，"f" 表示浮点数，"10.4" 表示输出的总宽度（包括整数、小数和小数点）为 10，且小数点后保留 4 位，"−" 表示左对齐（默认是右对齐的）。

# 12.6  本章小结

⑴ 在 Java 中，I/O 机制都是基于"数据流"方式输入输出。Java.io 包中有标准输入 / 输出、文件的操作、网络上的数据流、字符串流和对象流。

⑵ File 类用于处理文件和文件系统，能够完成创建、删除、重命名文件，判断文件的读写权限以及文件是否存在，设置和查询文件创建时间、权限等操作，还可以将目录当作文件进行处理。

⑶ 计算机中最早使用的字符编码是 ASCII，也就是美国标准信息交换码。Unicode 编码将所有的符号进行统一编码，编码的字符都占用 2 字节的大小。常用的编码方式还有 ISO 8859-1 编码和 UTF-8 编码。

⑷ 使用 Scanner 类来处理复杂文本的读入，利用基本数据类型的包装类的数据转换方法可以进行各种基础数据类型之间的转换。

# 12.7　疑难解答

**问：使用缓冲流的作用是什么？**

**答：** 使用字节流对磁盘上的文件进行操作的时候，是按字节把文件从磁盘中读取到程序中，或者是从程序写入到磁盘中。相比操作内存而言，操作磁盘的速度要慢很多。因此，我们可以考虑先把文件从硬盘读到内存里面，把它缓存起来，然后再使用一个缓冲流对内存里面的数据进行操作，这样就可以提高文件的读写速度。读者可以同时比较 InputStream 与 BufferedInputStream 在速度上的差异，从而深入理解缓冲流的优势所在。此外，对文件的操作完成以后，不要忘记关闭流，否则会产生一些不可预测的问题。

**问：字节流和字符流的区别是什么？（面试题）**

**答：** 关于字节流和字符流的选择没有一个明确的定义要求，但是有如下的选择参考：

(1) Java 最早提供的实际上只有字节流，而在 JDK 1.1 之后才增加了字符流。

(2) 字符数据可以方便诸如中文的双字节编码处理。

(3) 在网络传输或者数据保存时，数据操作单位都是字节，而不是字符。

(4) 字节流和字符流在操作形式上都是类似的，只要掌握某一种数据流的处理方法，另一种数据流的处理方式是类似的。

(5) 字节流操作时没有使用到缓冲区，但字符流操作时需要缓冲区。字符流会在关闭时默认清空缓冲区。如果没有关闭，用户可用 flush() 方法手工清空缓冲区。

在开发之中，尽量使用字节流进行操作，因为字节流可以处理图片、音乐、文字，也可以方便地进行传输或者是文字的编码转换。在处理中文的时候可考虑字符流。

# 12.8　实战练习

(1) 递归列出指定目录下的所有扩展名为 txt 的文件。

(2) 模拟 Windows 操作系统中的 copy ( Linux/Mac 系统中的 cp ) 命令，在命令行模式实现文件拷贝，允许用户不提供输出文件名（如果没有拷贝输出文件名，则提供默认的文件名）。提示：利用字节数组 byte[]、BufferedInputStream 和 BufferedOutputStream 两个缓冲区的输入或输出类，先从一个文件中读取，再写进另一个文件，完成单个文件的复制。例如，可复制图片、文本文件，复制后打开文件，对比两个文件是否内容一致，从而判断程序的正确性。

(3) 编写一个程序，如果名为 file15.txt 的文件不存在，则创建该文件。使用文本 I/O 将随机产生的 100 个整数写入文件，文件中的整数由空格分开。从文件中读回数据并以升序显示数据。

(4) 编写一个程序，从文件 SortedString.txt 中读取字符串，并且给出报告，文件中的字符串是否以升序的方式进行存储。如果文件中的字符串没有排好序，显示没有遵循排序的前面两个字符串。

(5) 统计文本文件 file.text 中单词的数量。

# 第 13 章
# GUI 编程

**本章导读**

　　本章讲解 Java 中的图形化编程，包含组件、容器、事件处理。Java 提供了功能强大的类包 awt 和 swing，它们为构建绚丽多彩的图形界面提供了强有力的支持，使我们能用简单的几行代码即可完成复杂的构图。

**本章课时：理论 4 学时 + 实践 4 学时**

## 学习目标

▶ **GUI 概述**

▶ **GUI 与 AWT**

▶ **AWT 容器**

▶ **AWT 常用组件**

▶ **事件处理**

▶ **Swing 概述**

▶ **Swing 的基本组件**

# 13.1　GUI 概述

GUI（Graphics User Interface）是指使用图形方式显示的计算机操作用户界面，是计算机与其使用者之间的对话接口，是计算机系统的重要组成部分。

相比较而言，前面章节的程序都是基于控制台的。在早期，计算机给用户提供的都是单调、枯燥、出自控制台的"命令行界面"（Command Line Interface，CLI）。CLI 是在 GUI 得到普及之前使用最为广泛的用户界面之一，通常不支持鼠标，用户通过键盘输入指令，计算机接收到指令后予以执行。

后来，取而代之的是通过窗口、菜单、按键等方式来进行更为方便的操作。20 世纪 70 年代，施乐帕罗奥多研究中心（Xerox Palo Alto Research Center）的研究人员开发了第一个 GUI 图形用户界面，开启了计算机 GUI 的新纪元。在这之后，操作系统的界面设计经历了众多变迁，OS/2、Macintosh、Windows、Linux、Mac OS、Android、 iOS 等各种操作系统逐步将 GUI 的设计带进新时代。

现如今，在各个领域都可以看到 GUI 的身影，如计算机操作平台、智能移动 App、游戏产品、智能家居、车载娱乐系统等。

# 13.2　GUI 与 AWT

在设计之初，Java 就非常重视 GUI 的实现。在 JDK 1.0 发布时，Sun 公司就提供了一个基本的GUI 类库，希望这个GUI类库可在所有操作系统平台下运行，这套基本类库被称为"抽象窗口工具集"（Abstract Window Toolkit，AWT），它为 Java 应用程序提供了基本的图形组件。

java.awt 包中提供了 GUI 设计所用的类和接口，图 13-1 描述了主要类库之间的关系。

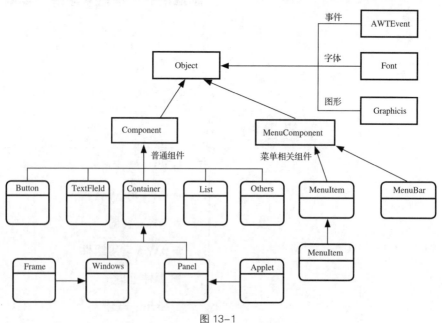

图 13-1

学习 GUI 编程，重点是学习掌握 Component 类的一些重要的子类，如 Button、Canvas、Dialog、Frame、Label、Panel、TextArea 等。下面是 GUI 开发的常用流程。

(1) Java 把 Component 类的子类或间接子类创建的对象构成一个个组件。

(2) Java 把 Container 的子类或间接子类创建的对象构成一个个容器。

(3) 向容器添加组件。Container 类提供了一个 public 方法 add( )，一个容器可以调用这个方法，将组件添加到该容器中。

(4) 容器调用 remove（component c）方法移除置顶组件。也可以调用 removeAll( ) 方法，将容器中的全部组件移除。

(5) 容器本身也是一个组件，因此可以把一个容器添加到另一个容器实现容器嵌套。

接下来，介绍容器以及一些常用的组件，通过一些小例子、小项目让读者对 GUI 编程有一定的认识，让 Java 程序真正绚丽多彩起来。

# 13.3　AWT 容器

首先介绍 AWT 中的容器，因为容器是放置组件的场所，是图形化用户界面的基础，没有它各个组件就像一盘散沙，无法呈现在用户面前，所以明白容器的创建与使用至关重要。

实际上，GUI 编程并不复杂，它有点类似于小朋友们爱玩的拼图游戏。容器就相当于拼图用的母版，其他普通组件，如 Button（按钮）、List（下拉列表）、Label（标签）、文本框等，就相当于形形色色的拼图小模块，创建图形用户界面的过程就是完成一幅拼图的过程。

AWT 主要提供了两种容器。

(1) Window（窗口）：可作为独立存在的顶级窗口。

(2) Panel( 面板 )：可作为容器容纳其他组件，但本身不能独立存在，必须被添加到其他容器之中，例如 Window、Panel 或 Applet（Java 小程序）。

图 13-2 显示了 AWT 容器的继承关系。其中，Frame、Dialog、Panel 及 ScrollPanel 等容器较为常用。Applet 是嵌套于网页的 Java 小程序，曾风靡一时，但因运行耗时、耗流量，随着移动互联网时代的来临而逐步淡出了历史舞台。

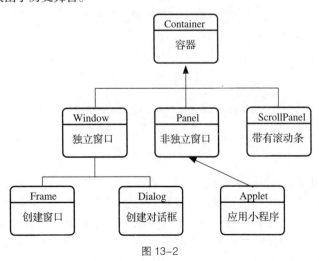

图 13-2

### 13.3.1 Frame 窗口

一个基于 GUI 的应用程序，应当提供一个能和操作系统直接交互的容器，该容器可以直接显示在操作系统所控制的平台上，比如显示器上。这样的容器，在 GUI 设计中属于非常重要的底层容器。

Frame 就是一个这样的底层容器，也就是我们通常所说的窗口，其他组件只有添加到底层容器中，才能方便地和操作系统进行交互。从前面的继承关系图可知，Frame 是 Window 类的子类，它具有如下几个特征。

(1) Frame 对象有标题，标题可在代码中用 setTitle( ) 设置，允许用户通过拖拉来改变窗口的位置、大小。

(2) Frame 窗口默认模式是不可见的，必须显式地通过 setVisible(true) 使其显示出来。

(3) 默认情况下，使用 BorderLayout 作为它的布局管理器。

下面举例说明 Frame 的用法。

【范例 13-1】创建一个 Frame 窗口（TestFrame.java）

```
01   import java.awt.Frame;
02   public class TestFrame
03   {
04     public static void main(String[] args)
05     {
06       Frame frame = new Frame();
07       //frame.setSize(500, 300);
08       frame.setBounds(50,50, 500,300);
09       frame.setTitle("Hello Java GUI");
10       frame.setVisible(true);
11     }
12   }
```

保存并运行程序，Windows 操作系统下运行结果如图 13-3 所示。

图 13-3

【代码详解】

第 01 行导入创建 frame 必要的图形包。

第 06 行为 frame 对象的创建使用默认构造函数构造一个初始不可见的新窗体。

第 08 行用 setBounds 设置窗口的大小为 500×300，起始坐标为（50,50）。这里需要说明的是，通常是以屏幕的左上角为坐标原点（0,0），如图 13-4 所示。如果仅仅用 setSize(500, 300) 来确定窗口大小（第 07 行），那么该窗口的起始坐标则默认为屏幕原点（0,0）。

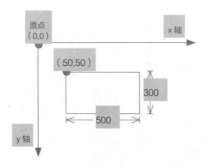

图 13-4

第 09 行设置窗口的标题为"Hello Java GUI"。

第 10 行设置窗口可见。

若将本范例在 Mac 和 Linux 下运行，从 图 13-5 中可以看出，在不同平台下运行，窗口的样式并不相同（包括窗口标题是居左还是居中、关闭窗口的"×"是居左还是居右等）。因为在 AWT 运行过程中，实际上调用的是所在操作系统平台的图形系统，因此会出现不同的窗口类型。

Mac 下运行结果

Linux 下运行结果

图 13-5

从本范例可以看出，第一个 Java 窗口创建只需简单地调用 java.awt.Frame 包。强大的 Java 已经编写好了复杂的创建窗口方法，并可运行在不同平台上，而程序员要做的仅仅是调用它。有了 Frame，就可以在其上面自由发挥，将软件交互界面一一实现。

如果 Java 提供的 Frame 不能满足需求，那么可以使用继承的方式，通过复用 Frame 中的方法或覆写部分方法创建窗口。下面的范例就是演示简单的继承模式。

【范例 13-2】能设置背景色的窗口（TestFrameColor.java）

```
01   import java.awt.Color;
02   import java.awt.Frame;
03   class TestFrameColor extends Frame
04   {
05       public TestFrameColor() {
06       // 设置标题
07       this.setTitle( "Hello Java GUI" );
08       // 设置大小可更改
09       this.setResizable( true );
10       // 设置大小
11       this.setSize(300,200);
12       // 设置大小及窗口顶点位置
```

```
13        this.setBounds(50,50,500,300);
14        // 设置背景颜色为绿色
15        this.setBackground(Color.green);
16        // 显示窗口
17        this.setVisible(true);
18    }
19    public static void main(String[] args)
20    {
21        TestFrameColor colorFrame = new TestFrameColor();
22    }
23 }
```

保存并运行程序，结果如图 13-6 所示。

图 13-6

【代码详解】

第 01 行导入创建 frame 必要的有关色彩的包，用于和第 15 行配合，设置窗口的背景色。

第 09 行通过 setResizable( true )，设置大小可更改。如果将其中的参数由 "true" 改为 "false"，那么窗口的大小就不能通过鼠标的拖拉改变形状。

第 21 行创建了窗口对象 colorFrame。

运行前面两个程序后，会很快发现一个恼人的问题——创建的窗口无法关闭（单击窗口上的 "×" 并不能关闭窗口）。这是因为该程序中并没有提供窗口关闭功能的代码。

改造【范例 13-1】，下面的范例演示了具备关闭功能的窗口。

【范例 13-3】能关闭的窗口

```
01  import java.awt.Frame;
02  import java.awt.event.WindowAdapter;
03  import java.awt.event.WindowEvent;
04  public class CloseFrame
05  {
06    public static void main(String[] args)
07    {
08        Frame frame = new Frame();
09        frame.setSize(500, 300);
10        frame.setTitle("Hello Java GUI");
```

```
11        frame.addWindowListener(new WindowAdapter( )
12        {
13            public void windowClosing(WindowEvent e)
14            {
15                System.exit(0);
16            }
17        });
18        frame.setVisible(true);
19    }
20 }
```

保存并运行程序，结果如图 13-7 所示。

图 13-7

【代码详解】

本范例运行的结果，与【范例 13-1】没有区别，但本范例运行出来的窗口，单击关闭标识"×"可以正常关闭程序。与【范例 13-1】相比，代码的区别在于，第 02 ~ 第 03 行增加了 AWT 的事件处理 awt.event.WindowAdapter，这是接收窗口事件的抽象适配器类。此类存在的目的是方便创建侦听器对象。

使用扩展的类可以创建侦听器对象，然后使用窗口的 addWindowListener ( ) 方法向该窗口注册侦听器（第 11 行）。当通过打开、关闭、激活或停用、图标化或取消图标化而改变了窗口状态时，将调用该侦听器对象中的相关方法，并将 WindowEvent 传递给该方法。

第 12 ~ 第 17 行实际上是定义了一个内部类 WindowAdapter，类中定义了一个对窗口关闭事件的处理方法 windowClosing( )。

在第 15 行中，System 是一个 Java 类（常用的 out.println( ) 就是来自这个类），调用 exit(0) 方法表明要终止虚拟机，也就是退出正在运行的 Java 程序，括号里面的参数 0 是进程结束的返回值。

### 13.3.2 Panel 面板

Panel 也称为面板，是 AWT 中的另一种常用的经典容器。与 Frame 不同的是，它是透明的，既没标题，也没边框。同时它不能作为外层容器单独存在，必须作为一个组件放置到其他容器中。

Panel 容器存在的主要意义就是为其他组件提供空间，默认使用 FlowLayout 作为其布局管理器。下面的范例使用 Panel 作为容器来装一个按钮和一个文本框。

【范例 13-4】创建一个包含文本框和按钮的 Panel 面板（TestPanel.java）

```
01  import java.awt.Frame;
```

```
02    import java.awt.Panel;
03    import java.awt.Button;
04    import java.awt.TextField;
05
06    public class TestPanel
07    {
08        public static void main(String[] args)
09        {
10            Frame frame = new Frame("Hello Java GUI");
11            Panel panel = new Panel();
12            // 向 Panel 中添加文本框和按钮
13            panel.add(new TextField(20));
14            panel.add(new Button("Click me!"));
15            // 将 Panel 添加到 Frame 中
16            frame.add(panel);
17            frame.setBounds(50, 50, 400, 200);
18            frame.setVisible(true);
19        }
20    }
```

保存并运行程序，结果如图 13-8 所示。

图 13-8

【代码详解】

第 01 ~ 第 04 行分别导入 Frame、Panel、按钮和文本框所在包。

第 11 行使用默认构造方法创建 Panel 对象 panel。

第 13 ~ 第 14 行利用 add( ) 方法，向容器 panel 中添加文本框（第 13 行）和标题为 "Click me!" 的按钮（第 14 行）两个对象。

由于 panel 作为容器不能独立存在，还需要把这个容器添加到能独立存在的窗口 Frame 中（第 16 行）。

第 17 行设置 Frame 的起始坐标和长度、宽度。

第 18 行让 Frame 可见（在默认情况下，Frame 对象是不可见的）。

### 13.3.3  布局管理器

通过【范例 13-1】在不同平台上的运行结果得知，跨平台运行时，Java 程序的界面样式也会有微妙的变化，那么当一个窗体中既有文本控件，又有标签控件，还有按钮等时，我们该如何控制它们在窗体中的排列顺序和位置呢？ Java 的设计者们早已为我们准备了布局管理器这个工具，来帮助我们处理这个看似简单实则棘手的问题。

为什么说布局管理比较棘手呢？ 下面我们举例说明，假设我们通过下面的语句定义了一个标签（Label）。

```
Label MyLabel = new Label("Hello, GUI!");
```

为了让 Label 的宽度能刚刚好容纳 "Hello, GUI!"，可能需要程序员折腾一番。比如说在 Windows 操作系统下，MyLabel 的最佳尺寸长度可能为 $60 \times 20$（单位为像素），可是同样的程序切换到 Mac 操作系统下，这个最佳尺寸可能就是 $55 \times 18$，如此一来，Java 的宽平台特性就会大打折扣，因为程序员除了要确保功能在不同的平台上一致外，还要费时费力地调整运行窗口各个组件的大小、所在容器的位置。

各个组件的最佳尺寸，与 Java 应用程序运行在何种平台上深度耦合。如何免除程序员的这种低效的工作呢？ Java 就提供了布局管理器来代替程序员完成类似的工作。

Java 提供了 FlowLayout、BorderLayout、CardLayout、GridLayout、GridBagLayout 等 5 个常用的布局管理器。下面，我们就从开发过程经常用到的 FlowLayout 开始，讨论布局管理器的用法。

### 1. FlowLayout（流式布局）

FlowLayout（流式布局）是 Panel 的默认布局管理方式。在流式布局中，组件按从左到右而后从上到下的顺序，如流水一般，碰到障碍（边界）就折回，重新排序，简单来说，一行放不下，则折到下一行。

其实，在我们撰写文档时，用到的就是流式布局。它把每个字符当作一个组件，当一行写不下时，文档编辑器就会自动换行。所不同的是，文档排列的是文字，而在 AWT 中排列的是组件。

FlowLayout 有如下 3 个构造方法。

(1) FlowLayout()：创建一个新的流布局管理器，该布局默认是居中对齐的，默认的水平和垂直间隙是 5 个像素。

(2) FlowLayout(int align)：创建一个新的流布局管理器，该布局可以通过参数 align 指定的对齐方式，默认的水平和垂直间隙是 5 个像素。

align 参数值及含义如下。

0 或 FlowLayout.LEFT，控件左对齐。

1 或 FlowLayout.CENTER，控件居中对齐。

2 或 FlowLayout.RIGHT，控件右对齐。

3 或 FlowLayout.LEADING，控件与容器方向开始边对应。

4 或 FlowLayout.TRAILING，控件与容器方向结束边对应。

如果是 0、1、2、3、4 之外的整数，则均为左对齐。

(3) FlowLayout(int align,int hgap,int vgap)：创建一个新的流布局管理器，布局具有指定的对齐方式以及指定的水平和垂直间隙。

需要注意的是，当容器的大小发生变化时，用 FlowLayout 管理的组件大小是不会发生变化的，但是其相对位置会发生变化，如以下范例。

【范例 13-5】使用流式布局管理器设置组件布局（FlowLayoutDemo.java）

```
01  import java.awt.Frame;
```

x

```
02    import java.awt.Button;
03    import java.awt.FlowLayout;
04    public class FlowLayoutDemo
05    {
06       public static void main(String[] args) {
07          Frame FlowoutWindow = new Frame();
08          FlowoutWindow.setTitle(" 流式布局 ");
09          FlowoutWindow.setLayout(new FlowLayout(FlowLayout.LEFT, 20, 5));
10          for (int count = 0 ; count < 11; count++)
11          {
12             FlowoutWindow.add (new Button(" 按钮 " + count));
13          }
14          // 依据放置的组件设定窗口的大小，使之正好能容纳放置的所有组件
15          FlowoutWindow.pack();
16          FlowoutWindow.setVisible(true);
17       }
18    }
```

保存并运行程序，结果如图 13-9 所示。

图 13-9

不用重新运行程序，用鼠标改变窗口的边界大小时，窗口内的组件会随之变化，如图 13-10 所示。

图 13-10

【代码详解】

第 03 行导入流式布局管理的包。

第 10 ~ 第 13 行用 for 循环在窗口中添加 11 个按钮，其中第 12 行设置布局管理器的格式为左对齐。

值得注意的是第 15 行。该行使用了 pack( ) 方法，该方法依据放置的组件设定窗口的大小，自动调整窗口大小，使之正好能容纳放置的所有组件。在编写 Java 的 GUI 程序时，通常我们很少直接设置窗口的大小，而是通过 pack( ) 方法将窗口大小自动调整到最佳配置。

### 2. BorderLayout（边界布局）

BorderLayout（边界布局）是 Frame 窗口的默认布局管理方式，它将版面划分成东（EAST）、西（WEST）、南（SOUTH）、北（NORTH）、中（CENTER）等 5 个区域，将添加的组件按指定位置放置，常用的 5 个布局静态变量是：

BorderLayout.EAST

BorderLayout.WEST

BorderLayout.SOUTH

BorderLayout.NORTH

BorderLayout.CENTER

使用边界布局时，需要注意以下几点。

(1) 当向这 5 个布局部分添加组件时，必须明确指定要添加到这 5 个布局的哪个部分。这 5 个部分不必全部使用，如果没有指定布局部分，则采用中间布局。

(2) 在中间部分的组件会自动调节大小 ( 在其他部位则没有这个效果 )。

(3) 如果向同一个布局部分添加多个组件时，后面放入的组件会覆盖前面放入的组件。

(4) Frame、Dialog 和 ScrollPane 窗口默认使用的都是边界布局。

边界布局有如下两个构造方法。

(1) BorderLayout(): 构造一个组件之间没有间距 ( 默认间距为 0 像素 ) 的新边框布局。

(2) BorderLayout(int hgap, int vgap) : 构造一个具有指定组件( hgap 为横向间距，vgap 为纵向间距 )间距的边框布局。

【范例 13-6】使用边界布局管理器设置组件布局（ BorderLayoutDemo.java ）

```
01  import java.awt.Frame;
02  import java.awt.BorderLayout;
03  import java.awt.Button;
04  public class BorderLayoutDemo
05  {
06    public static void main(String[] args)
07    {
08      Frame BorderWindow = new Frame();
09      BorderWindow.setTitle(" 边界布局 ");
10      BorderWindow.setLayout(new BorderLayout( 40, 10));
11
12      BorderWindow.add (new Button(" 东 "), BorderLayout.EAST);
13      BorderWindow.add (new Button(" 南 "), BorderLayout.SOUTH);
14      BorderWindow.add (new Button(" 西 "), BorderLayout.WEST);
15      BorderWindow.add (new Button(" 北 "), BorderLayout.NORTH);
16      BorderWindow.add (new Button(" 中 "), BorderLayout.CENTER);
17
18      BorderWindow.pack();
19      BorderWindow.setVisible(true);
20        }
21  }
```

保存并运行程序，结果如图 13-11 所示。

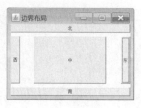

图 13-11

【代码详解】

第 02 行导入边界布局管理的包。

第 10 行设置窗口的边界布局管理器。BorderLayout( 40, 10) 中的数字 40 代表水平间距为 40 个像素，10 代表垂直间距为 10 个像素。

第 12 ~ 第 16 行添加了东、南、西、北、中等 5 个布局组件，其实这 5 个组件并不需要全部添加，而是按需添加。

【范例分析】

通过分析这个范例，读者可能会困惑，如果 BorderLayout 最多可以容纳 5 个组件，而且位置还那么固定，那不是太不实用了吗？

其实，情况并不完全是这样。的确，BorderLayout 最多可以容纳 5 个组件，但是如果某个组件是 Panel 呢？ Panel 这个容器，其实也可以看作一个组件。要知道，Panel 里面可以容纳非常多的组件。BorderLayout 仅仅提供了一个大致的宏观布局，个性化的布局还是需要在 Panel 里面细化的。请参阅下面的改进版案例。

【范例 13-7】可容纳多个组件的边界布局管理器（BorderLayoutDemo2.java）

```
01   import java.awt.Frame;
02   import java.awt.BorderLayout;
03   import java.awt.Panel;
04   import java.awt.Button;
05   import java.awt.TextField;
06   public class BorderLayoutDemo2
07   {
08       public static void main(String[] args)
09       {
10           Frame BorderWindow = new Frame();
11           BorderWindow.setTitle(" 边界布局 ");
12           BorderWindow.setLayout(new BorderLayout( 50, 30));
13
14           BorderWindow.add (new Button(" 南 "), BorderLayout.SOUTH);
15           BorderWindow.add (new Button(" 北 "), BorderLayout.NORTH);
16
17           Panel panel = new Panel();
18           panel.add(new TextField(25));
19           panel.add(new Button(" 我是按钮 1"));
20           panel.add(new Button(" 我是按钮 2"));
```

```
21        panel.add(new Button(" 我是按钮 3"));
22        BorderWindow.add(panel);
23
24        BorderWindow.pack();
25        BorderWindow.setVisible(true);
26    }
27 }
```

保存并运行程序，结果如图 13-12 所示。

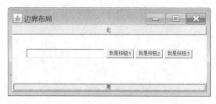

图 13-12

【代码详解】

第14 ~ 第15 行添加了南和北两个布局按钮组件。实际上这里仅仅是作为演示，并不是必需的。

第17 ~ 第21 行添加了一个 Panel 容器，在这个容器里添加了一个文本框 3 个按钮。

第22 行将这个 Panel 容器作为一个组件添加到窗口中，这里并没有用到静态变量参数 BorderLayout.CENTER，因为这是组件的默认值，如果不明确指定，就会启用这个值。

综上可见，合理地利用 Panel，完全可以不受 BorderLayout 只能添加 5 个组件的限制。

3. GridLayout（网格布局）

GridLayout（网格布局）将容器非常规整地纵横分割成 M 行 ×N 列的网格（Grid），每个网格所占区域大小均等。各组件的排列方式是从上到下、从左到右。组件放入容器的次序，决定了它在容器中的位置。容器大小改变时，组件的相对位置不变，但大小会改变。

网格布局有 3 个构造方法，分别如下。

⑴ GridLayout( )：创建具有默认值的网格布局，即每个组件占据一行一列。

⑵ GridLayout(int rows,int cols)：创建具有指定行数 (rows) 和列数 (cols) 的网格布局。

⑶ GridLayout(int rows,int cols,int hgap,int vgap)：创建具有指定行数 (rows)、列数 (cols) 以及组件水平、纵向一定间距（hgap,vgap）的网格布局。

下面的范例就是结合 BorderLayout 和 GridLayout 开发的一个计算器的可视化窗口。

【范例 13-8】网格布局管理器（BorderLayoutDemo2.java）

```
01  import java.awt.Frame;
02  import java.awt.BorderLayout;
03  import java.awt.GridLayout;
04  import java.awt.Panel;
05  import java.awt.Button;
06  import java.awt.TextField;
07  class GridFrameDemo
```

```
08  {
09      public static void main(String[] args)
10      {
11          Frame frame = new Frame(" 网格布局之计算器 ");
12          Panel panel  =new Panel( );
13          panel.add(new TextField(40));
14          frame.add(panel, BorderLayout.NORTH);
15          // 定义面板
16          Panel gridPanel = new Panel( );
17          // 并设置为网格布局
18          gridPanel.setLayout(new GridLayout(4, 4, 3, 3));
19          String name[ ]={"7","8","9","/","4","5","6","*",
20                  "1","2","3","-","0",".","=","+"};
21          // 循环定义按钮，并将其添加到面板中
22          for(int i=0;i<name.length;i++)
23          {
24              gridPanel.add(new Button(name[i]));
25          }
26
27          frame.add(gridPanel, BorderLayout.CENTER);
28          frame.pack();
29          frame.setVisible(true);
30      }
31  }
```

保存并运行程序，结果如图 13-13 所示。

图 13-13

【代码详解】

第 01 ～第 06 行导入必要的类包，其中第 03 行导入有关网格布局管理器的类包。其实这 6 行代码可用"偷懒"的方式代替，即"import java.awt.*"，这里星号"*"是通配符，表示 awt 下所有的类包。

第 11 行声明一个 Frame 窗口，该窗口默认的布局管理器是 BorderLayout，于是我们在第 14 行和第 27 行分别添加了两个容器 Panel，第 1 个 Panel 在 NORTH 区域，第 2 个 Panel 在 CENTER 区域。在第 2 个 Panel 区中，我们利用 for 循序添加了 16 个按钮。需要说明的是，这里仅仅显示了计算器的布局，由于没有写关于计算的代码，所以无法实施正常的计算。

【范例分析】

由前面的代码分析可知,一个包含了多个组件的容器,其本身也可以作为一个组件,添加到另一个容器中。容器再添加容器,这样就形成了容器的嵌套。我们可以将多种布局管理方式通过容器的嵌套,整合到一种容器当中。容器嵌套,让本来就丰富的布局管理方式变得更多种多样。千变万化的布局方式,不同的组合,可以满足我们多样的 GUI 设计需求。

# 13.4　AWT 常用组件

AWT 提供了基本的 GUI 组件,可用在所有的 Java 应用程序中。GUI 组件根据作用可以分为基本组件和容器组件(如 Frame 和 Panel 等)两种。容器组件前面已经有所介绍,这里不再赘述。下面列出常见的 AWT 组件。

(1) Button:按钮,可接收单击操作。

(2) TextField:单行文本框。

(3) TextArea:多行文本域,允许编辑多行文本。

(4) Label:标签,用于放置提示性文本。

(5) Checkbox:复选框,可以在一个打开(真)或关闭(假)的状态进行切换。

(6) CheckboxGroup:用于将多个 Checkbox 组件组合成一组,一组 Checkbox 组件将只有一个可以被选中,即全部变成单选框组件。

(7) Choice:下拉式选择框组件,用于控制显示弹出菜单选择,所选选项将显示在顶部的菜单。

(8) List:列表框组件,可以添加多项条目,为用户提供一个滚动的文本项列表。

(9) Scrollbar:滑动条组件。如果需要用户输入位于某个范围的值,就可以使用滑动条组件。

(10) ScrollPane:带水平及垂直滚动条的容器组件。

(11) Canvas:主要用于绘图的画布。

(12) Dialog:对话框,是一个用于采取某种形式的用户输入的标题和边框的顶层窗口。

(13) File Dialog:代表一个对话框窗口,用户可以选择一个文件。

(14) Image:图像组件,是所有图形图像的超类。

下面我们选取几个常用的组件,说明其用法。其他组件和布局管理器的使用方法,读者可以查询 Java 的开发文档,来逐渐熟悉它们的用法。掌握这些用法之后,就可以借助 IDE 工具来更为便捷地设计 GUI 界面。

## 13.4.1　按钮与标签组件

按钮(Button)是 Java 图形用户界面的基本组件之一,前面的案例中多次用到了按钮组件。

Button 有两个构造方法。

(1) public Button():构造一个不带文字标签的按钮。

(2) public Button(String Label):构造一个带文字标签的按钮。

Button 是一个主动型控制组件,当按下或释放按钮时,AWT 就会激发一个行为事件(ActionEvent)。如果要对这样的行为事件做出响应,就需要为这个组件注册一个新的侦听器(Listener),然后利用 ActionListener 方法做出合适的响应。

标签(Label)是一种被动型控制组件,因为它不会因用户的访问而产生任何事件。Label 组件就是一个对象标签，它只能显示一行文本。然而，这个文本的内容可由应用程序改变。因此，我们可以用 Label 组件方便地显示、隐藏、更新标签内容。

Label 有 3 个构造方法。

(1) Label()：构造一个不带文字的标签。

(2) Label(String text)：构造一个文字内容为 text、左对齐的标签。

(3) Label(String text, int alignment)：构造一个文字内容为 text、对齐方式为 alignment 的标签。

Label 类从 Component 继承而来，所以 alignment 的取值可以为 java.awt.Component 类的静态字段。

(1) static int CENTER——标签中心对齐。

(2) static int LEFT——标签左对齐。

(3) static int RIGHT——标签右对齐。

下面举例说明这两个组件的使用。

【范例 13-9】按钮与标签按钮的使用（AWTButtonLabel.java）

```
01  import java.awt.*;
02  import java.awt.event.*;
03  public class AWTButtonLabel
04  {
05      private Frame myFrame;
06      private Label headerLabel;
07      private Label statusLabel;
08      private Panel controlPanel;
09      private Font font;
10      public AWTButtonLabel()
11      {
12          myFrame = new Frame("Java 按钮与标签案例 ");
13          myFrame.setLayout(new GridLayout(3, 1));
14          myFrame.addWindowListener(new WindowAdapter() {
15              public void windowClosing(WindowEvent windowEvent){
16              System.exit(0);
17              }
18          });
19          font = new Font(" 楷体 ", Font.PLAIN, 30);
20          headerLabel = new Label();
21          headerLabel.setAlignment(Label.CENTER);
22          headerLabel.setFont(font);
23          statusLabel = new Label();
24          statusLabel.setAlignment(Label.CENTER);
25          statusLabel.setSize(200,100);
26          controlPanel = new Panel();
27          controlPanel.setLayout(new FlowLayout());
```

```
28
29        myFrame.add(headerLabel);
30        myFrame.add(controlPanel);
31        myFrame.add(statusLabel);
32        myFrame.setVisible(true);
33     }
34
35     private void showButtonDemo()
36     {
37        headerLabel.setText(" 按钮单击动作监控 ");
38        Button okButton = new Button(" 确定 ");
39        Button submitButton = new Button(" 提交 ");
40        Button cancelButton = new Button(" 取消 ");
41
42        font = new Font(" 楷体 ", Font.PLAIN, 20);
43        statusLabel.setFont(font);
44        okButton.addActionListener(new ActionListener() {
45          public void actionPerformed(ActionEvent e) {
46            statusLabel.setText(" 确定按钮被单击 !");
47             }
48          });
49        submitButton.addActionListener(new ActionListener() {
50          public void actionPerformed(ActionEvent e) {
51            statusLabel.setText(" 提交按钮被单击 !");
52             }
53          });
54        cancelButton.addActionListener(new ActionListener() {
55          public void actionPerformed(ActionEvent e) {
56            statusLabel.setText(" 取消按钮被单击 !");
57             }
58          });
59        controlPanel.add(okButton);
60        controlPanel.add(submitButton);
61        controlPanel.add(cancelButton);
62        myFrame.pack();
63        myFrame.setVisible(true);
64     }
65     public static void main(String[] args)
66     {
67        AWTButtonLabel  awtButtonDemo = new AWTButtonLabel();
```

```
68        awtButtonDemo.showButtonDemo();
69    }
70 }
```

保存并运行程序，结果如图 13-14 所示。

图 13-14

【代码详解】

第 02 行把 AWT 有关事件处理的类包导入。

第 06 ~ 第 07 行构建两个 Label 对象。第 08 行创建一个 Panel 容器，它作为一个容器，负责装载后面声明的"确定""提交"和"取消"3 个按钮对象（第 59 ~ 第 61 行）。

第 09 行声明了一个关于字体（Font）的对象引用，用来设置"按钮单击动作监控"和诸如"取消按钮被单击"等标签的字体大小，因为这些标签没有采用默认字体大小。

这个案例并没有太难理解的部分，和前面范例有所差别的是，为 4 个对象添加了 4 个事件处理，它们分别是窗口的关闭（即单击"×"，第 14 ~ 第 18 行）、"确定"按钮单击（第 4 ~ 第 48 行）、"提交"按钮单击（第 49 ~ 第 53 行）及"取消"按钮单击（第 54 ~ 第 58 行）。

### 13.4.2  文本域

文本域（TextField）是一个单行的文本输入框，是允许用户输入和编辑文字的一种线性区域。文本域从文本组件继承了一些实用的方法，可以很方便地实现选取文字、设置文字、设置文本域是否可以编辑、设置字体等功能。

TextField 拥有 4 种构造方法。

（1）public TextField( )：构造一个空文本域。

（2）public TextField(String text)：构造一个显示指定初始字符串的文本域，String 型参数 text 指定要显示的初始字符串。

（3）public TextField(int columns)：构造一个具有指定列数的空文本域，int 型参数指定文本域的列数。

（4）public TextField(String text, int columns)：构造一个具有指定列数、显示指定初始字符串的文本域，String 型参数指定要显示的初始字符串，int 型参数指定文本域的列数。

【范例 13-10】文本域测试（TestTextField.java）

```
01  import java.awt.*;
02  import java.awt.event.*;
03  public class TestTextField
04  {
05      public static void main(String[] args)
06      {
```

```
07      Frame frame = new Frame();
08      frame.addWindowListener(new WindowAdapter() {
09        public void windowClosing(WindowEvent windowEvent){
10        System.exit(0);
11          }
12      });
13
14      Label message = new Label(" 请输入信息 ");
15      TextField text = new TextField(10);
16      Panel centerPanel = new Panel();
17      Button enter = new Button(" 确认 ");
18      enter.addActionListener(new ActionListener()
19      {
20        public void actionPerformed(ActionEvent e)
21        {
22          message.setText(" 输入信息为: "+text.getText());
23        }
24      });
25      frame.add(message, BorderLayout.NORTH);
26      centerPanel.add(text);
27      centerPanel.add(enter);
28      frame.add(centerPanel, BorderLayout.CENTER);
29      frame.setSize(300, 200);
30      frame.setTitle(" 文本域范例 ");
31      frame.pack( );
32      frame.setVisible(true);
33    }
34  }
```

保存并运行程序，结果如图 13-15 所示。

图 13-15

【代码详解】

第 08 ~ 第 12 行为窗口的关闭按钮 "×" 添加了一个用匿名内部类实现的监听器，当单击 "×" 时就会关闭整个窗口（本质上，就是终止 JVM 运行本范例的进程）。如果没有这个侦听器，这个运行窗口的结束只能在任务管理器中终止，对于用户而言，非常不便。

第 15 行用带参数构造函数创建了一个宽度为 10 的文本域。

第 18 ~ 第 24 行为 button 添加了一个行为侦听器，当按下按钮，就会改变 Label 的文本值（将文本框输入的值和 Label 的值合并）。

第 22 行通过 getText() 方法获取文本域内输入的文本，并通过标签类的 setText( ) 方法传送给 Label。

### 13.4.3 图形控件

因为图片（图形）能更好地表达程序运行结果，因此绘图是 GUI 程序设计中非常重要的技术。

Graphics 是所有图形控件的抽象基类，它允许应用程序在组件以上进行绘制。它还封装了 Java 支持的基本绘图操作所需的状态信息，主要包括颜色、字体、画笔、文本、图像等。它提供了绘图的常用方法，利用这些方法可以实现直线 drawLine()、矩形 drawRect()、多边形 drawPolygon t()、椭圆 drawOval t()、圆弧 drawArc t() 等形状和文本、图片的绘制操作。另外，还可以使用相对应的方法设置绘图的颜色、字体等状态属性。

【范例 13-11】绘图测试——奥运五环（DrawCircle.java）

```
01  import java.awt.*;
02  public class DrawCircle
03  {
04      public DrawCircle()
05      {
06          Frame frame = new Frame("DrawCircle");
07          DrawCanvas draw = new DrawCanvas();
08          frame.add(draw);
09          frame.setSize(260, 250);
10          frame.setVisible(true);
11      }
12      public static void main(String[] args)
13      {
14          new DrawCircle();
15      }
16  class DrawCanvas extends Canvas
17  {
18      public void paint(Graphics g)
19      {
20          g.setColor(Color.BLUE);
21          g.drawOval(10, 10, 80, 80);
22          g.setColor(Color.BLACK);
23          g.drawOval(80, 10, 80, 80);
24          g.setColor(Color.RED);
25          g.drawOval(150, 10, 80, 80);
26          g.setColor(Color.YELLOW);
27          g.drawOval(50, 70, 80, 80);
28          g.setColor(Color.GREEN);
29          g.drawOval(120, 70, 80, 80);
```

```
30          g.setColor(Color.BLACK);
31          g.setFont(new Font(" 楷体 ", Font.BOLD, 20));
32          g.drawString(" 更高、更快、更强 ", 45, 200);
33      }
34  }
35  }
```

保存并运行程序，结果如图 13-16 所示。

图 13-16

【代码详解】

第 07 行创建了一个 Canvas 画布对象 draw，可在其上进行绘图。

第 08 行将这个画布添加到窗口 frame 中。

第 18 行覆写了 paint( ) 方法，创建画布时默认用此方法进行绘图。

第 19 ~ 第 30 行设置画笔颜色并绘制 5 个圆环。其中第 23 行 drawOval( ) 的 4 个参数前后两组分别为绘制的坐标和图形大小。

第 31 ~ 第 32 行设置字体，画出字符。

【范例分析】

为了使代码更加简洁，在本范例中，我们并没为窗口的关闭按钮 "×" 添加侦听器用于关闭窗口。读者可以参照前面的案例，自行添加。

# 13.5　事件处理

通过前面几个小节的学习，我们能大致构建出丰富多彩的图形界面，但这些界面 "徒有其表"，大多还不能响应用户的任何操作。前面有些范例中的小程序，甚至都不能够关闭窗口，用户体验很差。究其原因，就是因为没有用到事件处理机制，程序并不知道我们单击了哪里，自然也就没有办法做出合适的响应了。在 AWT 编程模型中，所有事件的感知必须由特定对象（事件侦听器）来处理，Frame 窗口和各个组件本身是没有事件处理能力的。

## 13.5.1　事件处理的流程

我们把一个对象的状态变化，称为事件，即事件描述源状态的变化。呈现给用户丰富多彩的图形界面，这并不够。用户看到图形界面后，会据此和界面互动，例如，单击一个按钮，移动鼠标，

从零开始 ┃ Java程序设计基础教程（云课版）

从列表中选择一个项目，通过鼠标滑轮滚动页面，通过键盘输入一个字符，诸如此类，这些都能使一个事件发生。我们需要为每个 GUI 中的组件添加一个侦听器，监控这样的事件，然后给出响应，只有这样，才能构造出与用户交互的效果。

在事件处理过程中，需要涉及 3 类对象。

(1) 事件 (Event)——一个对象，它描述了发生什么事情。事件封装了 GUI 组件上发生的特定行为（通常是用户的某种操作，如单击某个按钮、滑动鼠标、按下某个键等）。

(2) 事件源(Event source)——产生事件的组件，这是事件发生的场所。这个场所通常是按钮、窗口、菜单等。

(3) 事件侦听器 (Event Listener)——也被称为事件处理程序。侦听器接收、解析和处理事件类对象、实现和用户交互的方法。侦听器一直处于"备战"状态——养兵千日，用兵一时，也就是说，当事件没有发生，它会一直等下去，直到它接收到一个事件。一旦收到事件，侦听器进程的事件就能给出响应，对于用户而言，就是有了交互效果。

需要注意的是，不同于 VB、JavaScript 等编程语言，在 Java 中一个事件通常就对应一个函数或方法，Java 是纯粹面向对象的编程语言，从实现的角度来看，侦听器也是一个对象，被称为事件处理器（Event Handler）。

利用事件侦听器的好处是，它可以与产生用户界面的逻辑解耦开来，独立生成该事件的逻辑。在这个模型中，事件源对象只有通过注册侦听器，才能使本对象的侦听器接收事件通知。这是一个有效的方式事件处理模型，因为这样做，让事件响应更加"有的放矢"。这就好比教务处发个通知，如果学生对象注册了侦听器，就可以接收到这个通知，如果老师对象注册了侦听器，也可以接收到这个通知。但如果这个通知，仅与老师有关，那学生就没有必要注册这个侦听器。

AWT 的事件处理流程示意图如图 13-17 所示。当外部用户发生某个行为，导致某一事件发生，例如单击鼠标、按下某个按钮等，我们要找到是哪个组件上所发生的这个事件，也就是找到事件源，然后通知该事件源的侦听器，侦听器再找到处理该事件的方法并执行它，这样一个简单的事件处理就完成了。

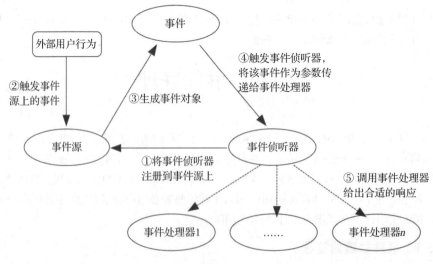

图 13-17

结合图 13-17，我们把 AWT 事件机制中涉及的事件源、事件和事件侦听器 3 个要素，再次分别进行简要介绍。事件源是比较容易创建的，主要通过 new 创建诸如按钮、文本框等 AWT 组件，该组件就是事件产生的源头。事件是由系统自动创建的，程序员无须关注。所以实现事件机制的核心所在，就是实现事件的侦听器。

事件侦听器必须实现事件侦听器接口。需要读者注意的是，在 AWT 中，提供了非常丰富的事件类接口，用以实现不同类型的事件侦听器。例如，键盘敲击、鼠标移动、按钮单击等，分别对应不同的事件侦听器接口，所以会有多种侦听器。

### 13.5.2 常用的事件

在 AWT 中，所有相关事件类都继承自 java.awt.AWTEvent 类，事件可分为低级事件和高级事件两大类。

低级事件是指基于组件和容器的事件，当一个组件发生事件，如鼠标进入、单击、拖放或组件的窗口开关，当组件获得或失去焦点时，触发了组件事件。具体来说，有如下几大类。

(1) ComponentEvent：组件事件，当组件的尺寸发生变化、位置发生移动、显示或隐藏状态发生变化时，触发该类事件。

(2) ContainerEvent：容器事件，当容器内发生组件增加、删除或移动时，触发该类事件。

(3) WindowEvent：窗口事件，当窗口状态发生变化，如打开、关闭、最大化、最小化窗口时，触发该类事件。

(4) FocusEvent：焦点事件，当组件获得或丢失焦点时，触发该类事件。

(5) KeyEvent：键盘事件，当按键被按下、松开时，触发该类事件。

(6) MouseEvent：鼠标事件，当鼠标进行单击、按下、松开或移动时，触发该类事件。

(7) PaintEvent：组件绘制事件，这是一个特殊的事件类型，当 GUI 组件调用 update（更新）、paint（绘制）方法来呈现自身时，触发该类事件。该事件并不是专用于事件处理模型的。

高级事件是基于语义的事件，它可以不和特定的动作相关联，而是依赖于触发此事件的类。比如，在 TextField 中按下 Enter 键时，会触发 ActionEvent 事件；当滑动滚动条时，会触发 AdjustmentEvent 事件；选中列表的某一条时，会触发 ItemEvent 事件。具体来说，有如下几类事件。

(1) ActionEvent：动作事件，当按钮按下、菜单项被单击或在文本框（TextField）中按 Enter 键时，触发此类事件。

(2) AdjustmentEvent：调节事件，当滚动条上移动滑块以调节数值时，触发此类事件。

(3) TextEvent：文本事件，当文本框、文本域中的文本发生改变时，触发此类事件。

(4) ItemEvent：项目事件，当用户选择某个项目或取消某个项目时，触发此类事件。

接下来，我们简要介绍几种常用的低级事件。更为详细的介绍，请读者参阅 Java 开发文档。

#### 1. 键盘事件

当我们向文本框中输入内容时，将向键盘发出键盘事件（KeyEvent）。KeyEvent 类负责捕获键盘事件。侦听器要完成对键盘事件的响应，可以实现 KeyListener 接口或者继承 KeyAdapter 类，实现操作方法的定义。KeyListener 接口中共有 3 个方法。

```
public void keyTyped(KeyEvent e);          // 发生击键事件时触发
public void keyPressed(KeyEvent e);        // 按键被按下时触发
public void keyReleased(KeyEvent e);         // 按键被释放时触发
```

这里还有一个非常重要的方法——public int getKeyCode()，该方法用来判断到底是哪一个按键被按下或释放，例如是否是空格键，我们用 e.getKeyCode() == KeyEvent.VK_SPACE 就可以完成判断，下面举例说明。

【范例 13-12】键盘事件的检测实现（TestKeyEvent.java）

```
01   import java.awt.*;
02   import java.awt.event.*;
03   public class TestKeyEvent
04   {
05     public static void main(String[] args)
06     {
07       Frame frame = new Frame("TestKeyEvent");
08       Label message = new Label(" 请按任意键 ", Label.CENTER);
09       Label keyChar = new Label("", Label.CENTER);
10       frame.setSize(300, 200);
11       frame.requestFocus();
12       frame.add(message, BorderLayout.NORTH);
13       frame.add(keyChar, BorderLayout.CENTER);
14       frame.addKeyListener(new KeyAdapter()
15         {
16           public void keyPressed(KeyEvent e)
17           {
18           keyChar.setText(KeyEvent.getKeyText(e.getKeyCode()) + " 键被按下 ");
19           }
20         });
21       frame.addWindowListener(new WindowAdapter()
22       {
23         public void windowClosing(WindowEvent e)
24         {
25           System.exit(0);
26         }
27       });
28       frame.setVisible(true);
29     }
30   }
```

保存并运行程序，结果如图 13-18 所示。

图 13-18

**【代码详解】**

有了事件处理机制，就有了 GUI 程序和用户操作的交互的能力。如果要运用它，需要使用到 java.awt.event 这个包中的类，所以在第 02 行，添加了这个包的所有类（用通配符 "*" 表示这个包下的所有事件类）。

第 09 行构建一个标题为空、居中对齐的标签组件。这是为后面显示用户按键信息做准备。

第 11 行使用 requestFocus() 方法获取焦点，当打开 frame 窗口时就能捕获键盘事件。

第 14 ~ 第 20 行为 frame 添加键盘侦听器 addKeyListener。其中，第 16 ~ 第 19 行覆写 keyPressed( ) 方法，当某个按键（例如键盘的 "A"）被按下时，则执行此方法，获取按键名称并显示在标签上（第 18 行）。

第 21 ~ 第 27 行添加窗口事件侦听器，响应关闭窗口按键 "×" 并退出程序。

**【范例分析】**

读者可能会注意到第 14 行和第 21 行有 addxxxListener 这样的方法，在这样的方法中，创建了一个匿名内部类 xxxAdapter，这些都是什么意思呢？事实上，前者是为事件源（如按钮、窗口等）等增加一个侦听器，不同的事件源拥有不同类型的事件侦听器，比如说，针对窗口的行为（如关闭、最大化或最小化等），其添加的侦听器方法是 addWindowListener()，而对于按键，其添加的侦听器方法是 addKeyListener ()。

有了这些侦听器并不够，还需要与之配套的事件适配器（Adapter）。在本例中，使用匿名类的方法来实现一个新的事件适配器，用来真正响应侦听器捕获的事件，其流程如图 13-19 所示。

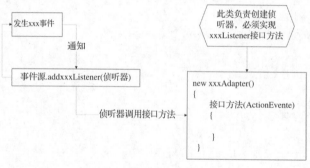

图 13-19

Java 为一些事件侦听器接口提供了适配器类 (Adapter)。我们可以通过继承事件所对应的 Adapter 类重写所需要的方法，无关的方法则不用实现。事件适配器为我们提供了一种简单的实现侦听器的手段，可以缩短程序代码。

Java.awt.event 包中定义的事件适配器类包括以下 7 种。

(1) MouseAdapter（鼠标适配器）。

(2) MouseMotionAdapter（鼠标运动适配器）。

(3) KeyAdapter（键盘适配器）。

(4) WindowAdapter（窗口适配器）。

(5) ComponentAdapter（组件适配器）。

(6) ContainerAdapter（容器适配器）。

(7) FocusAdapter（焦点适配器）。

**2. 鼠标事件**

所有组件都能发出鼠标事件（MouseEvent），MouseEvent 类负责获取鼠标事件。若要侦听鼠标事件并响应，可以实现 MouseListener 接口或者继承 MouseAdapter 类来实现操作方法的定义。

MouseListener 接口共有 5 个抽象方法，分别在光标移入（mouseEntered）或移出（mouseExited）组件时、鼠标按键被按下（mousePressed）或者释放（mouseReleased）时和发生单击事件（mouseClicked）时触发。所谓单击事件，就是按键被按下并释放。需要注意的是，如果按键是在移除组件之后才被释放，则不会触发单击事件。

MouseEvent 有 3 个常用方法，分别是：getSource() 用来获取触发此次事件的组件对象，返回值为 Object 类型；getButton() 用来获取代表触发此次按下、释放或者单击事件的按键的 int 型值（常量值为 1 代表鼠标左键，2 代表鼠标滚轮，3 代表鼠标右键）；getClickCount() 用来获取单击按键的次数，返回值为 int 类型，数值代表次数。

此外，还有 MouseMotionListener 接口，实现对鼠标移动和拖曳的捕捉，也称为鼠标运动侦听器。因为许多程序不需要侦听鼠标移动，把二者分开也可起到简化程序、提高性能的作用。

【范例 13-13】鼠标事件的检测实现（TestMouseEvent.java）

```
01  import java.awt.*;
02  import java.awt.event.*;
03  public class TestMouseEvent
04  {
05      private int x, y;
06      public static void main(String[] args)
07      {
08          new TestMouseEvent();
09      }
10      public TestMouseEvent()
11      {
12          Frame frame = new Frame(" 鼠标事件演示 ");
13          Label actionLabel = new Label(" 当前鼠标操作 :");
14          Label location = new Label(" 当前鼠标位置 :");
15          frame.setSize(300, 200);
16          frame.add(actionLabel, BorderLayout.CENTER);
17          frame.add(location, BorderLayout.NORTH);
18          frame.setVisible(true);
19          frame.addWindowListener(new WindowAdapter()
20          {
21              public void windowClosing(WindowEvent e)
22              {
23                  System.exit(0);
24              }
```

```
25          });
26          actionLabel.requestFocus();
27          actionLabel.addMouseListener(new MouseAdapter()
28          {
29              public void mouseEntered(MouseEvent e)
30              {
31                  actionLabel.setText(" 当前鼠标操作 : 进入标签 ");
32              }
33              public void mousePressed(MouseEvent e)
34              {
35                  actionLabel.setText(" 当前鼠标操作 : 按下按键 ");
36              }
37              public void mouseReleased(MouseEvent e)
38              {
39                  actionLabel.setText(" 当前鼠标操作 : 按键释放 ");
40              }
41              public void mouseClicked(MouseEvent e)
42              {
43                  actionLabel.setText(" 当前鼠标操作 : 单击按键 ");
44              }
45              public void mouseExited(MouseEvent e)
46              {
47                  actionLabel.setText(" 当前鼠标操作 : 移出标签 ");
48              }
49          });
50          actionLabel.addMouseMotionListener(new MouseMotionAdapter()
51          {
52              public void mouseMoved(MouseEvent event)
53              {
54                  x = event.getX();
55                  y = event.getY();
56                  location.setText(" 当前鼠标位置 :X 坐标: " + x + ",  Y 坐标:  " + y);
57              }
58          });
59      }
60  }
```

保存并运行程序，结果如图 13-20 所示。

图 13-20

**【代码详解】**

第 26 行通过 requestFocus() 方法，使 actionLabel 标签获取焦点，以捕获鼠标行为。

第 27 行添加鼠标事件侦听器。这个侦听器的参数是一个鼠标适配器 MouseAdapter，用于接收鼠标事件。MouseAdapter 是一个抽象类，所以这个类的所有方法都是空的。这里通过一个匿名内部类分别实现里面的所有方法。

第 29 ~ 第 48 行分别覆写 MouseListener 接口的 5 个抽象方法，告诉程序鼠标事件发生时该干什么。例如，第 29 ~ 第 32 行的 mouseEntered( ) 方法，是当鼠标指针移动到 actionLabel 这个标签上，输出"当前鼠标操作：进入标签"。

第 50 行添加鼠标运动侦听器 addMouseMotionListener，用以感知鼠标在当前窗口的相对位置（X 和 Y 坐标）。

第 52 ~ 第 57 行通过 mouseMoved 方法捕获鼠标移动，并获取位置信息，然后通过 setText() 方法将鼠标相应的坐标信息显示在 location 标签上。

# 13.6　Swing 概述

AWT 是 Java 早期开发图形用户界面的技术。AWT 中的图形方法与操作系统提供的图形函数有着一一对应的关系。也就是说，当我们利用 AWT 组件绘制图形用户界面时，实际上是在利用本地操作系统的图形库来实现。

然而，不同操作系统（如 Windows、Linux 或 Mac 等）的图形库的功能可能不一样，在一个平台上存在的图形功能，可能在另外一个平台上并不存在。为了实现 Java 语言所宣称的"一次编译，到处运行"（Write Once，Run Anywhere）的理念，AWT 不得不通过牺牲功能来实现所谓的平台无关性。因此，实际上，AWT 的图形功能是各类操作系统所提供图形功能的"交集"。由于 AWT 是依靠本地操作系统的内置方法来实现图形绘制功能的，所以也称 AWT 控件为"重量级控件"。

接下来，我们介绍一个新的轻量级的图形界面类库 Swing。Swing 是 AWT 的扩展，它不仅提供了 AWT 的所有功能，而且用纯粹的 Java 代码对 AWT 的功能进行了大幅度的扩充。例如，除了前面我们已经介绍过的按钮、标签、文本框等功能外，Swing 还包含许多新的组件，如选项板、滚动窗口、树形控件、表格等。

Swing 作为 AWT 组件的"强化版"，它的产生主要是为了克服 AWT 构建的 GUI 无法在所有平台都通用的问题。允许编程人员跨平台时指定统一的 GUI 显示风格，也是 Swing 的一大优势。

但是，Swing 是 AWT 的补充，而非取代者，比如说，Swing 依然采用了 AWT 的事件处理模型，Swing 的很多类是以 AWT 中的类为基类的，也就是说，某种程度上，AWT 是 Swing 的基石。

前面提到，Swing 为所有的 AWT 组件提供了对应实现（Canvas 组件除外），为了区分起见，Swing 组件名基本上是在 AWT 组件名前面添加一个字母"J"。例如，JFrame（窗体）是 Swing 的窗体容器，而 Frame 是来自 AWT 的容器。再例如，JPanel 面板和 JScrollPane 带滚动条面板容器，其分别对应 AWT 的 Panel 面板和 ScrollPane 带滚动条面板，以此类推，如图 13–21 所示。

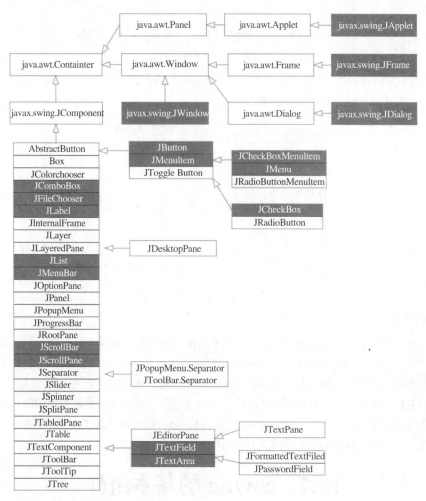

图 13–21

但也有几个例外。例如，JComboBox 对应于 AWT 的 Choice 组件，但比 Choice 组件功能更加丰富。再例如，JfileChooser 对应于 AWT 的 FileDialog，其实都是早期 Java 的设计者没有严格按照命名规范 "遗留" 下来的小问题。图 13–21 显示了 Swing 组件的继承层次图，从图中可以看出，绝大部分 Swing 组件类继承了 Container 类，而 Container 类来自于 AWT，图中黑底白字标识的 Swing 组件都可以在 AWT 中找到对应的类。

【范例 13-14】第一个 Swing 应用（TestSwing.java）

```
01   import javax.swing.JFrame;
02   public class TestSwing
03   {
04       public static void main(String[] args)
05       {
```

```
06          JFrame frame = new JFrame("Hello Swing");
07          frame.setSize(300, 200);
08          frame.setVisible(true);
09          frame.setDefaultCloseOperation(JFrame.EXIT_ON_CLOSE);
10      }
11  }
```

保存并运行程序，结果如图 13-22 所示。

图 13-22

【范例分析】

通过代码分析，我们可以发现 Swing 与 AWT 的窗口并没有太大区别，只是在 Frame 前面加上一个字母 "J"，代表 Swing 图形组件，我们可以轻松从先前所学的 AWT 组件中过渡过来。

运行程序可以发现，不用添加控制窗口关闭的语句，窗口也可以在单击关闭按钮后消失，不过此时程序并未真正退出，只是窗口不可见而已，JVM 进程还没有终止，此时窗口关闭只是个假象。所以，在程序的第 09 行，加上一句 setDefaultCloseOperation(JFrame.EXIT_ON_CLOSE)，这条语句实际上使用了 System 的 exit( ) 方法退出应用程序。

# 13.7　Swing 的基本组件

通过前面的学习，我们掌握了一些 AWT 组件的使用方法，读者可举一反三，应该可以迅速地掌握 Swing 类似组件的知识，这里不再赘述。下面讲解 JTable 和 JcomboBox 两个具有 Swing 特色的组件的使用方法。

## 13.7.1　JTable 表格

我们可以使用 JTable 创建一个表格对象。除了默认构造方法外，还提供了利用指定表格列名和表格数据数组创建表格的构造方法：JTable(Object data[ ][ ],Object columnName[ ])，表格的视图将以行和列的形式显示数组 data 每个单元中对象的字符串，也就是说表格视图对应着 data 单元中对象的字符串。参数 columnName 则是用来指定表格的列名。

表格 JTable 的常用方法如下。

(1) toString()：得到对象的字符串表示。

(2) repaint()：刷新表格的内容。

我们同样也可以对表格显示出来的外观做出改变，对其进行定制。下面列举一些常用的定制表格的方法。

```
setRowHeight(int rowHeight);            // 设置表格行高，默认为 16 像素
setRowSelectionAllowed(boolean sa);     // 设置表格是否允许被选中，默认为允许
setSelectionMode(int sm);               // 设置表格的选择模式
setSelectionBackground(Colr bc);        // 设置表格选中行的背景色
setSelectionForeground(Color fc);       // 设置表格选中行的前景色，通常为字体颜色
```

【范例 13-15】JTable 的应用（TestJTable.java）

```
01   import java.awt.Color;
02   import javax.swing.*;
03   public class TestJTable
04   {
05     public static void main(String[] args)
06     {
07       Object[][] unit = {
08             { " 张三 ", "86", "94", "180" },
09             { " 李四 ", "92", "96", "188" },
10             { " 张三 ", "66", "80", "146" },
11             { " 张三 ", "98", "94", "192" },
12             { " 张三 ", "81", "83", "164" },
13           };
14       Object[ ] name = { " 姓名 ", " 语文 ", " 数学 ", " 总成绩 " };
15       JTable table = new JTable(unit, name);
16       table.setRowHeight(30);
17       table.setSelectionBackground(Color.LIGHT_GRAY);
18       table.setSelectionForeground(Color.red);
19       JFrame frame = new JFrame(" 表格数据处理 ");
20       frame.add(new JScrollPane(table));
21       frame.setSize(350, 200);
22       frame.setVisible(true);
23       frame.setDefaultCloseOperation(JFrame.EXIT_ON_CLOSE);
24     }
25   }
```

保存并运行程序，结果如图 13-23 所示。

图 13-23

**【代码详解】**

第06 ~ 第13行用一个字符串数组 unit 定义表格每个单元内容。

第14行定义每一列的名称。

第15行创建了一个 JTable 对象。

第16行设置表格对象的行高为30。

第17行设置表格被选中后背景为灰色。

第18行设置备选行前景颜色为红色。这里用到 Color 类的静态常量 Color.red，所以我们在第01 行导入这个类包，这个类包来自 java.awt 下属的类包。

第19行定义一个 Jframe 的窗体 frame。

第20行将表格添加进一个匿名的 JScrollPane 对象，它为表格提供了可选的垂直滚动条以及列标题显示。由于面板类容器不能作为独立窗口来显示，所以再将这个匿名的面板容器对象添加进能独立显示的窗口 frame 之中。

**【范例分析】**

通过上面的分析可知，Swing 提供了更为丰富的组件功能，但同时也需要 AWT 做一些辅助支持（比如说颜色类 Color），二者相互配合，相得益彰。

### 13.7.2　JComboBox 下拉列表框

Swing 中的下拉列表框（JComboBox）与 Windows 操作系统中的下拉框类似，它是一个带条状的显示区，具有下拉功能，在下拉列表框右方存在一个倒三角按钮，当单击该按钮时，其中的内容将以列表的形式显示出来，供用户选择。

下拉列表框是 javax.swing.JCompoent 中的子类，其构造方法有如下 4 种类型。

(1) JComboBox( )：创建具有默认数据模型的 JComboBox。

(2) JComboBox(ComboBoxModel aModel)：创建一个 JComboBox，其可选项的值项取自现有的 ComboBoxModel 对象之中。

(3) JComboBox(Object[] items)：创建一个包含指定数组中的元素的 JComboBox。

(4) JComboBox(Vector<?> items)：创建包含指定 Vector 中的元素的 JComboBox。

我们可以获取下拉列表框当前选择元素的索引值，也可以为之添加侦听器，用以及时更新信息。下拉列表框包含有如下常用方法。

(1) getSize()：返回列表的长度。

(2) getSelectedIndex()：返回列表中与给定项匹配的第一个选项。

(3) getElementAt(int index)：返回指定索引处的值。

(4) removeItem(Object anObject)：从项列表中移除项。

(5) addActionListener(ActionListener l)：添加 ActionListener。

(6) addItem(Object anObject)：为项列表添加项。

**【范例 13–16】** JComboBox 的应用（TestJComboBox.java）

```
01   import java.awt.*;
02   import java.awt.event.*;
03   import javax.swing.*;
```

```
04    public class TestJComboBox
05    {
06       static String[] str = { "中国","美国","日本",
07                   "英国","法国","意大利","澳大利亚" };
08       public static void main(String[] args)
09       {
10          JFrame frame = new JFrame("TestJComboBox");
11          JLabel message = new JLabel();
12          JComboBox combo = new JComboBox(str);
13          combo.setBorder(BorderFactory.createTitledBorder("你最喜欢去哪个国家旅游？"));
14          combo.addActionListener(new ActionListener() {
15          public void actionPerformed(ActionEvent e)
16             {
17                message.setText("你选择了:" + str[combo.getSelectedIndex()]);
18             }
19          });
20          frame.setLayout(new GridLayout(1, 0));
21          frame.add(message);
22          frame.add(combo);
23          frame.setSize(400, 100);
24          frame.setVisible(true);
25          frame.setDefaultCloseOperation(JFrame.EXIT_ON_CLOSE);
26       }
27    }
```

保存并运行程序，结果如图 13-24 所示。

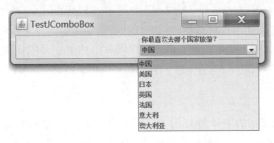

图 13-24

【代码详解】

第 06 ~ 第 07 行定义了下拉框的字符串内容。

第 10 行创建了一个 JFrame 窗体对象 frame。

第 11 行创建了一个 JLable 标签对象 message。

第 12 行定义下拉框 JComboBox 对象 combo，并将字符串数组 str 的内容当作 JComboBox 的构造方法的参数，这样一来，字符串数组 str 的各个字符串分别作为 combo 的各个下列选项值。

第 13 行设置下拉框 combo 的标题。

第 14 ~ 第 19 行为下拉列表框 combo 添加行为侦听器，获取选择的信息，并通过 setText() 显示在标签 message 上。其中 getElementAt() 返回的是下拉列表选项的索引值，而这个索引值恰好是字符串数组 str 的下标索引值，从而可以把这个值方便地提取出来。

### 13.7.3 组件的常用方法

在学习了一些不同组件的用法之后，细心的读者可能会发现其中的相似之处。例如，可以使用同样的方法设置组件大小、颜色等，其原因很简单，从前面的 Swing 继承关系图可以看出，就是基本上所有组件类的父类都是 JComponent，各个组件子类从 Jcomponent 继承很多相同功能的方法。为了更方便地使用各个组件，下面我们就来介绍一下 JComponent 类的几个常用方法。

#### 1. 组件的颜色

设置组件的前、后景颜色及获取组件的前、后景颜色的方法如下。

```
public void setBackground(Color c)// 设置组件的背景
public void setForeground(Color c)// 设置组件的前景
public Color getBackground()// 获取组件的背景
public Color getForeground()// 获取组件的前景
```

上面的方法都涉及 Color 类，其是 java.awt 中的类，该类创建的对象称为颜色对象。用 Color 的构造方法 public Color(int red,int green,int blue)，可以创建一个 RGB 值为传入参数的颜色对象。另外，Color 类中还有 RED、BLUE、GREEN、ORANGE、CYAN、YELLOW、PINK 等常用的静态常量。

#### 2. 组件的边框

组件默认的边框是一个黑边的矩形，我们可以自定义成自己希望的颜色与大小，常用的方法如下。

```
public void setBorder(Border border) // 设置组件的边框
public Border getBorder()          // 获取组件的边框
```

组件调用 setBorder() 方法来设置边框，该方法的参数是一个接口，因此必须向该参数传递一个实现接口的 Border 类的实例，如果传递 null，组件则取消边框。可以使用 BorderFactory 类的方法来取得一个 Border 实例，例如用 BorderFactory.createLineBorder(Color.GRAY) 将获得一个灰色的边框。

#### 3. 组件的字体

Swing 组件默认显示文字的字号为 11 号。这对于英文显示毫无问题，但是如果用这个字号显示中文，这么小的字号会使程序的界面显得难以辨认。Java 为我们提供了修改组件字体的方法。

```
public void setFont(Font f)   // 设置组件上的字体
public Font getFont()         // 获取组件上的字体
```

上面的方法都用到了 java.awt 中的 Font 类，该类的实例称为字体对象，其构造方法如下。

```
public Font(String name,int style,int size)
```

其中，name 是字体的名字，如果是系统不支持的字体名字，那么就创建默认字体的对象。style 决定字体的样式，是一个整数，常用的取值有 Font.PLAIN（普通）、Font.BOLD（加粗）、

Font.ITALIC（斜体）、Font.BOLD+Font.ITALIC（粗斜体）等 4 种。参数 size 决定字体大小，单位是磅（pt）。

### 4. 组件的大小与位置

组件可以通过布局管理器来指定大小与位置，不过我们也可以手动精确设置，以确保组件所处位置完全符合我们的设计思路。常用的方法如下。

```
public void setSize(int width,int height) // 设置组件的大小，参数分别为宽和高，单位是像素
public void setLocation(int x,int y) // 设置组件在容器中的位置，x 和 y 为坐标
public Point getLocation() // 返回一个 Point 对象，Point 内包含该组件左上角在容器中的坐标
public void setBounds(int x,int y,int width,int height) // 设置组件在容器中的坐标与大小
```

# 13.8　综合应用——会动的乌龟

通过前面的学习，我们掌握了基本的 GUI 绘制方法。下面我们来完成综合小应用，在这个小应用里，我们首先绘制出一个小乌龟（这里需要用到图形绘制方法），然后让这个图形响应键盘方向键的操作（用到键盘响应事件），这样，这只小乌龟就可以随着方向键的指挥而动起来。这难道不是 GUI 小游戏的雏形吗？

【范例 13-17】绘制会动的小乌龟（DrawTurtle.java）

```
01   import java.awt.*;
02   import java.awt.event.*;
03   public class DrawTurtle
04   {
05       private int x, y;
06
07       public static void main(String[] args)
08       {
09           new DrawTurtle();
10       }
11
12       public DrawTurtle()
13       {
14           x = 100;
15           y = 10;
16           Frame frame = new Frame("DrawTurtle");
17           DrawLittleTurtle  turtle = new DrawLittleTurtle();
18           frame.add(turtle);
19           frame.setSize(500, 500);
```

```
20        frame.setVisible(true);
21        frame.addWindowListener(new WindowAdapter()
22        {
23          public void windowClosing(WindowEvent e)
24          {
25            System.exit(0);
26          }
27        });
28        turtle.requestFocus();
29        turtle.addKeyListener(new KeyAdapter()
30        {
31          public void keyPressed(KeyEvent e)
32          {
33            if (e.getKeyCode() == KeyEvent.VK_UP)
34            {
35              y -= 10;
36            }
37            if (e.getKeyCode() == KeyEvent.VK_LEFT)
38            {
39              x -= 10;
40            }
41            if (e.getKeyCode() == KeyEvent.VK_RIGHT)
42            {
43              x += 10;
44            }
45            if (e.getKeyCode() == KeyEvent.VK_DOWN)
46            {
47              y += 10;
48            }
49            turtle.repaint();
50          }
51        });
52    }
53
54    class DrawLittleTurtle extends Canvas
55    {
56      public void paint(Graphics g)
57      {
58        g.setColor(Color.YELLOW);      // 绘制乌龟的 4 条腿
59        g.fillOval(x + 0, y + 40, 30, 30);
```

```
60          g.fillOval(x + 90, y + 40, 30, 30);
61          g.fillOval(x + 0, y + 110, 30, 30);
62          g.fillOval(x + 90, y + 110, 30, 30);
63          g.fillOval(x + 50, y + 130, 20, 50);    // 绘制乌龟的尾巴
64          g.fillOval(x + 40, y + 0, 40, 70);      // 绘制乌龟的头
65          g.setColor(Color.BLACK);
66          g.fillOval(x + 50, y + 15, 5, 5);
67          g.fillOval(x + 65, y + 15, 5, 5);
68          g.setColor(Color.GREEN);                // 绘制乌龟的壳
69          g.fillOval(x + 10, y + 30, 100, 120);
70          g.setColor(Color.BLACK);
71          g.drawLine(x + 24, y + 50, x + 40, y + 67);
72          g.drawLine(x + 97, y + 50, x + 80, y + 67);
73          g.drawLine(x + 24, y + 130, x + 40, y + 113);
74          g.drawLine(x + 97, y + 130, x + 80, y + 113);
75          g.drawLine(x + 40, y + 67, x + 80, y + 67);
76          g.drawLine(x + 40, y + 113, x + 80, y + 113);
77          g.drawLine(x + 10, y + 90, x + 110, y + 90);
78          g.drawLine(x + 60, y + 30, x + 60, y + 150);
79      }
80   }
81 }
```

保存并运行程序,结果如图 13-25 所示。

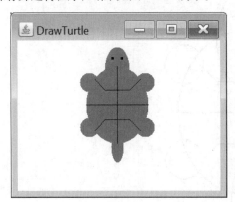

图 13-25

【代码详解】

第 17 行创建了一个画小乌龟的对象 turtle,类 DrawLittleTurtle 是 Canvas(画布)类的子类。

第 54 ~ 第 80 行给出了 DrawLittleTurtle 类的具体定义,它继承自 Canvas 类,实现画布的定义。

第 56 行覆写了 Canvas 类的 paint( ) 方法,在主类 DrawTurtle 创建匿名对象时(第 09 行),会执行此方法用以绘制乌龟。需要注意的是,在这个 paint( ) 方法中,参数是一个 Graphics 类的对象 g,

可以利用该对象进行绘图。

Graphics 类有很多绘图方法，主要有两类，一类是画，以 draw 打头，另一类是填充，以 fill 打头。例如，drawLine（画线）、drawRect（画矩形）、drawString（画字符串）、drawImage（画位图）等用以绘制图形；fillRect（填充矩形）、fillArc（填充圆弧）、fillOval（填充椭圆）等用事先设置的颜色填充封闭的图形区域。

第 58 行利用 setColor(Color c) 方法，设置画笔的颜色。YELLOW、GREEN 及 BLACK 等都是 Color 类中的静态常量。

在整个画布中，Graphics 类的对象 g，在画的时候，我们称之为画笔，在填充的时候，我们称之为画刷。

第 58 ~ 第 78 行中多次调用 setColor()、fillOval()、drawLine() 等方法，分别用来换色、填充及绘制直线。

在第 28 行中通过 requestFocus() 方法，让 DrawLittleTurtle 画布获取焦点，用以捕获键盘事件。

第 31 ~ 第 48 行判断键值，分别对坐标进行调整。

第 49 行调用 repaint() 进行图形重绘，实现乌龟的移动。这里需要注意的是，主动调用 repaint() 方法，就是程序控制重画的唯一手段。用户调用 repaint() 时，这个方法会主动调用 update() 方法。对于容器类组件，像 Panel、Canvas（画布）等的更新（或重画），首先需要将容器中的组件全部先擦除，然后再调用各个组件的 paint 重画其中的组件。

【范例分析】

在实现画乌龟的过程中，首先要明白怎么画，按照什么步骤画，可以在有标尺的软件（如 Visio 或 SmartDraw 等）中把这个图形的草图构思出来，我们把乌龟分成腿、头、尾巴、龟壳 4 个部分，尺寸和比例合理布局（如果图形复杂，则可能需要美工配合），如图 13-26 所示。

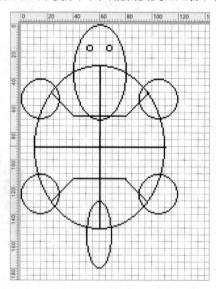

图 13-26

细分之后，再调用 fillOval() 和 drawLine() 方法进行绘制，这样图像就会清晰且丰满起来。

# 13.9　本章小结

(1) GUI API 包含的类分为组件类 (component class)、容器类 (container class) 和辅助类 (helper class)3 个部分。

① 组件类是用来创建用户图形界面的，例如 JButton、JLabel、JTextField。

② 容器类是用来包含其他组件的，例如 JFrame、JPanel。

③ 辅助类是用来支持 GUI 组件的，例如 Color、Font。

(2) Java 的 GUI 组件都放置在容器中，它们的位置是由容器的布局管理器来管理的。FlowLayout(流式布局) 是最简单的布局管理器，按照组件添加的顺序，从左到右将组件排列在容器中。它是 JPanel 容器默认的布局管理器。GridLayout 是以网格形式管理组件的。BorderLayout 边框布局将容器非为东、西、南、北、中 5 个区域，是 JFrame 容器默认的布局管理器，是边框布局。

(3) 能够创建一个事件并触发该事件的组件称为源对象。一个事件是事件类的实例对象。事件类的根类是 java.util.EventObject。事件对象包含事件相关的属性，可以使用 EventObject 类中的实例方法 getSource 获得事件的源对象。

# 13.10　疑难解答

**问：GUI 中的双缓冲技术是什么？**

**答：** 在运行【范例 13-14】绘制会动的小乌龟时，我们发现，当快速移动乌龟时，乌龟的图像会有肉眼可见的闪烁，虽然这种闪烁不会给程序的效果造成太大的影响，但是给程序的使用者造成了些许不方便，视觉观感不太好。针对这种现象，我们大多采用双缓冲的方式来解决。双缓冲是计算机动画处理中的传统技术。

那么画面的闪烁是如何产生的呢？以绘制小乌龟的案例来说，当创建窗体对象后，显示窗口，程序首先会调用 paint() 方法，在窗口上绘制小乌龟的图案。在触发对应的键盘事件后，修改位置参数，然后调用 repaint() 方法实现重绘。在 repaint() 方法中，首先清除 Canvas 画布上已有的内容，然后调用 paint() 方法根据坐标重新绘制图像。正是这一过程导致了闪烁。在两次看到处于不同位置乌龟的中间时刻，存在一个在短时间内被绘制出来的空白画面。但即使时间很短，如果重绘面积比较大，花去的时间相对较长，这个时间足以让画面闪烁到人眼难以忍受的地步。

双缓冲技术就是先在内存中分配一个和我们动画窗口一样大的空间，然后利用 getGraphics() 方法获得双缓冲画笔，接着利用双缓冲画笔在缓冲区中绘制我们希望的东西，最后将缓冲区一次性地绘制到窗体中显示出来，这样在我们的动画窗口上面显示出来的图像就非常流畅了。

在 Swing 中，组件本身就提供了双缓冲的功能，我们只需要进行简单的方法调用就可以实现组件的双缓冲（重写组件的 paintComponent() 方法）。在 AWT 中，没有提供此功能。

# 13.11　实战练习

(1) 利用双缓冲技术，使【范例 13-14】消除屏幕闪动。

(2) 利用所学知识，编写一个图形化的俄罗斯方块游戏，并实现计分功能（为了表明是自己写的程序，可以在方块加上自己的姓氏），运行的界面如图 13-27 所示。

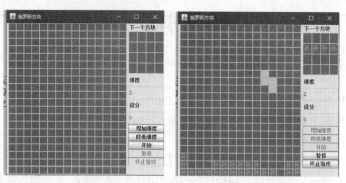

图 13-27

---

ℹ️ 提示：游戏画布的设计是整个游戏 UI 设计的核心，可以使用 JPanel 来作为容器，使用 20×15 个控件（如文本框）来填满交互界面的容器。为了美观，文本框设计为正方形，单个文字能够把这个方形的文本框填充满。循环创建 300 个文本框实例，使用布局管理器进行画布容器的布局（20 行 15 列），然后添上 300 个文本框即可。

---

(3) 编写一程序，有 3 个文本框、1 个下拉框和 1 个按钮，文本框分别用于输入半径、圆心的 x 轴和 y 轴坐标，下拉框用于输入颜色。当用户单击按钮时，用指定的半径、圆心位置和颜色绘制一个圆。

(4) 设计一窗口，内含一个按钮。开始运行时，按钮显示 "Click Me" 字样，当按钮按下时，按钮显示为 "Click Me Again" 字样，再按一次，则按钮显示 "Click Me" 字样，依次循环。

(5) 编写一个简易计算器。

# 第 14 章
# 数据库编程

**本章导读**

数据库是数据管理的有效技术，诸如学籍管理系统、电子政务、电子商务等应用程序的有效运行，都离不开数据库。本章除讲解数据库的基础知识外，还通过实例分析了 JDBC 在 SQLite 与 MySQL 中的基本使用方法。

**本章课时：理论 2 学时 + 实践 4 学时**

## 学习目标

▶ **数据库概述**

▶ **Java 数据库连接利器——JDBC**

▶ **轻量级数据库——SQLite**

# 14.1　数据库概述

数据库是数据管理的有效技术，是计算机科学的重要分支。无论是我们浏览的网页，还是各种常用的软件，或多或少都有数据库的后台支持。数据库作为一项重要的数据管理技术，已经成为一名合格的程序员必须掌握的基本技能。

数据库通常分为层次型数据库、网络型数据库和关系型数据库 3 种。层次型数据库系统和网络型数据库系统在使用和实现上都要涉及数据库物理层的复杂结构，现在已渐渐被关系型数据库取代。

现如今，数据库已发展成为一门成熟的学科，如果真正要熟练操作各种数据库，还需要"持续性"地多花点时间研究、实践很多知识点。下面我们结合 Java 实践一下 Java 环境下的数据库操作。

# 14.2　Java 数据库连接利器——JDBC

JDBC（Java DataBase Connectivity, Java 数据库连接）是一种用于执行 SQL 语句的 Java API，由一组用 Java 语言编写的类和接口组成，可以为多种关系数据库提供统一访问。

通过 JDBC，Java 工程师们可以利用这组 API，有效地访问各种形式的数据，包括关系型数据库、表格甚至一般性的文本文件。

有了 JDBC，向各种关系数据库发送 SQL 请求就是一件比较容易的事。换言之，有了 JDBC API，就不必为访问 Oracle 数据库专门写一个程序，为访问 SQL Server 数据库又专门写一个程序，或为访问 MySQL 数据库又编写另一个程序等，程序员只需用 JDBC API 写一个程序就够了，它可向相应数据库发送 SQL 调用。

此外，将 Java 语言和 JDBC 结合起来，使程序员不必为不同的平台编写不同的应用程序，而只需写一遍程序就可以让它在任何平台上运行，这也是 Java 语言"编写一次，处处运行"的优势体现。

# 14.3　轻量级数据库——SQLite

SQLite 数据库小巧精悍，面对嵌入式或移动端开发非常有优势，但是在应对较大型的应用场景如 Web 开发等时，还是需要更为强大的数据库。这时，MySQL 数据库就是很合适的选择。

## 14.3.1　SQLite 的准备工作

在使用 SQLite 之前，需要先下载 SQLite JDBC Driver 驱动程序。下载的方法是在浏览器地址栏中输入下载地址，打开 SQLite-JDBC 库。选择当前的最新版 sqlite-jdbc-3.15.1.jar，单击即可完成下载（事实上，对于普通的 JDBC 操作，图 14-1 所示的任意版本都能满足需求）。

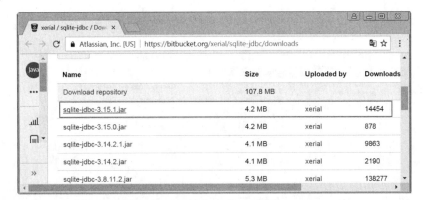

图 14-1

得到 SQLite JDBC Driver 驱动程序之后，还需要将这个 jar 包导入我们的 Java 项目中。下面以集成开发环境 Eclipse 为例（事实上，Eclipse 并不是必需的），说明具体过程。

(1) 新建一个 Java 项目（例如 SQLiteDemo），项目名可自己命名，只要符合命名规则即可，如图 14-2 所示。

图 14-2

(2) 右键新建的项目，选择新建文件夹，新建一个名为 lib 的文件夹。为什么 jar 包要放到 lib 文件夹呢？其实，如果不是使用服务器，jar 包放在哪个文件夹都是没有问题的，但是当你使用了 Web 服务器时就要小心了，因为服务器只会寻找 lib 文件夹下的 jar 包，并将它们复制到服务器中，这不是我们所能控制的。所以建议大家养成良好的习惯，将 jar 包统一放在 lib 文件夹里，如图 14-3 所示。

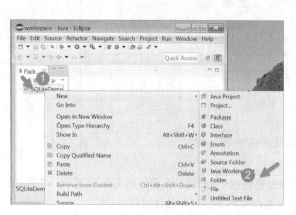

图 14-3

（3）复制下载的 sqlite-jdbc-3.15.1.jar 到 SQLiteDemo 项目所在工作区中的 lib 文件夹中（单击鼠标右键粘贴），然后在 Eclipse 的资源管理器中就会找到这个 jar 包。如果直接复制到 lib 文件夹，而在项目中没有出现 sqlite-jdbc-3.15.1.jar，可在项目资源管理器的空白处单击右键，选择"刷新"（Refresh）选项（或者直接按【F5】键刷新），如图 14-4 所示。

图 14-4

（4）如图 14-5 所示，鼠标右键单击 lib 文件夹中的 sqlite-jdbc-3.15.1.jar，依次单击【Build Path】（构建路径）➤【Add to Build Path】（添加至构建路径）。出现如图 14-5 右图所示画面表示 jar 包，则表明这个 jar 包成功导入 java 项目。

图 14-5

需要注意的是,如果不借助 Eclipse 等 IDE 环境,而是直接使用控制台开发,引入 jar 包的过程就有些不同了。下载 SQLite JDBC Driver 驱动程序的过程与上面相同。之后将得到的 SQLite JDBC Driver 驱动程序复制到 .java 文件的同目录下。假设我们 main 方法所在的源文件为 SQLiteDemo.java 中,编译时,需要使用如下命令进行编译。

```
javac -cp sqlite-jdbc-3.15.1.jar; SQLiteDemo.java
```

这里参数项"–cp"是"class path(类路径)"的首字母缩写,表示编译当前 SQLiteDemo.java,需要加载类 sqlite–jdbc–3.15.1.jar。

这里需要注意的是,javac –cp 后面指定多个路径 jar 包(class 类库),彼此之间需要用分号(;)隔开。

事实上,sqlite-jdbc-3.15.1.jar 可以放置在任意路径。如果在其他路径,则需要使用绝对路径。其中"sqlite–jdbc–3.15.1.jar"为自己下载的版本,版本不同,做对应修改即可。

运行时,也需要特殊对待,使用如下命令(也要用分号隔开多个类包)。

```
java -cp  sqlite-jdbc-3.15.1.jar; SQLiteDemo
```

## 14.3.2 用 Java 连接 SQLite

SQLite JDBC Driver 驱动程序导入 Java 项目之后,接下来需要在 JDBC 中建立与数据库之间的关联操作,也就是完成 Java 数据库的连接操作,这个过程主要是通过包含在 Java API 包下类中的方法进行。在 JDBC 的操作过程中,进行数据库连接的主要步骤如下。

(1) 通过 Class.forName() 加载数据库的驱动程序。首先需要利用来自 Class 类中的静态方法 forName( ),加载需要使用的 Driver 类。

(2) 通过 DriverManager 类进行数据库 student.db 的连接,如果数据库不存在,将创建该数据库。成功加载 Driver 类以后,Class.forName( ) 会向 DriverManager 注册该类,此时可通过 DriverManager 中的静态方法 getConnection 创建数据库连接。

(3) 通过 Connection 接口接收连接。当成功进行了数据库的连接之后,getConnection 方法会返回一个 Connection 的对象,JDBC 主要就是利用这个 Connection 对象与数据库进行沟通的。

(4) 此时输出的是一个对象，表示数据库已经连接上。

**【范例 14-1】通过 Java 指令进行实际数据库的连接（SQLiteDemo.java）**

```
01    import java.sql.Connection;
02    import java.sql.DriverManager;
03    public class SQLiteDemo {
04        public static void main(String[] args) {
05            // 表示数据库连接的对象
06            Connection conn = null;
07            try {
08                // 通过 Class.forName() 加载数据库驱动程序
09                Class.forName("org.sqlite.JDBC");
10                // 连接数据库 Student.db
11                conn = DriverManager.getConnection("jdbc:sqlite:Student.db");
12                System.out.println(conn);
13                // 关闭数据库
14                conn.close();
15            } catch (Exception e) {
16                System.exit(0);
17            }
18        }
19    }
```

保存并运行程序，结果如图 14-6 所示。

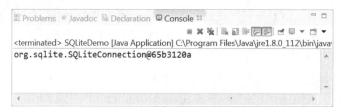

图 14-6

**【范例分析】**

这个范例非常具有代表性，演示了 Java 使用 JDBC 连接 SQLite 数据库的过程。

第 01 行导入关于 SQL 连接的包，第 02 行导入数据库驱动管理器的包。

第 06 行首先声明一个 Connection 对象 conn，该对象就代表一个数据库的连接。目前该对象的引用暂时为空。

第 09 行中 Class.forName() 中的参数为数据库驱动程序的地址，一般在 Java 环境下的数据库驱动程序地址均类似于此，所以不需要特别记忆。如果连接的是 Oracle 或 MySQL 数据库，则使用类似的语句，如下所示。

```
Class.forName("oracle.jdbc.driver.OracleDriver"); //Oracle 数据库
Class.forName("com.MySQL.jdbc.Driver");        //MySQL 数据库
```

第 11 行中，通过 DriverManager 类进行数据库的连接。DriverManager 在 Java.sql 这个包里面，管理一组 JDBC 驱动程序的基本服务。

第 11 行的参数 Student.db 是需要连接的数据库名称，驱动程序将自动搜索工程目录，DriverManager 中的静态方法 getConnection( ) 与找到的 Student.db 数据库创建连接，如果当前工程目录下没有 Student.db 数据库时，DriverManager 会自动创建该数据库。与 Oracle、MySQL 等数据库不同的是，SQLite 作为轻量级的数据库，并没有用户名、密码的概念。

成功建立连接后，将输出一个对象（第 12 行）。最后需要关闭数据库（第 14 行）。范例成功运行后，将在工程目录下创建"Student.db"文件，如图 14-7 所示。

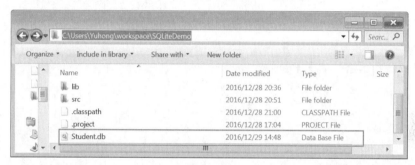

图 14-7

### 14.3.3 创建数据表

成功连接数据库后，就可以操作数据库。对数据库的操作，在本质上来说，是对数据库里的表进行操作。因此，当我们首次使用这个数据库时，需要在这个数据库里创建我们需要的数据表，之后就可以在这个数据表上进行增、删、查、改等操作。

为了说明 JDBC 的基本操作，我们使用以下的数据表完成操作。

数据表类型结构如表 14-1 所示。

表 14-1

| No. | 列名称 | 类型 | 描述 |
| --- | --- | --- | --- |
| 1 | ID | INT | 学生学号，为主码，不可为空 |
| 2 | NAME | CHAR(10) | 学生姓名，不可为空 |
| 3 | SEX | CHAR(10) | 学生性别，不可为空 |
| 4 | CLASS | CHAR(50) | 学生班级，不可为空 |
| 5 | SCORE | INT | Java 分数，不可为空 |
| 6 | REMARK | CHAR(100) | 备注，可为空 |

SQL 语言使用 CREATE TABLE 语句定义基本表，具体的用法前面已经介绍过，这里通过一个范例来演示如何使用 Java 代码创建一个数据表。

【范例 14-2】在数据库 Student.db 中建立一个数据表 STUDENT (SQLiteCreate.java)

```
01  import java.sql.Connection;
02  import java.sql.DriverManager;
03  import java.sql.Statement;
```

```
04   public class SQLiteCreate {
05     public static void main(String[] args) {
06       // 表示数据库连接的对象
07       Connection conn = null;
08       //Statement 用于向数据库发送 SQL 语句
09       Statement stmt = null;
10       //SQL 语句，用于创建 STUDENT 表
11       String sql = "CREATE TABLE STUDENT " +
12           "(ID      INT      PRIMARY KEY   NOT NULL, " +
13           " NAME     CHAR(10)   NOT NULL, " +
14           " SEX      CHAR(10)   NOT NULL, " +
15           " CLASS    CHAR(50)   NOT NULL, " +
16           " SCORE    INT       NOT NULL, " +
17           " REMARK   CHAR(100))";
18       try {
19         // 通过 Class.forName() 加载数据库驱动程序
20         Class.forName("org.sqlite.JDBC");
21         // 连接数据库 student.db
22         conn = DriverManager.getConnection("jdbc:sqlite:Student.db");
23         //Statement 接口需要通过 Connection 接口进行实例化操作
24         stmt = conn.createStatement();
25         // 执行 SQL 语句，创建 STUDENT 表
26         stmt.executeUpdate(sql);
27         System.out.println("STUDENT 表创建成功 ");
28         // 关闭数据库
29         conn.close();
30       } catch (Exception e) {
31         System.exit(0);
32       }
33     }
34   }
```

保存并运行程序，结果如图 14-8 所示。

```
 Problems  @ Javadoc  Declaration  Console ☒
                        ■ ✖ ✖ | ▣ ▣ ▣ | ▣ ▣ | ▣ ▣ ▼ ▣ ▼
<terminated> SQLiteCreate [Java Application] C:\Program Files\Java\jre1.8.0_112\
STUDENT表创建成功
```

图 14-8

【代码详解】

特别说明，需要将 SQLite 的驱动程序导入我们新建的项目，具体过程可参照【范例 14-1】。

相比于【范例 14-1】，这里多了一个创建 SQL 语句的包 Statement（第 03 行）。Statement 用于向数据库发送 SQL 语句，Statement 接口提供 executeQuery( )、executeUpdate( ) 和 execute( ) 等 3 种执行 SQL 语句的方法。

executeQuery( ) 方法用于产生单个结果集的语句，例如查询语句 SELECT。

executeUpdate( ) 方法用于执行 INSERT、UPDATE、DELETE 以及包括 CREATE TABLE 等在内的 DDL（数据定义）语句。

execute( ) 方法用于执行返回多个结果集、多个更新计数或二者结合的语句。

这里使用 executeUpdate 方法创建 STUDENT 表（第 26 行），将查询语句 sql 作为它的参数（第 11 ~ 第 17 行定义的字符串）。

【范例分析】

需要特别说明的是，数据表不能重复创建，当数据库中已有该数据表时，将不会创建新的数据表。也就是说，在本范例中，只有第一次运行时才会输出"STUDENT 表创建成功"的提示，之后再次运行该程序将不会有任何输出。

### 14.3.4　更新数据表

数据表的更新操作包括插入、删除以及修改操作，下面依次演示这些操作。

首先是插入操作，SQL 提供了 INSERT 语句进行插入操作，具体用法前面已经介绍过，下面将通过一个范例来演示如何向 STUDENT 表插入数据。下面的代码都是在【范例 14-2】基础上修改的。

【范例 14-3】通过 Java 指令向 STUDENT 表插入 4 条记录 (SQLiteCreate.java)

```
01  import java.sql.Connection;
02  import java.sql.DriverManager;
03  import java.sql.Statement;
04
05  public class SQLiteCreate {
06    public static void main(String[] args) {
07      // 表示数据库连接的对象
08      Connection conn = null;
09      //Statement 用于向数据库发送 SQL 语句
10      Statement stmt = null;
11      //SQL 语句，插入 4 条记录
12      String[] sqlList = {
13          "INSERT INTO STUDENT VALUES(16070301, '达·芬奇 ', ' 男 ', ' 三班 ', 92, ' 无 ');",
14          "INSERT INTO STUDENT VALUES(16070302,' 米开朗琪罗 ',' 男 ',' 三班 ',85,' 无 ');",
```

```
15          "INSERT INTO STUDENT VALUES(16070303, '拉斐尔', '男', '三班', 88, '无');",
16          "INSERT INTO STUDENT VALUES(16070304, '多纳泰罗', '男', '三班', 96, '
无');"
17      };
18      try {
19          // 通过 Class.forName() 加载数据库驱动程序
20          Class.forName("org.sqlite.JDBC");
21          // 连接数据库 student.db
22          conn = DriverManager.getConnection("jdbc:sqlite:student.db");
23          //Statement 接口需要通过 Connection 接口进行实例化操作
24          stmt = conn.createStatement();
25          // 执行 SQL 语句，创建 STUDENT 表，特别要注意 STUDENT 表只能创建一次
26          //stmt.executeUpdate(sql);
27          // 依次将 4 条记录插入 STUDENT 表
28          for(String sql: sqlList){
29              stmt.executeUpdate(sql);
30              System.out.println(sql);
31          }
32          stmt.close();
33          // 提交事物
34          conn.commit();
35          // 关闭数据库
36          conn.close();
37      } catch (Exception e) {
38          System.exit(0);
39      }
40  }
41 }
```

保存并运行程序，结果如图 14-9 所示。

```
Problems  Javadoc  Declaration  Console
<terminated> SQLiteCreate [Java Application] C:\Program Files\Java\jre1.8.0_112\bin\javaw.exe (2016年
INSERT INTO STUDENT VALUES(16070301, '达·芬奇', '男', '三班', 92, '无');
INSERT INTO STUDENT VALUES(16070302, '米开朗琪罗', '男', '三班', 85, '无');
INSERT INTO STUDENT VALUES(16070303, '拉斐尔', '男', '三班', 88, '无');
INSERT INTO STUDENT VALUES(16070304, '多纳泰罗', '男', '三班', 96, '无');
```

图 14-9

【代码详解】

这里将 SQL 语句定义为一个字符数组，可以更便捷地插入 4 条记录（第 11 ~ 第 17 行）。
请注意，【范例14-2】在创建过 STUDENT 表后，需要将用于创建 STUDENT 表的 SQL 语句删除。
之后用 foreach 语句（第 28 ~ 第 31 行）依次执行 4 条 SQL 插入语句。这里用到了 Statement

接口的 executeUpdate 方法，sql 字符串作为它的参数。

第 34 行，Connection 接口的 commit 方法的作用是提交事务，使当前的更改成为持久的更改，并释放 Connection 对象当前持有的所有数据库锁。

第 36 行关闭数据库。

【范例 14-4】通过 Java 指令从 STUDENT 表中删除学号为 16070304 的学生信息，在上述代码的基础上修改即可 (SQLiteCreate.java)

```
01  import java.sql.Connection;
02  import java.sql.DriverManager;
03  import java.sql.Statement;
04
05  public class SQLiteCreate {
06    public static void main(String[] args) {
07        // 表示数据库连接的对象
08        Connection conn = null;
09        //Statement 用于向数据库发送 SQL 语句
10        Statement stmt = null;
11        //SQL 语句，删除学号为 16070304 的学生信息
12        String sql = "DELETE FROM STUDENT WHERE ID = 16070304";
13        try {
14          // 通过 Class.forName() 加载数据库驱动程序
15          Class.forName("org.sqlite.JDBC");
16          // 连接数据库 student.db
17          conn = DriverManager.getConnection("jdbc:sqlite:Student.db");
18          //Statement 接口需要通过 Connection 接口进行实例化操作
19          stmt = conn.createStatement();
20          // 执行 SQL 语句，删除学号为 16070304 的学生信息
21          stmt.executeUpdate(sql);
22          System.out.println(" 成功删除学号为 16070304 的学生信息！ ");
23          stmt.close();
24          conn.commit();
25          // 关闭数据库
26          conn.close();
27        } catch (Exception e) {
28          System.exit(0);
29        }
30    }
31  }
```

保存并运行程序，结果如图 14-10 所示。

图 14-10

【代码详解】

删除操作相对简单，只需要将相应的 SQL 删除语句（第 12 行定义）通过 Statement 接口的 executeUpdate 方法（第 21 行）执行即可。

第 26 行关闭数据库。

【范例 14-5】通过 Java 指令将 STUDENT 表中学号为 16070302 学生的 Java 成绩修改为 98 分，在上述代码的基础上修改即可 (SQLiteCreate.java)

```
01  import java.sql.Connection;
02  import java.sql.DriverManager;
03  import java.sql.Statement;
04
05  public class SQLiteCreate {
06      public static void main(String[] args) {
07          // 表示数据库连接的对象
08          Connection conn = null;
09          //Statement 用于向数据库发送 SQL 语句
10          Statement stmt = null;
11          //SQL 语句，将学号为 16070302 学生的 Java 成绩修改为 98 分
12          String sql = "UPDATE STUDENT SET SCORE = 98 WHERE ID = 16070302";
13          try {
14              // 通过 Class.forName() 加载数据库驱动程序
15              Class.forName("org.sqlite.JDBC");
16              // 连接数据库 student.db
17              conn = DriverManager.getConnection("jdbc:sqlite:student.db");
18              //Statement 接口需要通过 Connection 接口进行实例化操作
19              stmt = conn.createStatement();
20              // 执行 SQL 语句，将学号为 16070302 学生的 Java 成绩修改为 98 分
21              stmt.executeUpdate(sql);
22              System.out.println(" 将学号为 16070302 学生的 Java 成绩修改为 98 分 ");
23              stmt.close();
24              conn.commit();
25              // 关闭数据库
26              conn.close();
27          } catch (Exception e) {
```

```
28          System.exit(0);
29       }
30    }
31 }
```

保存并运行程序，结果如图 14–11 所示。

图 14–11

【范例分析】

修改操作与删除操作类似，将 SQL 语句修改成相应的修改操作（第 12 行），通过 Statement
接口的 executeUpdate 方法执行即可（第 21 行）。

最后关闭数据库。

### 14.3.5 查询数据表

本小节介绍数据表的查询操作。查询是数据库应用中很重要的一个功能，SQL 提供了 SELECT
语句进行数据查询，这里将通过范例演示如何通过 JDBC 使用 Java 代码查询数据库。

为方便起见，以下范例仍然在之前代码的基础上修改。

【范例 14–6】使用 Java 代码查询 STUDENT 表中所有的学生信息。在上述代码的基础
上修改即可 (SQLiteCreate.java)

```java
01 import java.sql.Connection;
02 import java.sql.DriverManager;
03 import java.sql.PreparedStatement;
04 import java.sql.ResultSet;
05 public class SQLiteCreate {
06    private String driver = "org.sqlite.JDBC";
07    private String name = "jdbc:sqlite:Student.db";
08    // 默认构造方法
09    public SQLiteCreate(){
10
11    }
12
13    public void showEveryOne(){
14       // 表示数据库连接的对象
15       Connection conn = null;
```

```
16          //PreparedStatement 继承自 Statement
17          PreparedStatement stmt = null;
18          // 结果集，用来存储与操作查询到的多个结果
19          ResultSet set = null;
20          //SQL 语句
21          String sql = "SELECT * FROM STUDENT;";
22          try {
23              // 通过 Class.forName() 加载数据库驱动程序
24              Class.forName(driver);
25              // 连接数据库 student.db
26              conn = DriverManager.getConnection(name);
27              //PreparedStatement 接口需要 SQL 语句作为参数
28              stmt = conn.prepareStatement(sql);
29              // 调用 PreparedStatement 的 executeQuery 方法，将结果存入 ResultSet 实例中
30              set = stmt.executeQuery();
31
32              while(set.next()){
33                  // 通过 getInt 方法查询结果集中某条记录的值
34                  int id = set.getInt("ID");
35                  String name = set.getString("NAME");
36                  String sex = set.getString("SEX");
37                  String clas = set.getString("CLASS");
38                  int score = set.getInt("SCORE");
39                  String remark = set.getString("REMARK");
40                  // 显示单条记录
41                  System.out.println("学号：" + id + "\t 姓名：" + name + "\t 性别："
42                  + sex + "\t 班级：" + clas + "\tJava 成绩：" + score + "\t 备注：" + remark);
43              }
44
45          set.close();
46          stmt.close();
47          conn.commit();
48          // 关闭数据库
49          conn.close();
50          } catch (Exception e) {
51          System.exit(0);
52          }
53      }
54
55      public static void main(String[] args) {
```

```
56          SQLiteCreate sqlite = new SQLiteCreate();
57          sqlite.showEveryOne();
58      }
59  }
```

保存并运行程序，如果是在范例基础上修改的，结果将如图 14-12 所示。

图 14-12

【代码详解】

第 04 行，我们又导入新的包 java.sql.ResultSet。对数据库的查询操作，一般需要返回查询结果，JDBC 提供了 ResultSet 接口来专门处理查询结果集。

第 19 行中用到了 ResultSet（结果集），将查询到的多个结果放入这个结果集中进行存储和操作。对 ResultSet 较为常用的遍历方法，形如第 32 行的 while 循环，set.next( ) 将指向下一个结果，直到其中的结果全部遍历完成。

第 30 行用到了 PreparedStatement 实例的 executeQuery 方法，该方法将返回查询结果，通过一个 ResultSet 实例接收。需要说明的是，这里 "Query" 的含义就是 "查询" 的意思。函数的返回类型是 ResultSet，但实际上，查询的数据并不存储在 ResultSet 里面，它们依然是在数据库里，ResultSet 中的 next() 方法类似于一个指针，指向查询的结果，然后不断遍历，指向下一条符合要求的记录，所以这就要求与数据库的连接不能断开。

第 34 行中的 getInt 方法查询结果集中的某条记录的整型值，参数为 Key 值，程序将根据这个 Key 值查询数据表中对应的属性列，并将当前记录的这个属性列的值返回。类似的有 getString( )、getLong( ) 等方法，应根据返回的值类型选择对应的方法。

【范例 14-7】根据姓名查询 STUDENT 表中的学生信息，要求实现模糊查询功能 (SQLiteCreate.java)

```
01  import java.sql.Connection;
02  import java.sql.DriverManager;
03  import java.sql.PreparedStatement;
04  import java.sql.ResultSet;
05
06  public class SQLiteCreate {
07      private String driver = "org.sqlite.JDBC";
08      private String name = "jdbc:sqlite:student.db";
09      // 默认构造方法
10      public SQLiteCreate(){
```

```
11
12    }
13
14    public void selectByName(String nameStr){
15       // 表示数据库连接的对象
16       Connection conn = null;
17       //PreparedStatement 继承自 Statement
18       PreparedStatement stmt = null;
19       // 结果集，用来存储与操作查询到的多个结果
20       ResultSet set = null;
21       //SQL 语句，学生姓名为变量
22       String sql = "SELECT * FROM STUDENT WHERE NAME LIKE ?;";
23       try {
24          // 通过 Class.forName() 加载数据库驱动程序
25          Class.forName(driver);
26          // 连接数据库 student.db
27          conn = DriverManager.getConnection(name);
28          //PreparedStatement 接口需要 SQL 语句作为参数
29          stmt = conn.prepareStatement(sql);
30          // "%" 的含义可以理解为任何字符串，即通配符
31          stmt.setString(1, "%" + nameStr + "%");
32          // 调用 PreparedStatement 实例的 executeQuery 方法，将结果存入 ResultSet 实
例中
33          set = stmt.executeQuery();
34
35          while(set.next()){
36             // 通过 getInt 方法查询结果集中的某条记录的值
37             int id = set.getInt("ID");
38             String name = set.getString("NAME");
39             String sex = set.getString("SEX");
40             String clas = set.getString("CLASS");
41             int score = set.getInt("SCORE");
42             String remark = set.getString("REMARK");
43             // 显示单条记录
44             System.out.println(" 学号： " + id + "\t 姓名： " + name + "\t 性别： "
45             + sex + "\t 班级： " + clas + " Java 成绩： " + score + "\t 备注： " + remark);
46          }
47
48          set.close();
49          stmt.close();
```

```
50        conn.commit();
51        // 关闭数据库
52        conn.close();
53    } catch (Exception e) {
54        System.exit(0);
55    }
56  }
57
58  public static void main(String[] args) {
59      SQLiteCreate sqlite = new SQLiteCreate();
60      sqlite.selectByName(" 斐 ");
61  }
62 }
```

保存并运行程序，如果是在范例基础上修改的，结果将如图 14-13 所示。

图 14-13

【范例分析】

本范例查询所有学生信息，并将姓名作为变量（第 22 行，变量位置用问号 "?" 表示）。

第 31 行中的 "%" 可以理解为所有字符串的意思，表示一个通配字符串，在变量 nameStr 的前后都加上 "%"，表示所有名字中含有 nameStr 值的学生信息都将被查询到，从而起到模糊查询的功能。

第 60 行指定查询字符串中确定的字符是 "斐"，其他为部分任意字符串。

# 14.4　综合应用——学生成绩管理

【范例 14-8】写一个方法，用于对 STUDENT 表的修改操作，将需要修改的学生学号与新的 Java 成绩作为参数传入，并调用该方法，完成将学号为 16070303 学生的 Java 成绩改为 91 分。在上述代码的基础上修改即可 (SQLiteCreate.java)

```
01  import java.sql.Connection;
02  import java.sql.DriverManager;
03  import java.sql.PreparedStatement;
04
05  public class SQLiteCreate {
```

```
06      private String driver = "org.sqlite.JDBC";
07      private String name = "jdbc:sqlite:Student.db";
08      // 默认构造方法
09      public SQLiteCreate(){
10
11      }
12
13      public void updateScoreByID(int id, int scorc){
14          // 表示数据库连接的对象
15          Connection conn = null;
16          //PreparedStatement 继承自 Statement
17          PreparedStatement stmt = null;
18          //SQL 语句，学号与 Java 成绩为变量，用 "？" 表示变量位置
19          String sql = "UPDATE STUDENT SET SCORE = ? WHERE ID = ?;";
20          try {
21              // 通过 Class.forName() 加载数据库驱动程序
22              Class.forName(driver);
23              // 连接数据库 student.db
24              conn = DriverManager.getConnection(name);
25              //PreparedStatement 接口需要 SQL 语句作为参数
26              stmt = conn.prepareStatement(sql);
27              // 设置 SQL 语句中的成绩为 score 参数，1 表示第一个 "?"，这里不从 0 开始
28              stmt.setInt(1, score);
29              // 设置 SQL 语句中的 ID 为 id 参数，2 表示第二个 "?"
30              stmt.setInt(2, id);
31              // 执行 SQL 语句，与 Statement 不同的是，3 个更新方法不需要 SQL 语句作为
参数
32              stmt.executeUpdate();
33              System.out.println(" 将学号为 " + id + " 学生的 Java 成绩修改为 " + score);
34              stmt.close();
35              conn.commit();
36              // 关闭数据库
37              conn.close();
38          } catch (Exception e) {
39              System.exit(0);
40          }
41      }
42
43      public static void main(String[] args) {
```

```
44        SQLiteCreate sqlite = new SQLiteCreate();
45        sqlite.updateScoreByID(16070303, 91);
46   }
47 }
```

保存并运行程序，结果如图 14-14 所示。

图 14-14

【代码详解】

本范例演示了如何将修改操作改成方法，并将学号与新的 Java 成绩作为参数传入方法，实现代码的可复用性，在实际使用中这样的方法是很必要的。代码的可复用性是将来程序设计时必须考虑的问题。

第 03 行导入 PreparedStatement 包。PreparedStatement 接口继承自 Statement 接口。该接口具有 Statement 接口的所有功能，不同的是 PreparedStatement 实例包含已编译的 SQL 语句，因此其执行速度要快于 Statement 对象。除此之外，PreparedStatement 还有许多特性优于 Statement，因此建议始终以 PreparedStatement 代替 Statement。

第 13 行，方法命名为 updateScoreByID，这是匈牙利命名法的命名方式，在代码编写中，有含义的命名是很重要的，将有助于提高代码的可读性，同时还有利于团队协作。

第 17 行声明一个 PreparedStatement 对象。

第 19 行的 SQL 语句与之前范例中的 SQL 语句不太相同，这里的两个等号后面改为问号（？），这些问号标明变量的位置，然后提供变量的值，执行语句变量值将在之后的代码给出。

第 28 行中出现了一个 setInt( ) 方法。在这里，该方法的作用是将参数放入 SQL 语句中的相应的问号中，这个方法有两个参数，第一个参数可以简单地理解为 SQL 语句中的第几个问号，第二个参数为实际的值。需要特别说明的是，该方法有多个类似的方法，如 setDouble( )、setString( ) 等，不同的方法对应第二个参数值的类型。第 30 行的 setInt( ) 方法与之相同。

第 32 行中出现的 executeUpdate( ) 方法，与前几个范例中 Statement 接口的 executeUpdate( ) 方法有所不同，因为 PreparedStatement 实例已经包含已编译的 SQL 语句，因此其 executeUpdate( ) 方法不再需要 SQL 语句作为参数。

第 37 行，操作完毕数据库，关闭数据库。

# 14.5  本章小结

(1) JDBC 由 JDBC API、JDBC 驱动程序管理器和 JDBC 驱动程序 3 部分组成。

(2) JDBC API 是由 JDBC 核心 API 和 JDBC 扩展 API 构成的。

(3) JDBC 驱动程序分成 JDBC–ODBC 桥、本地 AP、JDBC 网络纯 Java 驱动程序、本地协议纯 Java 驱动程序 4 类。

从零开始 | Java程序设计基础教程（云课版）

(4) 使用 JDBC 开发任何应用程序都需要 java.sql.Driver、java.sql.Connection、java.sql.Statement 和 java.sql.ResultSet 等 4 个基本接口。

# 14.6　疑难解答

问：Statement 和 PreparedStatement 的区别是什么？

答：(1) PrepareStatement 意为预编译。预编译指的是数据库的编译器会对 SQL 语句提前编译，然后将预编译的结果缓存到数据库中，下次执行时替换参数直接执行编译过的语句。

Statement 则是每次都需要数据库编译器编译的，这就比较费时。

(1) Statement 会直接执行 SQL 语句（容易被 SQL 注入攻击）。PreparedStatement 是先将 SQL 预编译后再执行，所以 PreparedStatement 安全性更好，建议使用 PreparedStatement 代替 Statement。

# 14.7　实战练习

(1) 尝试自己动手安装 SQLite 数据库，并通过 Java 进行连接。
(2) 设计并开发一个简易学生信息管理系统，并扩充管理系统的各种功能。

312